ÉLÉMENTS

DE

CHIMIE PHYSIOLOGIQUE

7560-07. — CORBEIL. Imprimerie ED. CRÉTÉ.

ÉLÉMENTS

DE

CHIMIE PHYSIOLOGIQUE

PAR

MAURICE ARTHUS

Professeur de physiologie et de chimie physiologique
à l'Université de Fribourg (Suisse).

—

DEUXIÈME ÉDITION
revue et corrigée

—

PARIS

MASSON ET Cie, ÉDITEURS

LIBRAIRES DE L'ACADÉMIE DE MÉDECINE

120, boulevard Saint-Germain

—

1897

PRÉFACE

DE LA PREMIÈRE ÉDITION

Les phénomènes de nutrition, qui constituent l'un des chapitres les plus importants de la physiologie, sont des phénomènes sinon exclusivement, du moins essentiellement d'ordre chimique : pour en aborder avec fruit l'étude, il est nécessaire de posséder certaines notions élémentaires de chimie physiologique.

L'étudiant peut-il trouver aujourd'hui exposé dans quelque ouvrage le minimum de notions chimiques qui lui est indispensable? On peut répondre sans hésitation : non.

Tantôt, — comme dans les traités de physiologie — l'auteur suppose connues ces notions chimiques élémentaires; ou, s'il écrit un chapitre de chimie physiologique, il ne prend pas soin d'y grouper tous les faits indispensables à la compréhension des autres parties de son ouvrage.

Tantôt, — comme dans les traités de chimie physiologique écrits par les chimistes, — les notions que doit connaître le physiologiste sont disséminées au milieu de beaucoup d'autres, qui n'ont d'intérêt que pour les chimistes, sans qu'il soit possible à l'étudiant de reconnaître dans cet ensemble l'indispensable et le superflu.

Actuellement, il n'existe pas d'ouvrage qui, intermédiaire aux traités de chimie physiologique et aux traités de physiologie, contienne *toutes les notions chimiques et rien que les notions chimiques nécessaires à l'étudiant en physiologie.* — Je me suis proposé de combler cette lacune.

Paris, 1895.

MAURICE ARTHUS.

Dans cette seconde édition le plan général et l'étendue de la première édition ont été conservés. On s'est borné à rectifier les quelques erreurs de détail qui s'étaient glissées dans le premier travail, et à introduire les modifications rendues nécessaires par le développement de la science.

Fribourg, 1897.

MAURICE ARTHUS.

TABLE DES MATIÈRES

ÉLÉMENTS

DE

CHIMIE PHYSIOLOGIQUE

CHAPITRE PREMIER

LES MATIÈRES MINÉRALES

L'EAU. — LES CENDRES. — LES SELS. — LES GAZ.

Sommaire. — I. Les éléments des tissus et liquides de l'organisme. Une substance est-elle azotée, sulfurée, phosphorée ?
II. L'eau des tissus et liquides de l'organisme. Dessiccation et résidu sec.
III. Carbonisation. Incinération et cendres. Les sels des cendres des liquides et tisssus de l'organisme ; les chlorures des cendres ; les phosphates des cendres ; les sulfates des cendres ; les carbonates des cendres ; les métaux des cendres ; nature des composés minéraux des liquides et tissus de l'organisme.
IV. Les gaz des liquides et tissus de l'organisme. Oxygène, gaz carbonique, azote.

Les substances qui entrent dans la constitution des liquides et tissus organiques sont formées par un petit nombre d'éléments qui sont le *carbone*, l'*hydrogène*, l'*oxygène*, l'*azote*, le *soufre*, le *chlore*, le *phosphore*, le *potassium*, le *sodium*, le *calcium*, le *magnésium* et le *fer* ; et accessoirement le *silicium* et le *fluor*.

Certaines substances uniquement constituées de carbone, d'hydrogène et d'oxygène, sont dites *substances ternaires*. Certaines substances constituées de carbone, d'hydrogène, d'oxygène et d'azote sont dites *substances quaternaires* ou *azotées*. Certaines substances constituées par ces mêmes éléments et par une matière métallique, — par exemple une substance constituée de carbone, d'hydrogène, d'oxygène, d'azote et de fer, — peuvent être appelées *substances métallo-organiques* (1).

A l'exception de l'eau, du gaz carbonique, des matières salines, toutes les substances organiques des tissus animaux contiennent du carbone, de l'hydrogène et de l'oxygène. Mais toutes ne contiennent pas de l'azote, du soufre, du phosphore, etc. Il peut donc être utile dans certains cas de rechercher si une substance retirée de l'organisme animal est azotée, sulfurée, phosphorée, etc.

I. *Une substance est-elle azotée ?*
La recherche peut être faite suivant deux méthodes :
1º La substance à étudier est mélangée avec un excès de chaux sodée préalablement calcinée, et le mélange est chauffé dans un tube à essai. Si la substance est azotée, il se dégage des vapeurs d'ammoniaque, facilement reconnaissables à leur odeur piquante, à la coloration bleue qu'elles font prendre au papier rouge de tournesol humecté d'eau, aux fumées blanches qu'elles donnent en se combinant avec les vapeurs que dégage à l'air une solution aqueuse d'acide chlorhydrique.
2º La substance à étudier, préalablement desséchée

______

(1) Il convient de réserver la dénomination de substances organo-métalliques aux corps désignés par ce terme en chimie organique.

parfaitement, est introduite dans un tube à essai bien sec contenant déjà un petit fragment de sodium métallique. Le mélange est chauffé progressivement jusqu'à incandescence. Si la substance est azotée, le carbone et l'azote de la matière organique donnent avec le sodium du cyanure de sodium. En ajoutant à la masse refroidie une petite quantité d'une solution de sulfate de fer il se produit du ferrocyanure de sodium. Or le ferrocyanure de sodium donne avec les sels ferriques, en liqueur acidulée par l'acide chlorhydrique, du bleu de Prusse. Par conséquent en dissolvant dans l'eau la masse qui contient le ferrocyanure de sodium, acidulant par l'acide chlorhydrique et ajoutant du chlorure ferrique, on produit une coloration bleu intense.

II. *Une substance est-elle sulfurée? Une substance est-elle phosphorée ?*

1° Si la substance est solide, on la mélange bien intimement, en broyant dans un mortier, avec 12 parties de potasse caustique et 6 parties d'azotate de potasse qu'on a vérifiés exempts de soufre ou de phosphore ; on chauffe ce mélange jusqu'à fusion dans une capsule de platine ou d'argent, et on maintient à la température de fusion jusqu'à disparition totale du charbon. Après refroidissement, la masse fondue est dissoute par l'eau, et dans la liqueur aqueuse on recherche soit les sulfates, soit les phosphates. En effet, sous l'influence de la potasse caustique et de l'azotate de potasse, à température élevée le soufre et le phosphore des matières organiques donnent respectivement du sulfate de potasse et du phosphate de potasse.

2° Si la substance est liquide ou dissoute, on la traite par l'acide nitrique fumant, en tube scellé à la lampe, et chauffé à une température de 150° à 200° pendant quelques heures. Le tube étant alors ouvert, après refroidissement on recherche dans le liquide qu'il contient les acides sulfurique et phosphorique. Sous l'influence de l'acide nitrique à température élevée les matières organiques ont été oxydées : le soufre est passé à l'état d'acide sulfurique, le phosphore est passé à l'état d'acide phosphorique.

Tous les éléments qui entrent dans la constitution des liquides et tissus organiques sont formés d'eau, de matières minérales et de matières organiques.

Tout liquide organique et tout tissu organique soumis à l'action d'une température élevée, soit inférieure, soit supérieure à 100°, mais voisine de 100°, dégage de la vapeur d'eau en quantité plus ou moins grande. Soumise à l'action d'une température plus élevée, la matière animale est décomposée ; elle est carbonisée ; elle laisse une masse noirâtre, généralement poreuse, principalement constituée par du charbon. Enfin, soumis à l'action d'une température plus élevée encore, voisine de la température du rouge sombre, le résidu de la carbonisation est brûlé : le charbon donne du gaz carbonique, et il reste un résidu blanc grisâtre de nature minérale : ce sont les cendres. On peut donc considérer 3 stades de transformation des substances de l'organisme sous l'influence de la chaleur : une *dessiccation*, une *carbonisation* et une *incinération*.

Selon que la *dessiccation* est faite à une température plus ou moins élevée, la quantité de vapeur d'eau dégagée peut être plus ou moins considérable : en effet, cette vapeur d'eau provient non seulement de l'eau contenue à l'état libre dans les tissus, mais encore de l'eau provenant de la décomposition de certaines matières organiques de ces tissus, sous l'influence de la chaleur. Or, on conçoit aisément que tel composé organique peut être décomposé, et par suite peut dégager de la vapeur d'eau à 110°, sans être décomposé, et par suite sans dégager de vapeur d'eau à 100°, à 102°, à 105°. L'expression dessiccation n'a par conséquent de signification précise que si l'on indique la *température de dessiccation*. L'eau dégagée dans la dessiccation peut, nous le répétons, provenir, pour une partie, de substances organiques décomposées à la température de dessiccation.

Le terme *carbonisation* n'a pas une signification bien précise : on dit en général qu'une substance est carbonisée, lorsque, réduite par l'action d'une température croissante en une masse charbonneuse noire et sèche, elle ne dégage plus, sous l'influence de la chaleur, de produits condensables, comme sont les hydrocarbures, etc. La température de carbonisation varie considérablement d'une substance organique à l'autre, d'un tissu à l'autre. La carbonisation est un stade par lequel passent les matières animales soumises à l'action de la chaleur croissante, mais ce stade n'a rien d'assez important et surtout d'assez précis, pour qu'il convienne d'en tenir compte en chimie physiologique.

Il n'en est pas de même de l'*incinération*. Une matière est incinérée lorsque toute la matière organique est totalement brûlée, lorsqu'il ne reste plus qu'un résidu purement minéral. Il suffit en général de porter la matière organique au rouge naissant pour obtenir une incinération parfaite.

La *dessiccation* des liquides et tissus organiques qu'ont coutume de faire les physiologistes est une dessiccation soit à 105°, soit à 110°. Cette dessiccation se fait toujours en plusieurs temps. Si la matière étudiée est un liquide, on l'évapore au bain-marie à siccité; si cette matière est solide, on la dessèche au bain-marie. La matière est ensuite desséchée à l'étuve à air à 100°, puis à l'étuve à air à 110°, jusqu'à ce que son poids reste constant. Il convient, avant de peser le résidu, de le laisser refroidir dans un exsiccateur à acide sulfurique, afin d'éviter toute absorption de vapeur d'eau par ce résidu, qui souvent est fort hygroscopique. Le résidu ainsi obtenu est appelé *résidu sec*.

L'*incinération* doit également se faire en plusieurs temps. Supposons que la matière à incinérer ait été desséchée à 110°. Cette matière introduite dans une capsule de platine est chauffée peu à peu jusqu'à la température du rouge naissant : en élevant lentement la température on évite soit la mousse, soit les projections que provoquerait un dégagement trop rapide des gaz résultant de la décomposition de la matière organique. Au rouge naissant la matière est carbonisée, elle n'est pas véritablement incinérée. Pour achever l'incinération, il conviendrait d'élever encore notablement la température; mais on volatiliserait ainsi une partie des sels alcalins, notamment les chlorures alcalins, contenus dans le résidu de carbonisation. Si en effet les chlorures alcalins ne sont pas sensiblement volatils au rouge naissant, ils sont volatils à une température un peu supérieure. Il convient donc d'épuiser par l'eau le résidu de la carbonisation afin de dissoudre les sels solubles qu'il contient. Cet extrait aqueux du résidu de carbonisation contient une partie des substances minérales de la matière analysée, mais n'en contient qu'une partie : en évaporant cet extrait aqueux, on obtient un premier résidu minéral *a*.

Le résidu de la calcination épuisé par l'eau ne contient plus de sels volatils : on peut alors l'incinérer en élevant sa température jusqu'à ce que toute trace de charbon ait disparu. Il reste un second résidu salin *b*. En réunissant les résidus salins *a* et *b*, on obtient la totalité des cendres de la substance étudiée.

Il est possible que dans cette incinération une partie

des matières minérales soit réduite par le charbon à la température du rouge : par exemple les sulfates peuvent être ramenés à l'état de sulfures, etc. ; — il est par conséquent utile dans certains cas, une fois l'incinération terminée, d'ajouter au résidu une petite quantité d'acide nitrique, agent oxydant, et de calciner de nouveau : les matières réduites ont été ré-oxydées par ce traitement.

Les cendres ainsi obtenues peuvent contenir des *chlorures*, des *sulfates*, des *phosphates*, des *carbonates*, des sels de *potassium*, de *sodium*, de *calcium*, de *magnésium* et de *fer*.

Passons rapidement en revue celles des propriétés de ces sels que nous aurons besoin de connaître.

Les *chlorures alcalins* et *alcalino-terreux* sont des sels solubles dans l'eau. Les chlorures alcalino-terreux sont volatils au rouge vif, les chlorures alcalins sont déjà volatils au rouge sombre ; — par conséquent, ainsi que nous l'avons précédemment dit, si l'on veut obtenir la totalité des matières minérales contenues dans un tissu ou liquide organiques, la matière doit être carbonisée au rouge naissant, et débarrassée par lessivage de ses chlorures avant incinération complète au rouge vif.

Les chlorures solubles sont précipités de **leur** solution, acidulée par l'acide nitrique, par l'azotate d'argent ; le précipité de chlorure d'argent produit a la propriété de noircir à la lumière ; il est insoluble dans l'acide nitrique, il est soluble dans l'ammoniaque.

Pour *doser les chlorures* contenus dans des cendres, on épuise ces cendres par l'eau bouillante : les chlorures alcalins et alcalino-terreux étant solubles dans l'eau, l'extrait aqueux des cendres contient la totalité des chlorures. On acidule cet extrait par l'acide nitrique, et on ajoute une solution d'azotate d'argent tant qu'il se forme un précipité. Lorsque l'addition du sel d'argent ne trouble plus la liqueur au fond de laquelle s'est rapidement déposé le précipité formé, la totalité des chlorures de la liqueur a été précipitée. D'autre part, les chlorures seuls ont été précipités, car ni le carbonate d'argent, ni le phosphate d'argent, ni le sulfate d'argent ne sont insolubles dans les liqueurs acidulées par l'acide nitrique. On jette alors sur le filtre le précipité, et on le lave sur le filtre à l'eau bouillante, pour enlever l'excès d'azotate d'argent, jusqu'à ce que les eaux de lavage ne contiennent plus de sel d'argent, ce qu'on reconnaît à ce que ces eaux ne précipitent plus et ne louchissent plus par l'addition d'une solution de chlorure de sodium. Le filtre, qui doit être un filtre sans cendres, et le précipité qu'il supporte sont desséchés à l'étuve suivant les préceptes que nous avons ci-dessus rappelés, puis calcinés au rouge dans un creuset de platine. Dans cette calcination une partie du chlorure d'argent peut avoir été décomposée par le charbon et ramenée à l'état d'argent métallique. Il convient donc, une fois la calcination terminée et le creuset refroidi, d'ajouter au résidu de la calcination une goutte d'acide nitrique qui transforme l'argent métallique en azotate d'argent et une goutte d'acide chlorhydrique qui précipite l'argent ainsi dissous à l'état de chlorure d'argent. Une nouvelle calcination chasse l'acide nitrique et l'acide chlorhydrique. Il ne reste que du chlorure d'argent AgCl, qu'on pèse, après refroidissement dans un exsiccateur à acide sulfurique. Connaissant le poids de chlorure d'argent, on en déduit le poids correspondant de chlore (1 gramme AgCl contient $0^{gr},24$ 729 Cl). Ce chlore est le chlore des chlorures contenus dans les cendres analysées.

Nous indiquerons, en étudiant l'urine, un procédé permettant de doser volumétriquement le chlore contenu à l'état de chlorures métalliques dans un liquide organique.

Les *phosphates* des cendres de substances animales sont des orthophosphates, c'est-à-dire des composés répondant à la formule générale.

$$PO^4R^3.$$

L'acide phosphorique triatomique donne 3 séries d'orthophosphates :

Les sels trimétalliques PO^4M^3 ou $(PO^4)^2N^3$ ou $(PO^4)^3X^3$,
Les sels dimétalliques PO^4HM^2 ou $(PO^4H)^2N^2$ ou $(PO^4H)^3X^2$,
Les sels monométalliques PO^4H^2M ou $(PO^4H^2)^2N$ ou $(PO^4H^2)^3X$,

M représentant un atome de métal monovalent tel que le sodium, N représentant un atome de métal divalent tel que le calcium, X représentant un atome de métal trivalent, tel que le fer.

Les orthophosphates d'alcalis trimétalliques sont appelés phosphates basiques, les orthophosphates d'alcalis dimétalliques sont appelés phosphates neutres, les orthophosphates d'alcalis monométalliques sont appelés phosphates acides, parce que les premiers sont alcalins, les seconds sont neutres, les derniers sont acides au tournesol.

Les orthophosphates alcalino-terreux tribasiques sont appelés phosphates neutres; les orthophosphates alcalino-terreux bibasiques ou monobasiques sont appelés phosphates acides.

Il convenait de rappeler ces dénominations, car, on le voit, le terme phosphate neutre ne représente pas des composés analogues dans la série des sels d'alcalis et dans la série des sels alcalino-terreux. De même les phosphates dimétalliques sont neutres dans la série des sels d'alcalis; ils sont acides dans la série des sels alcalino-terreux.

Lorsque la matière incinérée a une réaction neutre, lorsque les cendres elles-mêmes sont neutres, les phosphates contenus dans ces cendres sont des orthophosphates alcalino-terreux trimétalliques et des orthophosphates d'alcalis dimétalliques.

Lorsque la matière incinérée est acide ou lorsque les cendres sont acides, les phosphates des cendres sont des phosphates alcalino-terreux dimétalliques et des phosphates d'alcalis monométalliques.

Tout phosphate trimétallique en présence d'un acide, même en présence d'acide carbonique, est transformé totalement ou partiellement, suivant la nature et la quantité de l'acide employé, en phosphate dimétallique ou monométallique et sel de l'acide employé. Inversement tout phosphate monométallique ou dimétallique, en présence d'alcalis ou de carbonates alcalins, est transformé totalement ou partiellement, suivant la nature et la quantité de l'alcali employé, en phosphate dimétallique ou trimétallique.

Les phosphates d'alcalis sont solubles dans l'eau, insolubles dans l'alcool.

Lorsqu'on chauffe à 100° une solution contenant des phosphates monométalliques d'alcalis et de l'acide chlorhydrique, une partie de cet acide est retenue par la liqueur : dans ces conditions, en effet, il se produit un peu de chlorures alcalins en même temps qu'une quantité équivalente d'acide phosphorique est mise en liberté. La même chose se produit si l'on chauffe à une température supérieure à 100° une masse contenant un phosphate monométallique d'alcali et des matières organiques chlorées décomposables, capables de donner un dégagement d'acide chlorhydrique : une partie de l'acide provenant de la décomposition de ces substances forme, aux dépens du phosphate monométallique d'alcali, un chlorure d'alcali et met une quantité équivalente d'acide phosphorique en liberté. — Cette notion trouvera son application dans l'étude du suc gastrique.

Le phosphate tricalcique $(PO^4)^2Ca^3$ est insoluble dans l'eau, insoluble dans l'alcool. Le phosphate dicalcique $(PO^4H)^2Ca^2$ est un peu soluble dans l'eau, insoluble dans l'alcool.

Par conséquent, si l'on met en suspension dans l'eau du phosphate tricalcique et si l'on fait passer un courant de gaz carbonique, on parviendra à dissoudre une partie du phosphate tricalcique : par le gaz carbonique ce phosphate est décomposé en phosphate dicalcique, un peu soluble dans l'eau, et en bicarbonate de chaux, également un peu soluble dans l'eau. On a quelquefois appelé la substance qui se dissout ainsi *phospho-carbonate de chaux :* ce n'est pas un sel défini, c'est un mélange de phosphate dicalcique et de bicarbonate de chaux. A la température d'ébullition le bicarbonate de chaux est décomposé en gaz carbonique, qui se dégage, et carbonate de chaux ; le carbonate de chaux en présence de phosphate dicalcique est décomposé : le gaz carbonique est mis en liberté et la chaux se combine au phosphate dicalcique pour reconstituer le phosphate tricalcique.

Le phosphate tricalcique est insoluble dans l'eau, mais se dissout dans l'eau acidulée soit par l'acide chlorhydrique, soit par l'acide acétique. En effet, sous l'influence de ces acides il est décomposé en phosphate dicalcique un peu soluble et chlorure ou acétate de calcium solubles. Le phosphate tricalcique n'est donc pas véritablement et directement soluble dans l'eau acidulée : il est transformé par l'eau acidulée, et les produits de transformation sont solubles dans l'eau acidulée.

Lorsqu'on chauffe au rouge un mélange de phosphate dicalcique et de chlorures d'alcalis, le phosphate dicalcique décompose partiellement les chlorures : il se produit du phosphate tricalcique et de l'acide chlorhydrique est mis en liberté. — Cette notion trouvera son application dans l'étude du suc gastrique.

Les cendres des tissus et liquides organiques contiennent quelquefois du phosphate de fer PO^4Fe. Ce sel est insoluble dans l'eau comme le phosphate tricalcique, insoluble dans l'acide acétique, ce qui permet de le séparer du phosphate tricalcique, mais soluble comme ce dernier dans l'acide chlorhydrique.

Les phosphates solubles sont précipités de leurs solutions par une solution acide de molybdate d'ammoniaque et par une solution ammoniacale de sels de magnésie.

Lorsqu'on traite une solution d'un phosphate soluble, acidulée par l'acide nitrique, par un grand excès d'une solution de molybdate d'ammoniaque, il se forme très lentement à froid, plus rapidement à chaud, un fin précipité jaunâtre de phosphomolybdate d'ammoniaque insoluble dans l'acide nitrique, mais soluble dans les alcalis : d'où la nécessité de faire la précipitation dans une liqueur nitrique. Ce précipité ne peut être desséché sans se décomposer; par conséquent il ne peut pas permettre de doser en poids l'acide phosphorique contenu dans une liqueur, mais il permet de reconnaître facilement la présence de phosphates.

Lorsqu'on ajoute à une solution d'un phosphate soluble une liqueur contenant du chlorhydrate d'ammoniaque, de l'ammoniaque et du sulfate de magnésie, il se forme, à froid, un précipité blanc cristallin de phosphate ammoniaco-magnésien insoluble dans l'ammoniaque, mais soluble dans les acides : d'où la nécessité de faire la précipitation en milieu ammoniacal. Les phosphates sont les seuls sels contenus dans les cendres des tissus animaux qui soient précipités dans ces conditions; d'autre part, leur précipitation est totale, si la quantité de la liqueur ammoniaco-magnésienne ajoutée est suffisante. On a donc là un moyen de doser les phosphates des cendres.

Les cendres sont dissoutes dans l'eau acidulée par l'acide chlorhydrique, et la solution est précipitée à froid par addition d'une liqueur contenant du chlorhydrate d'ammoniaque, de l'ammoniaque en excès et du sulfate de magnésie. Le précipité est jeté sur un filtre, lavé à l'eau ammoniacale, desséché, calciné et pesé. Par la calcination le phosphate ammoniaco-magnésien PO^4MgAzH^4 est décomposé en eau, ammoniaque et

pyrophosphate de magnésie $P^2O^7Mg^2$. Sachant que
1 gramme de pyrophosphate de magnésie correspond
à $0^{gr},86485$ d'acide phosphorique PO^4H^3, ou à $0,71171 PO^3$,
on peut, connaissant le poids du pyrophosphate obtenu,
calculer le poids d'acide phosphorique contenu dans les
cendres.

Nous indiquerons, en étudiant l'urine, un procédé volumétrique de dosage des phosphates dissous.

Les *sulfates* contenus dans les cendres animales
sont des sulfates de potasse, de soude, de chaux, de
magnésie.

On sait qu'il existe deux séries de sulfates
d'alcalis : les sulfates neutres tels que SO^4Na^2, et les
sulfates acides ou bisulfates tels que SO^4HNa. Dans
les cendres des substances animales, ce sont les
sulfates neutres qu'on rencontre.

Tous les sulfates des cendres sont solubles dans
l'eau : les sulfates de potasse, de soude et de magnésie sont très solubles dans l'eau ; le sulfate de
chaux est moins soluble : l'eau à la température
ordinaire en dissout 0,20 pour 100. Tous ces sulfates sont insolubles dans l'alcool.

Les sulfates ne sont pas volatils : par conséquent,
lorsqu'on se propose de déterminer les sulfates des
cendres d'une matière animale, on peut incinérer
au rouge : il n'y a pas perte de sulfates par vola-
tilisation.

Mais les sulfates, au rouge, sont réduits par le
charbon à l'état de sulfures. Par conséquent lorsqu'on a incinéré une matière animale, il convient
d'ajouter aux cendres une goutte d'acide nitrique
pour ramener les sulfures à l'état de sulfates et

de calciner de nouveau pour chasser l'acide nitrique.

Les sulfates solubles, traités par le chlorure de baryum, donnent un précipité de sulfate de baryum, absolument insoluble dans l'eau distillée, ou dans l'eau acidulée par l'acide acétique ou par l'acide chlorhydrique. Le précipité de sulfate de baryum se forme mieux à chaud qu'à froid, et s'agglomère à chaud de façon à pouvoir être facilement retenu par le filtre.

Pour doser les sulfates dissous dans un extrait aqueux de cendres animales, on acidule cette liqueur par l'acide acétique ou par l'acide chlorhydrique, et on ajoute un excès d'une solution de chlorure de baryum. La liqueur, dans laquelle le précipité de sulfate de baryte est en suspension, est maintenue pendant quelques heures au bain-marie bouillant, pour que le précipité se réunisse au fond du vase en une masse grenue séparable par filtration. On vérifie que la liqueur ne précipite plus par le chlorure de baryum. On jette sur un filtre sans cendres le précipité; on le lave à l'eau acidulée par l'acide acétique ou par l'acide chlorhydrique, puis à l'eau distillée bouillante, et on calcine le filtre et le précipité qu'il supporte. Pendant cette calcination il peut s'être produit une réduction partielle du sulfate de baryum par le charbon du filtre : il convient donc, la calcination étant terminée, d'ajouter une goutte d'acide nitrique et de calciner de nouveau. Il ne reste plus qu'à peser le sulfate de baryum calciné et à calculer le poids correspondant d'acide sulfurique : ce calcul est facile à faire : 1 gramme de sulfate de baryum correspond à $0^{gr},4205$ d'acide sulfurique SO^4H^2 ou à $0^{gr},3433$ d'anhydride sulfurique SO^3.

Les *carbonates* se rencontrent en petite quantité dans les cendres : ce sont des carbonates alcalins et alcalino-terreux.

Il existe, on le sait, deux séries de carbonates : les *carbonates neutres* répondant à la formule CO^3X^2 ou CO^3Y, X représentant un métal monovalent, tel que le sodium, Y un métal divalent, tel que le calcium ; — et les *bicarbonates* répondant à la formule CO^3HX ou $(CO^3)^2H^2Y$.

Les carbonates et bicarbonates d'alcalis sont solubles dans l'eau et insolubles dans l'alcool ; les carbonates alcalino-terreux sont insolubles dans l'eau et insolubles dans l'alcool ; les bicarbonates alcalino-terreux sont un peu solubles dans l'eau, insolubles dans l'alcool.

Si on fait passer un courant de gaz carbonique dans une solution d'un carbonate alcalin, on transforme ce sel en bicarbonate. Si on fait passer un courant de gaz carbonique dans une liqueur tenant en suspension du carbonate de chaux, on transforme ce sel en bicarbonate de chaux un peu soluble.

Inversement, en calcinant les bicarbonates alcalins, on les décompose en carbonates neutres, eau et gaz carbonique. Si on fait bouillir une solution aqueuse d'un bicarbonate alcalino-terreux, de bicarbonate de chaux par exemple, on décompose le sel en eau, gaz carbonique qui se dégage, et carbonate de chaux qui se précipite, étant insoluble dans l'eau. Les cendres obtenues par calcination des matières organiques ne peuvent donc pas contenir de bicarbonates.

Les carbonates alcalins ne sont pas décomposés au rouge ; les carbonates de chaux et de magnésie sont au contraire décomposés au rouge en oxyde métallique, chaux et magnésie caustiques, d'une part, et gaz carbonique, d'autre part. Par conséquent les cendres obtenues par calcination des matières animales peuvent ne pas contenir de carbonates alcalino-terreux si la calcination a été faite à haute température, et contenir à leur place une petite quantité de chaux ou de magnésie provenant de leur décomposition.

Les carbonates d'alcalis sont les seuls carbonates des cendres obtenues au rouge. Ces sels étant solubles dans l'eau, l'extrait aqueux des cendres contient la totalité des carbonates des cendres, mais non la totalité des carbonates qui pouvaient exister dans la substance analysée, au moins à l'état de carbonates, car une partie a pu être détruite par la chaleur.

Le dosage des carbonates des cendres consiste essentiellement à mettre en liberté le gaz carbonique de ces carbonates par un acide, et à déterminer, soit en volume, soit en poids, la quantité de gaz carbonique dégagée.

Les cendres contiennent toujours des *sels de potasse, de soude, de chaux, de magnésie*, et quelquefois des *sels de fer*.

En étudiant les chlorures, sulfates, phosphates et carbonates, nous avons passé en revue les sels alcalins et alcalino-terreux des cendres. Nous nous bornerons à indiquer les particularités suivantes :

Les *sels de calcium* solubles sont totalement précipités par un excès d'oxalate d'ammoniaque ; — le précipité d'oxalate calcique est insoluble dans l'eau, insoluble dans l'eau acidulée par l'acide acétique, soluble dans l'eau acidulée par l'acide chlorhydrique.

Les *sels de magnésie* solubles sont précipités de leurs solutions par addition de chlorhydrate d'ammoniaque, d'ammoniaque et de phosphate de soude, à l'état de phosphate ammoniaco-magnésien insoluble dans l'eau ammoniacale. Par suite, dans la solution chlorhydrique neutralisée des cendres, les sels de chaux seront séparés à l'état d'oxalate calcique ; — dans la solution chlorhydrique des cendres, rendue alcaline par addition d'ammoniaque, les sels de magnésie seront séparés à l'état de phosphate ammoniaco-magnésien. Par calcination de l'oxalate calcique et du phosphate ammoniaco-magnésien, on obtient de la chaux CaO et du pyrophosphate de magnésie $P^2O^7Mg^2$ qu'on pèse, ce qui permet de connaître la quantité de calcium et de magnésium contenue dans les extraits chlorhydriques des cendres.

La séparation et le dosage des métaux alcalins sont des opérations très délicates ; nous ne devons pas nous en occuper.

Les cendres peuvent contenir soit de l'*oxyde ferrique*, soit du *phosphate de fer*. Ces substances sont insolubles dans l'eau, solubles dans l'eau acidulée par l'acide chlorhydrique.

On reconnaît dans un extrait chlorhydrique de cendres la présence d'un sel de fer au moyen des réactions suivantes : 1° la potasse ou l'ammoniaque déterminent la formation d'un précipité floconneux rouge brun d'hydrate de fer ; — 2° le ferrocyanure de potassium donne un précipité de bleu de Prusse ; — 3° le sulfocyanure de potassium donne une coloration rouge sang ; — 4° le tannin colore la solution en noir.

Le dosage du fer dans l'extrait chlorhydrique des cendres se fait toujours volumétriquement ou colorimétriquement en chimie physiologique. Nous ne pouvons nous arrêter à décrire ici les différents procédés de dosage du fer : ils sont décrits avec détails dans tous les traités de chimie analytique.

La connaissance de la composition des cendres ne renseigne qu'imparfaitement sur la nature et sur les proportions des différentes matières minérales des liquides et tissus organiques soumis à l'analyse.

Les *chlorures des cendres* peuvent provenir de la décomposition de composés organiques chlorés. Nous en avons un exemple dans le suc gastrique : les combinaisons chlorées acides de ce suc se décomposent à température supérieure à 100° en dégageant de l'acide chlorhydrique, capable de former des chlorures aux dépens de certains phosphates des cendres, ou aux dépens des alcalis et carbonates alcalins résultant de la destruction de sels à acides organiques.

Les *phosphates des cendres* peuvent provenir partiellement de la décomposition de substances organiques phosphorées. C'est ainsi que la lécithine du tissu nerveux et la caséine du lait fournissent par calcination de l'acide phosphorique qui se combine avec les carbonates ou avec les bases des cendres.

Les *sulfates des cendres* peuvent provenir partiellement de la décomposition de substances organiques sulfurées. C'est ainsi que toutes les substances albuminoïdes, c'est ainsi que l'acide taurocholique biliaire fournissent par calcination de l'acide sulfurique qui, réagissant sur les carbonates ou sur les alcalis et terres alcalines des cendres, donne des sulfates.

Les *carbonates des cendres* peuvent provenir partiellement de la combustion de sels d'alcalis à acides organiques, tels que les oxalates, les lactates, les malates, les tartrates, etc.

Les *terres alcalines des cendres* peuvent provenir partiellement de la décomposition de carbonates alcalino-terreux, provenant eux-mêmes soit de la décomposition de bicarbonates alcalino-terreux, soit de la décomposition de sels alcalino-terreux à acides organiques.

L'*oxyde ferrique* ou le *phosphate de fer des cendres* peuvent provenir de combinaisons organiques ferrugineuses, telles que l'hémoglobine du sang et l'hématogène du jaune de l'œuf des oiseaux.

Les liquides organiques contiennent tous des *gaz* dissous : ces gaz sont du *gaz carbonique*, de l'*oxygène* et de l'*azote*.

On sait que les gaz dissous dans les liquides en peuvent être extraits soit dans le vide, soit à l'ébullition, et a fortiori par l'action combinée du vide et de l'ébullition.

On peut faire cette extraction au moyen de la pompe à mercure, et grâce à une disposition décrite dans tous les traités de physiologie à propos de l'extraction des gaz du sang.

Les gaz sont généralement recueillis humides sur le mercure et le volume total est déterminé. Soit V le volume observé, H la presion atmosphérique donnée par le baromètre, T la température donnée par le thermomètre, F la tension maxima de la vapeur d'eau à la température T donnée par tous les traités de physique, α le coefficient de dilatation cubique des gaz $= 0,003665$; le volume du gaz mesuré à 0° et à la pression 760 millimètres est donné par la formule :

$$V_0 = V \times \frac{1}{1 + \alpha T} \times \frac{H - F}{760}.$$

Pour reconnaître et doser les 3 gaz généralement contenus dans le mélange gazeux, on se sert de la méthode par absorption : le gaz carbonique est absorbé par la potasse : l'oxygène n'est pas absorbé par la potasse, mais est absorbé par le pyrogallate de potasse ; l'azote n'est absorbé ni par la potasse, ni par le pyrollagate de potasse.

On fait donc pénétrer dans l'éprouvette contenant les gaz et reposant sur le mercure, un petit fragment de potasse humide, ou une petite quantité d'une solution aqueuse de potasse caustique. Il se produit une rapide absorption du gaz carbonique.

On détermine le nouveau volume V′ et on calcule le volume correspondant de gaz mesuré sec à 0° et à 760 millimètres.

$$V'_0 = V' \times \frac{1}{1 + \alpha T} \times \frac{H - F}{760}.$$

en admettant que la température et la pression atmosphérique n'ont pas varié d'une détermination à l'autre.

On fait alors pénétrer une solution d'acide pyrogallique qui, se combinant à la potasse déjà introduite dans le tube à gaz, fournit le pyrollagate de potasse capable d'absorber l'oxygène. Il se produit une absorption de l'oxygène, mais cette absorption n'est généralement complète qu'après un temps assez long : il faut souvent plusieurs heures pour que l'absorption d'oxygène soit complète. On note la nouvelle valeur V″ qui correspond à l'azote et on calcule le volume correspondant d'azote mesuré sec à 0° et 760 millimètres.

$$V''_0 = V'' \times \frac{1}{1 + \alpha T} \times \frac{H - F}{760}.$$

Les volumes des gaz sont :

$$
\left\{
\begin{aligned}
\text{Azote} &= V''_0 = V'' \times \frac{1}{1 + \alpha T} \times \frac{H - F}{760}. \\
\text{Oxygène} &= V'_0 - V''_0 = (V' - V'') \times \frac{1}{1 \times \alpha T} \times \frac{H - F}{760}. \\
\text{Gaz carbonique} &= V_0 - V_0' = (V - V') \times \frac{1}{1 + \alpha T} \times \frac{H - F}{760}.
\end{aligned}
\right.
$$

Si l'on se propose seulement de connaître le

rapport des volumes de 2 gaz dissous, par exemple,
le rapport de l'oxygène au gaz carbonique, il est
inutile de faire les corrections précédentes en supposant les mesures de volumes faites à la même
température et à la même pression ; en effet,

$$\frac{O}{\overline{CO^2}} = \frac{V'_0 - V''_0}{V_0 - V'_0} = \frac{(V' - V'') \times \dfrac{1}{1 + \alpha T} \times \dfrac{H - F}{760}}{(V - V') \times \dfrac{1}{1 + \alpha T} \times \dfrac{H - F}{760}}$$

et en supprimant au numérateur et au dénomina-
teur les facteurs communs :

$$\frac{O}{\overline{CO^2}} = \frac{V' - V''}{V - V'}.$$

CHAPITRE II

LES MATIÈRES GRASSES

Avant d'aborder l'étude des matières grasses, il est bon de rappeler brièvement ce qu'est un *acide*, ce qu'est une *base*, ce qu'est un *sel*, ce qu'est un *alcool*, ce qu'est un *éther*.

Les *acides* sont des *composés essentiellement hydrogénés*, dans lesquels au moins 1 atome d'hydrogène peut être remplacé par 1 atome de métal monovalent (1) : les produits de substitution ainsi obtenus sont des *sels*.

Dans l'acide chlorhydrique HCl, par exemple, l'hydrogène peut être remplacé par du sodium : le produit est un sel, le chlorure de sodium NaCl.

Dans l'acide nitrique AzO^3H, l'hydrogène peut être rem-

(1) La proposition réciproque n'est pas vraie ; il existe en effet des composés qui ne sont pas acides, dans lesquels un atome d'hydrogène est remplaçable par un atome de métal monovalent.

placé par du sodium : le produit est un sel, le nitrate de soude AzO^3Na.

Ces acides, dans lesquels 1 atome d'hydrogène est remplaçable par 1 atome métallique monovalent, sont dits *acides monoatomiques*. Il existe d'autres acides dans lesquels 2,3,..... atomes d'hydrogène sont remplaçables par 2,3,.... atomes de sodium; ces acides sont dits *diatomiques, triatomiques*.....

Dans l'acide sulfurique SO^4H^2, par exemple, 1 seul ou les 2 atomes d'hydrogène peuvent être remplacés par 1 seul ou par 2 atomes de sodium : l'acide sulfurique est un acide diatomique. Le composé obtenu en remplaçant 1 seul atome d'hydrogène par 1 seul atome de sodium, SO^4HNa, est un *sel acide* ou *monobasique*; le composé obtenu en remplaçant les 2 atomes d'hydrogène par 2 atomes de sodium est un *sel neutre* ou *bibasique*.

Dans l'acide phosphorique PO^4H^3, 1, 2 ou 3 atomes d'hydrogène peuvent être remplacés par 1,2 ou 3 atomes de sodium : l'acide phosphorique est un acide triatomique. Cet acide fournit trois séries de sels : les *phosphates monobasiques* tels que PO^4H^2Na, les *phosphates bibasiques* tels que PO^4HNa^2, et les *phosphates tribasiques* tels que PO^4Na^3.

Le groupe atomique obtenu en retranchant de la molécule acide le ou les hydrogènes remplaçables par les atomes métalliques, est ce qu'on peut appeler le *radical d'acide* :

Le radical d'acide chlorhydrique est Cl.
—   —   nitrique est AzO^3.
—   —   sulfurique est SO^4.
—   —   phosphorique est PO^4.

Il en est de même en chimie organique. L'acide acétique CH^3CO^2H est un acide monoatomique, un seul atome d'hydrogène étant remplaçable par un atome de sodium, CH^3CO^2Na. — L'acide oxalique CO^2H-CO^2H est un acide diatomique, deux atomes d'hydrogène étant remplaçables par du sodium : le composé CO^2HCO^2Na est un sel acide ou monobasique; le composé CO^2NaCO^2Na

est un sel neutre ou bibasique. On peut considérer des radicaux d'acides organiques.

Le radical d'acide acétique est $CH^3\text{-}CO^2$. ·
— . — oxalique est $CO^2\text{-}CO^2$.

Les *bases* sont des *composés essentiellement oxhydrilés*, c'est-à-dire contenant le groupe atomique OH (*oxhydrile*), remplaçable par un radical d'acide monoatomique. Le produit de substitution est un *sel.*

Dans la soude NaOH, l'oxhydrile OH peut être remplacé par le radical d'acide nitrique AzO^3 ; le produit est l'azotate de soude $NaAzO^3$.

Ces bases, dans lesquelles il n'existe qu'un oxhydrile remplaçable par un radical d'acide monoatomique, sont dites *bases monoatomiques.* Il existe des bases dans lesquelles deux groupes oxhydriles sont remplaçables par deux radicaux d'acide monoatomique ou par un radical d'acide diatomique : ces bases sont dites *diatomiques.* De même il existe des bases contenant trois groupes oxhydriles remplaçables par trois radicaux d'acide monoatomique ou par un radical d'acide triatomique.

Dans la chaux, par exemple, $Ca(OH)^2$, les deux oxhydriles peuvent être remplacés par deux radicaux d'acide nitrique monoatomique $Ca(AzO^3)^2$, ou par un radical d'acide sulfurique diatomique $CaSO^4$. La chaux est une base diatomique.

Dans l'hydrate ferrique $Fe(OH)^3$, les trois oxhydriles peuvent être remplacés par trois radicaux d'acide monoatomique, AzO^3 par exemple, ou par un radical d'acide triatomique, PO^4 par exemple, $Fe(AzO^3)^3$ ou $FePO^4$. L'hydrate ferrique est une base triatomique.

Les bases de la chimie organique portent le nom d'*alcools*, si elles appartiennent à la série grasse, de *phénols*, si elles appartiennent à la série aromatique. Les alcools et phénols sont également *monoatomiques, diatomiques, triatomiques*, suivant qu'ils contiennent un, deux ou trois groupes oxhydriles remplaçables par un, deux ou trois radicaux d'acide monoatomique. La substance résultant de la substitution est un *éther.*

L'alcool éthylique CH^3-CH^2OH est un alcool monoatomique : 1 seul oxhydrile étant remplaçable par 1 radical d'acide monoatomique, AzO^3 par exemple : CH^3-CH^2AzO^3.

Le glycol CH^2OH-CH^2OH est un alcool diatomique, car les 2 oxhydriles peuvent être remplacés soit par 2 radicaux d'acide monoatomique AzO^3, soit par 1 radical d'acide diatomique SO^4 : ainsi seraient obtenus les deux composés CH^2AzO^3-CH^2AzO^3 et $(CH^2)^2SO^4$.

La *glycérine* CH^2OH-$CHOH$-CH^2OH est un alcool triatomique, les trois oxhydriles étant remplaçables soit par trois radicaux d'acide monoatomique AzO^3, soit par un radical d'acide triatomique PO^4 : ainsi seraient obtenus les composés suivants :

$$CH^2AzO^3\text{-}CHAzO^3\text{-}CH^2AzO^3 \text{ et } (CH^2\text{-}CH\text{-}CH^2)PO^4.$$

On peut concevoir qu'un, deux ou trois oxhydriles de la glycérine sont remplacés par un, deux ou trois radicaux d'acide monoatomique ; on obtiendrait ainsi un *monoglycéride*, un *diglycéride*, un *triglycéride*, tels que :

La mononitrine CH^2OH-$CHOH$-CH^2AzO^3.
La dinitrine CH^2OH-$CHAzO^3$-CH^2AzO^3.
La trinitrine CH^2AzO^3-$CHAzO^3$-CH^2AzO^3.

Les acides organiques peuvent, comme les acides minéraux, donner des éthers. En particulier on obtient avec la glycérine des mono, des di et des triglycérides à acides organiques, des monostéarine, distéarine et tristéarine, par exemple.

Étant donné un sel minéral, on peut le décomposer de façon à régénérer soit l'acide, soit la base qui lui ont donné naissance. D'une façon générale, pour obtenir l'acide, il faut traiter le sel par un autre acide plus énergique ; pour avoir la base, il faut traiter le sel par une base plus énergique.

Par exemple, pour obtenir l'acide nitrique aux dépens d'un des sels de cet acide, le nitrate de soude, par exemple, AzO^3Na, on fait agir dans des conditions convenables l'acide sulfurique sur ce sel : l'acide nitrique est **régénéré**.

Pour obtenir l'hydrate ferrique aux dépens d'un sel ferrique, l'azotate par exemple, on fait agir dans des conditions convenables la soude sur ce sel : la base, hydrate ferrique, est régénérée.

Ce qui s'accomplit en chimie minérale s'accomplit aussi en chimie organique. En particulier, étant donné un éther, on peut régénérer l'alcool qui lui a donné naissance en faisant agir sur l'éther une base. Supposons, par exemple, qu'on fasse agir sur l'éther nitrique de l'alcool éthylique $CH^3\text{-}CH^2AzO^3$, la soude, on régénérera l'alcool éthylique CH^3CH^2OH.

Ces notions étant bien établies, nous pouvons aborder l'étude des matières grasses de l'organisme.

Les *graisses neutres* des tissus organiques sont des *triglycérides* : ce sont les éthers trioléique, tripalmitique et tristéarique de la glycérine, les *trioléine, tripalmitine* et *tristéarine*.

$CH^2\text{-}C^{18}H^{33}O^2$	$CH^2.C^{16}H^{31}O^2$	$CH^2\text{-}C^{18}H^{35}O^2$
$\|$	$\|$	$\|$
$CH\text{-}C^{18}H^{33}O^2$	$CH\text{-}C^{16}H^{31}O^2$	$CH\text{-}C^{18}H^{35}O^2$
$\|$	$\|$	$\|$
$CH^2\text{-}C^{18}H^{33}O^2$	$CH^2\text{-}C^{16}H^{31}O^2$	$CH^2\text{-}C^{18}H^{35}O^2$
trioléine.	tripalmitine.	tristéarine.

Ces trois substances mélangées en proportions variables constituent les différentes matières grasses qu'on rencontre chez les êtres vivants. La trioléine est liquide à la température ordinaire, la tripalmitine est liquide au-dessus de 45°, la tristéarine au-dessus de 65°. Les mélanges contenant une forte proportion de trioléine et peu de tripalmitine et de tristéarine sont liquides à la température ordinaire (*huiles*) : les mélanges riches en tristéarine restent solides jusqu'à une température notablement élevée. En un mot, la température de fusion de ces mélanges varie suivant leur composition. Lorsqu'on élève lentement la température d'une matière grasse naturelle, les première parties qui fondent sont riches en trioléine, mais ne sont pas de la trioléine pure, car cette matière grasse possède la propriété de dissoudre les autres triglycérides, de même que la tripalmitine fondue possède la propriété de dissoudre la tristéarine.

Lorsqu'on agite vigoureusement une graisse neutre naturelle liquide, soit une huile, soit une graisse fondue, avec de l'eau, la matière grasse se divise en une infinité de petits globules qui se trouvent répandus dans tout le liquide auquel ils donnent un aspect laiteux : la matière grasse a été mise en *émulsion* dans l'eau, la matière a été émulsionnée par agitation dans l'eau — mais une émulsion ainsi obtenue n'est pas permanente : les globules gras ne tardent pas à s'agglomérer entre eux pour former des gouttes graisseuses qui viennent se réunir en formant une couche à la surface de l'eau.

Lorsqu'on agite une matière grasse liquide avec une solution alcaline étendue, il se forme une émulsion qui est stable : les globules gras restent à l'état de grande division et demeurent suspendus dans le liquide au moins pendant un temps assez long. On obtient encore des émulsions plus ou moins permanentes en agitant les graisses liquides avec des solutions de savons, avec des liquides renfermant de la mucine, etc.

Les graisses neutres sont insolubles dans l'eau. Elles sont solubles dans l'alcool, dans l'éther, dans le chloroforme, etc.

Elles possèdent la propriété de dissoudre les acides oléique, palmitique et stéarique.

Nous avons dit ci-dessus, que lorsqu'on fait agir sur un sel ou sur un éther une base métallique convenablement choisie, on décompose le sel ou l'éther; on régénère la base du sel ou l'alcool de l'éther, et on forme un sel aux dépens de l'acide du sel et de la base décomposante.

Lorsqu'on fait agir sur les graisses neutres à la température d'ébullition une lessive de soude caustique, ou à la température ordinaire une solution alcoolique de soude caustique, on décompose les graisses neutres en glycérine et acides gras, ces derniers se combinant avec la soude pour donner des sels sodiques. Les sels minéraux des acides oléique, palmitique et stéarique sont appelés *savons*; dans le cas actuel on a des savons de soude. La décomposition des graisses neutres par les alcalis caustiques en glycérine et savons d'alcalis est appelée *saponification*.

Par extension on applique quelquefois en physiologie l'expression saponification à une simple décomposition des matière grasses neutres en glycérine et acides gras libres sans formation de savons. Nous en verrons un exemple dans l'action du suc pancréatique sur les matières grasses.

Les alcalis caustiques, les terres alcalines, à la température d'ébullition, saponifient les matières grasses neutres. Mais les carbonates d'alcalis ou les carbonates alcalino-terreux n'agissent pas sur les graisses neutres, ne les saponifient pas.

Dans la saponification des matières grasses, il y a régénération de la glycérine et formation de savons. La *glycérine* est une substance extrêmement visqueuse, soluble dans l'eau, soluble dans l'alcool, légèrement soluble dans l'éther. C'est, nous l'avons dit, un alcool triatomique.

Les *savons* sont les sels minéraux des acides oléique, palmitique et stéarique. Les savons d'alcalis sont solubles dans l'eau, un peu solubles dans l'alcool absolu, un peu solubles dans l'éther humide. Les savons alcalino-terreux sont insolubles dans l'alcool et dans l'éther. Parmi les savons métalliques, les savons de plomb présentent seuls un intérêt : l'oléate de plomb est soluble dans l'éther (1), les stéarate et palmitate de plomb sont insolubles : l'éther permet donc de séparer les composés oléiques des composés palmitiques et stéariques à l'état de savons de plomb.

Nous avons dit ci-dessus qu'on peut, en faisant agir sur un sel un acide convenablement choisi, régénérer l'acide de ce sel et produire un nouveau sel aux dépens de la base du sel primitif et de l'acide décomposant. Faisons agir sur les savons un acide minéral, nous décomposons ces savons en acides gras libres et en bases métalliques, lesquelles se combinent à l'acide minéral pour donner un sel. Si, par exemple, nous faisons agir sur un oléate de soude de l'acide chlorhydrique, nous mettons en liberté l'acide oléique et nous produisons du chlo-

____

(1) On doit employer l'éther froid, car les oléates sont décomposés par l'éther bouillant.

rure de sodium : l'acide oléique étant insoluble dans l'eau se précipite donc lorsqu'on traite par l'acide chlorhydrique une solution aqueuse d'oléate de soude.

Les *acides gras : oléique, palmitique* et *stéarique*, sont insolubles dans l'eau, solubles dans l'alcool, solubles dans l'éther. Ils sont également solubles dans les matières grasses neutres. Les matières grasses, tenant en solution des acides gras libres, donnent des émulsions beaucoup plus persistantes que les graisses neutres. Quand on traite les acides gras par un alcali caustique ou une terre alcaline, la soude caustique, ou la chaux caustique, on détermine la formation de savons. On produit également des savons en traitant les acides gras par les carbonates d'alcalis ou les carbonates alcalino-terreux dont le gaz carbonique est mis en liberté.

Application. — Supposons qu'on ait un mélange de matières grasses neutres, d'acides gras libres, de savons d'alcalis et de savons alcalino-terreux.

Cette supposition n'est pas gratuite : les excréments contiennent ces différentes substances.

Proposons-nous d'extraire ces substances, de les séparer et de les doser. Les notions que nous avons acquises dans la précédente étude nous permettent de le faire.

Épuisons par l'éther humide les matières à analyser préalablement desséchées à 110° et broyées au besoin avec du sable fin : nous dissoudrons les graisses neutres, les acides gras libres et les savons d'alcalis ; nous laisserons dans le résidu les savons alcalino-terreux (savons calciques). Agitons la solution éthérée avec de l'eau distillée : l'eau dissoudra les savons d'alcalis ; l'éther retiendra les graisses neutres et les acides gras libres insolubles dans l'eau. La solution aqueuse de savons d'alcalis sera précipitée par le chlorure de baryum et les savons barytiques insolubles, séparés par le filtre, seront lavés à l'eau, desséchés et pesés. — La solution éthérée, débarrassée des savons d'alcalis, ne contient plus que les graisses neutres et les acides gras libres : elle sera agitée avec une solution aqueuse de carbonate de soude : les acides gras libres passeront à l'état de savons sodiques et se dissoudront dans l'eau; les graisses neutres ne seront pas altérées et resteront en solution dans l'éther.

La solution aqueuse de savons sodiques après neutralisation de l'excès de carbonate de soude qu'elle contient sera précipitée par le chlorure de baryum, et les savons barytiques insolubles seront séparés par le filtre, lavés, desséchés et pesés. — La solution éthérée, débarrassée des savons d'alcalis et des acides gras libres, ne contient plus que des graisses neutres : elle sera saponifiée par la soude caustique.

Les savons sodiques produits seront dissous dans l'eau, précipités par le chlorure du baryum, et les savons barytiques produits, séparés par le filtre, seront lavés, desséchés et pesés.

Le résidu des matières épuisées par l'éther renferme encore les savons alcalino-terreux. Traitons ce résidu par une liqueur acide, une solution chlorhydrique étendue, par exemple, les savons alcalino-terreux seront décomposés : les acides seront mis en liberté. On pourra, par conséquent, après dessiccation de la masse, les extraire par l'éther, agiter la solution éthérée avec une solution de carbonate de soude et obtenir des savons d'alcalis en solution dans la liqueur carbonatée, neutraliser cette dernière, précipiter les savons d'alcalis par le chlorure de baryum, séparer par filtration les savons barytiques, les laver à l'eau, les dessécher et les peser.

On a ainsi isolé les quatre groupes de substances grasses, qu'on a ramenées à l'état de savons barytiques.

A côté des substances grasses, que nous venons d'étudier, il convient de placer les *lécithines*. Les lécithines sont essentiellement des *graisses phosphorées*.

L'acide phosphorique triatomique peut donner avec la glycérine 3 phosphines, suivant que 1, 2 ou 3 oxhydriles de la glycérine sont remplacés par le radical d'acide phosphorique. Considérons la *monophosphine* : comme la glycérine et l'acide phosphorique sont triatomiques, la monophosphine est 1 fois éther, 2 fois alcool par les 2 oxhydriles glycériques non substitués, et 2 fois acide par les 2 hydrogènes phosphoriques non substitués :

$$CH^2 - OH$$
$$|$$
$$CH - OH$$
$$|$$
$$CH^2 - O$$
$$\left. \begin{matrix} HO \\ HO \end{matrix} \right\} \ PO.$$

Ce composé est encore appelé *acide phosphoglycérique*.

Imaginons que les deux oxhydriles alcooliques soient remplacés par deux radicaux d'acides gras, par exemple par deux radicaux d'acide stéarique ou, comme on dit, par deux stéaryles, on obtiendra un composé qui sera trois fois éther et deux fois acide, *acide distéarylephosphoglycérique* :

$$CH^2 - C^{18}H^{35}O$$
$$|$$
$$CH - C^{18}H^{35}O$$
$$|$$
$$CH^2 - O$$
$$\left. \begin{matrix} HO \\ HO \end{matrix} \right\} \ PO.$$

Considérons d'autre part un alcaloïde, la *choline*, dont la formule est :

$$C^2H^4 \left\{ \begin{array}{l} OH \\ Az(CH^3)^3OH \end{array} \right.$$

et imaginons que l'oxhydrile de cette base soit remplacé par le radical de l'acide distéarylephosphoglycérique, nous obtenons le composé :

$$
\begin{array}{l}
CH^2 - C^{18}H^{35}O \\
\quad | \\
CH - C^{18}H^{35}O \\
\quad | \\
CH^2 - O \\
C^2H^4 \left\{ \begin{array}{ll} OH & HO \\ Az(CH^3)^3 - O \end{array} \right\} PO
\end{array}
$$

la lécithine, ou plus exactement une lécithine, la *lécithine distéarique*.

On peut en effet remplacer un ou deux radicaux stéaryles par un ou deux radicaux palmityles ou oléyles, et obtenir une lécithine *dipalmitique*, une lécithine *dioléique*, une lécithine *oléylepalmitique*, une lécithine *oléylestéarique* et une lécithine *palmitylestéarique*.

Les lécithines, sont, on le voit d'après leur constitution, quatre fois éther et une fois acide.

Les lécithines sont insolubles dans l'eau, elles sont solubles dans l'alcool et dans l'éther et surtout dans un mélange d'alcool et d'éther. Elles se dissolvent également dans les huiles neutres.

Lorsqu'on évapore lentement leurs solutions alcoolo-éthérées, elles se déposent sous forme de masse résineuse gluante. Si on évapore seulement en partie le dissolvant, de manière à déterminer la précipitation d'une partie de la lécithine dissoute, celle-ci se dépose sous forme de petits globules sphériques qui, examinés au microscope polarisant, présentent le phénomène de la *croix de polarisation*, c'est-à-dire, suivant la position des nicols polariseur et analyseur, une croix noire sur fond blanc ou une croix blanche sur fond noir.

Par la carbonisation des lécithines, le phosphore de leur molécule passe à l'état d'acide phosphorique : les lécithines donnent un résidu charbonneux acide. Ajoutons aux lécithines du salpêtre et de la potasse caustique, et calcinons : il se formera, aux dépens du phosphore des lécithines, du phosphate tripotassique.

Solubilité dans l'alcool et dans l'éther, croix de polarisation des globules, acidité du résidu de carbonisation, ce sont les 3 propriétés *caractéristiques des lécithines*. Un tissu contient-il une substance soluble dans l'alcool et l'éther, substance se déposant par évaporation du dissolvant en globules présentant la croix de polarisation, et donnant à la carbonisation un charbon acide, on peut affirmer dans ce tissu la présence d'une lécithine.

Les lécithines quatre fois éther sont décomposées par les alcalis caustiques, comme le sont tous les éthers : les alcools sont régénérés, les acides se combinent avec l'alcali pour donner un sel d'alcali.

Traitons les lécithines, ou pour fixer les idées, la lécithine distéarique, par la soude caustique à chaud, il se formera de la glycérine, de la choline, du phosphate trisodique et du stéarate sodique, c'est-à-dire un savon. On dit que la soude saponifie les lécithines.

Il existe deux procédés permettant de *doser les lécithines* dans une liqueur ou dans un tissu : le *procédé de saponification* et le *procédé d'incinération*.

Supposons une lécithine sans mélange de graisses neutres ou d'acides gras libres, saponifions par la soude, séparons et dosons les savons formés, nous en conclurons la quantité de lécithines qui leur a donné naissance.

Supposons une lécithine non mélangée de phosphates, (par exemple une lécithine dissoute dans l'alcool-éther, qui ne dissout pas les phosphates métalliques), additionnons-la de nitrate de potasse et de potasse, calcinons le mélange, et, dans le résidu de calcination, dosons les phosphates. Nous en conclurons la quantité de lécithines qui leur a donné naissance.

CHAPITRE III

LES HYDRATES DE CARBONE

LES GLUCOSES. — LES SACCHAROSES. — LES AMYLOSES.

Sommaire. — Qu'est-ce qu'un hydrate de carbone ? Trois classes d'hydrates de carbone : glucoses, saccharoses, amyloses.
I. *Classe des glucoses.* — Trois glucoses intéressantes : glucose, lévulose, galactose. *a.* Étude de la glucose prise comme type de sa classe. Solubilités. Trois propriétés de la glucose : une propriété physique : pouvoir rotatoire ; une propriété chimique : pouvoir réducteur ; une propriété biologique : fermentescibilité. Ces trois propriétés permettent de reconnaitre et de doser la glucose. *b.* Lévulose. *c.* Galactose.
II. *Classe des saccharoses.* — Trois saccharoses intéressantes : saccharose, lactose, maltose. *a.* Étude de la saccharose prise comme type de sa classe. Action des acides dilués à l'ébullition. La saccharose est une substance dextrogyre, non réductrice, non directement fermentescible. Sucre interverti. *b.* Lactose. Substance dextrogyre, réductrice, non fermentescible. *c.* Maltose. Substance dextrogyre, réductrice, fermentescible. Distinction de la maltose et de la glucose.
III. *Classe des amyloses.* — Trois amyloses intéressantes : amidon, glycogène, dextrines. *a.* Amidon. Grains d'amidon. Empois d'amidon. Quelques propriétés de l'amidon. Réaction de l'iode sur l'amidon. *b.* Glycogène. *c.* Dextrines.

Les *hydrates de carbone* peuvent être définis d'une façon générale : des substances composées de carbone, d'hydrogène et d'oxygène, dans lesquelles le rapport des quantités d'hydrogène et d'oxygène est le même que le rapport des quantités d'hydrogène et d'oxygène dans l'eau. Ces substances ont par conséquent une formule du type

$$C^n(H^2O)^p.$$

Les hydrates de carbone, qu'il importe au physiologiste de connaître, peuvent être rangés dans 3 classes caractérisées respectivement par leur composition centésimale. Ces classes sont :

La classe des *glucoses*.... $C^6(H^2O)^6$
—   *saccharoses*. $C^6(H^2O)^{5\ 1/2}$ ou $C^{12}(H^2O)^{11}$
—   *amyloses*... $C^6(H^2O)^5$.

Les corps des deux premières classes, glucoses et saccharoses, sont appelés *sucres*.

I. *Classe des glucoses* $C^6(H^2O)^6$. — Parmi les *glucoses*, nous devons en considérer 3 :

la *glucose* ou (*glycose*),
la *lévulose*,
la *galactose*.

1. La *glucose* est soluble dans l'eau et soluble dans l'alcool absolu.

En solution aqueuse, elle peut être bouillie avec les acides minéraux dilués sans subir de modification ; — mais elle est altérée à l'ébullition en présence des alcalis caustiques.

La glucose possède 3 propriétés importantes à connaître pour le physiologiste : une propriété physique, une propriété chimique, une propriété biologique ; — une *propriété physique* : elle fait tourner à droite le plan de polarisation de la lumière ; — une *propriété chimique* : en présence des alcalis caustiques elle réduit certains sels métalliques ; — une *propriété biologique* : elle fermente sous l'influence de la levure de bière.

On sait que la lumière est considérée actuellement par les physiciens comme un mouvement vibratoire s'accomplissant perpendiculairement à la direction de propagation. Mais comme en un point quelconque d'une ligne droite dans l'espace, on peut mener une infinité de perpendiculaires à cette droite, l'une quelconque de ces perpendiculaires représente indifféremment la direction de la *vibration lumineuse naturelle*. La vibration lumineuse est donc seulement perpendiculaire à la direction de propagation; elle n'est pas contenue dans un même plan passant par la direction de propagation lumineuse. Mais il est possible, par des artifices divers, que nous n'avons pas à décrire ici, d'obtenir une lumière telle que la vibration lumineuse se fasse uniquement dans un seul des plans passant par la direction de propagation, et, bien entendu, toujours perpendiculairement à cette direction : une telle *lumière* est dite *polarisée*. Il existe des appareils appelés *polariseurs* permettant d'obtenir une lumière polarisée, et des appareils appelés *analyseurs* permettant de connaître la direction de la vibration lumineuse.

Lorsqu'on fait traverser une solution de glucose par un rayon de lumière polarisée, on constate, au moyen de l'analyseur, que la direction vibratoire de la lumière émergente n'est plus la même que celle de la lumière incidente : cette direction a été déviée. On dit que la glucose dévie le plan de polarisation de la lumière, qu'elle fait tourner le plan de polarisation de la lumière, qu'elle possède le *pouvoir rotatoire*. — La vibration lumineuse a été déviée vers la droite par la glucose : on dit que la glucose est une substance *dextrogyre*. A cause de cette propriété on a quelquefois donné à la glucose le nom de *dextrose*.

Pour une solution donnée de glucose, la déviation

observée est proportionnelle à l'épaisseur de la solution traversée par la lumière polarisée ; — pour deux solutions inégalement concentrées de glucose, observées sous une même épaisseur, le physiologiste peut admettre, tout en n'ignorant pas qu'il commet de ce fait une erreur, que la déviation observée est proportionnelle à la quantité de glucose en solution.

Le *pouvoir rotatoire* de la glucose anhydre $C^6H^{12}O^5$ pour la lumière monochromatique donnée par les sels de sodium est de 52°,6 à droite :

$$[\alpha]_D = + 52°,6 \ (1).$$

Cela veut dire que si l'on fait traverser sous une épaisseur de 1 décimètre, une solution de glucose qui contiendrait 1 gramme de glucose par centimètre cube, par un rayon de lumière (monochromatique obtenue par la flamme sodique) polarisée, on constaterait une rotation du plan de polarisation vers la droite, rotation égale à 52°,6 (2).

Supposons qu'une liqueur contenant en solution de la glucose et ne contenant pas d'autre substance capable de faire tourner le plan de polarisation de la lumière, examinée sous une épaisseur de 1 décimètre, fasse tourner le plan de polarisation d'un angle β. Soit x la quantité

---

(1) $[\alpha]_D$ représente le pouvoir rotatoire pour une lumière qui occupe dans le spectre la place de la raie D du spectre solaire. Le signe $+$ indique que la rotation se fait vers la droite.

(2) Ce nombre s'applique aux solutions contenant de 1 à 15 p. 100 de glucose et à la température de 20°.

de glucose contenue dans 1 centimètre cube de cette liqueur, nous pourrons écrire la proportion :

$$\frac{1 \text{ gr.}}{x} = \frac{[\alpha]_D}{\beta}$$

d'où :

$$x = \frac{\beta}{[\alpha]_D} \text{ grammes.}$$

Pour fixer les idées, supposons que β soit égal à 5°,26

$$x = \frac{5,26}{52,6} = 0^{gr},1$$

La glucose jouit de *propriétés réductrices* : lorsque des solutions de glucose sont bouillies en présence d'alcalis caustiques avec des sels de bismuth, de mercure, d'argent, ces sels sont réduits : le métal est précipité. Notamment, si dans une solution de glucose, additionnée d'une forte proportion de soude caustique (20 à 30 p. 100 par exemple), on met en suspension du sous-nitrate de bismuth, et si on porte à l'ébullition, on voit le sous-nitrate de bismuth blanc passer au noir : ce sel a été réduit à l'état de bismuth métallique pulvérulent noir (*réaction de Böttger*).

Les sels cuivriques, en présence d'alcalis caustiques, sont réduits par la glucose, surtout à la température d'ébullition, à l'état d'oxyde cuivreux (oxydule de cuivre), précipité rougeâtre, insoluble dans les alcalis caustiques fixes (potasse et soude caustiques). Par conséquent, lorsqu'on fait bouillir une solution alcaline d'un sel cuivrique, solution transparente d'un beau bleu, après l'avoir additionnée de glucose, on voit la liqueur devenir rougeâtre et opaque par suite de la réduction du sel cuivrique et de la formation d'un précipité d'oxyde cuivreux. Lorsqu'on abandonne au repos cette liqueur réduite, le précipité cuivreux se dépose au fond d'une liqueur transparente, décolorée si la réduction a été totale, c'est-à-dire si la quantité de glucose ajoutée a été grande, — bleue si la réduction a été partielle, c'est-à-dire si la quantité de glucose ajoutée a été petite. (*Réaction de Trommer*).

La solution cuivrique généralement employée est la *liqueur de Fehling :* c'est essentiellement une solution de tartrate cuivrique et de tartrate potassique, fortement alcalinisée par la soude caustique : on l'appelle quelquefois liqueur cupropotassique (1).

Pour une même solution de glucose, la quantité de liqueur de Fehling réduite est proportionnelle à la quantité de solution de glucose ajoutée. Pour deux solutions contenant des proportions différentes de glucose, le physiologiste peut admettre, tout en n'oubliant pas qu'il commet par là une légère erreur, que la quantité de liqueur de Fehling réduite est proportionnelle à la quantité de glucose ajoutée. Inversement, le physiologiste peut admettre, tout en n'oubliant pas qu'il commet par là une légère erreur, que pour réduire une même

(1) Pour préparer cette liqueur de Fehling, on dissout 34^{gr},65 de sulfate de cuivre cristallisé pur dans 200 c. c. d'eau d'une part; — on dissout 173 grammes de tartrate de sodium et de potassium (sel de Seignette) dans 480 cc. de lessive de soude de densité 1,14 (contenant 12 p. 100 de soude caustique), d'autre part. On mélange les deux solutions, et on ajoute de l'eau pour faire 1 litre.

quantité de liqueur de Fehling il faut ajouter des volumes de deux solutions de glucose, contenant la même quantité de glucose.

Ces faits permettent de doser la quantité de glucose contenue dans une liqueur, pourvu que cette liqueur ne contienne pas de substances, autres que la glucose, capables de réduire la liqueur de Fehling. -
Dans un volume déterminé de liqueur de Fehling maintenue à l'ébullition, faisons tomber goutte à goutte la solution de glucose jusqu'à ce que la liqueur dans laquelle flotte le précipité d'oxyde cuivreux formé soit complètement décolorée. La quantité de la solution de glucose ajoutée renferme une quantité de glucose suffisante pour réduire le volume employé de la liqueur de Fehling. — Si nous savons le titre de cette liqueur de Fehling, c'est-à-dire si nous avons déterminé la quantité de glucose pure qu'il faut ajouter à un volume donné de cette liqueur de Fehling pour en produire la réduction totale, nous pourrons savoir quelle est la quantité de glucose contenue dans la liqueur analysée.
Supposons, par exemple, que 10 centimètres cubes de liqueur de Fehling soient totalement réduits par $0^{gr},05$ de glucose pure. Supposons d'autre part que, pour réduire totalement ces 10 centimètres cubes, il faille ajouter 20 centimètres cubes d'une solution de glucose analysée : ces 20 centimètres cubes contiennent $0^{gr},05$ de glucose;
— 100 centimètres cubes contiennent $0^{gr},05 \times \dfrac{100}{20}$ soit $0^{gr},25$ de glucose; — la solution contient donc $0^{gr},25$ pour 100 de glucose.
Mais il est difficile de déterminer rigoureusement la quantité exacte de solution de glucose qu'il faut ajouter à un volume donné de liqueur de Fehling pour en produire la réduction totale : le précipité d'oxyde cuivreux rouge masque la coloration bleue du liquide dans lequel il se forme : il faut, par conséquent, laisser ce précipité se déposer en supprimant l'ébullition du liquide tout en

maintenant la température voisine de 100°, pour pouvoir
observer la coloration du liquide; le faire bouillir de
nouveau, ajouter une petite quantité de la solution de
glucose, laisser déposer, etc., jusqu'à décoloration complète.

On simplifie cette manœuvre en employant une *liqueur
de Fehling ferrocyanurée*, obtenue en faisant dissoudre
dans 100 centimètres cubes de liqueur de Fehling, 2 grammes de ferrocyanure de potassium. Lorsqu'on porte à
l'ébullition cette liqueur additionnée d'un excès de glucose, on observe une décoloration de la liqueur; mais il
ne se produit pas de précipité d'oxyde cuivreux : la
liqueur reste constamment d'une transparence parfaite.
Il est par conséquent facile de saisir exactement le moment où, par addition goutte à goutte d'une solution de
glucose, un volume donné de la liqueur bleue titrée est
exactement décoloré. En opérant ainsi le dosage de la
glucose dans une liqueur on gagne en rapidité et en
exactitude.

La glucose *fermente sous l'influence de la levure de
bière*. Lorsqu'on met de la levure de bière dans une
solution de glucose, on voit bientôt se dégager des
bulles de gaz carbonique. Sous l'influence de cette
levure, la glucose est décomposée fournissant
essentiellement mais non exclusivement de l'*alcool
éthylique* et du *gaz carbonique* (boissons fermentées) :

$$C^6(H^2O)^6 = 2(CH^3-CH^2OH) + 2CO^2.$$

La décomposition de la glucose se poursuit jusqu'à disparition totale : si donc on connaît la
quantité d'alcool, ou la quantité de gaz carbonique
produits, lorsque la décomposition est terminée, on
peut calculer la quantité de glucose contenue dans
la liqueur : en effet 100 grammes de glucose

fournissent théoriquement 50^{gr},111 d'alcool et 48^{gr},888 de gaz carbonique (1).

Pratiquement, on se sert d'un appareil disposé comme l'indique la figure ci-contre : 2 ballons, l'un A contenant la solution de glucose et la levure, l'autre B contenant de l'acide sulfurique concentré. Au moment où l'on mé-lange la levure et la solution de glucose, on pèse l'appa-reil. Le tube *a* étant fermé, on laisse fermenter ; le gaz carbonique se dégage par le tube *t*, barbote dans l'acide sulfurique B qui retient la vapeur d'eau entraînée, et s'é-chappe par *b*. Lorsque le fermentation est ter-minée, on fait passer par *a* dans tout l'appa-reil un courant d'air desséché ; ce courant d'air entraîne tout le gaz carbonique contenu encore dans les ballons et dans le liquide A. On pèse de nouveau l'appareil : la perte de poids *p* correspond à la perte de gaz carbonique pro-duit dans la fermentation de la glucose. La quantité de glucose contenue dans la liqueur A est calculée au moyen de l'expression :

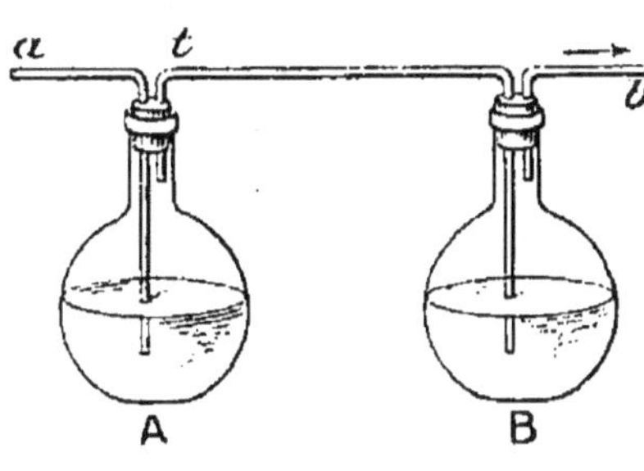

Fig. 1.

$$P = a \times \frac{100}{48,888}.$$

2. La *lévulose* comme la glucose est soluble dans l'eau, soluble dans l'alcool absolu, insoluble dans l'éther. C'est un sucre doué du *pouvoir rotatoire*, un sucre *réducteur*, un sucre *fermentescible*.

(1) Ceci n'est qu'approximativement vrai, parce que l'alcool et le gaz carbonique ne sont pas les seuls produits dérivant de la transforma-tion de la glucose. Il y a production notamment de petites quantités de glycérine, d'acide succinique, etc.

Elle agit sur la lumière polarisée : elle fait tourner le plan de polarisation de la lumière vers la gauche, c'est une substance *lévogyre*, d'où son nom de *lévulose*. Son *pouvoir rotatoire*

$$[\alpha]_D = -\,89°,9.$$

La lévulose réduit la liqueur de Fehling, mais son *pouvoir réducteur* n'est pas aussi grand que celui de la glucose. Si, par définition, on représente par 100 le pouvoir réducteur de la glucose, le pouvoir réducteur de la lévulose est représenté par 96. Cela veut dire que si un poids donné de glucose peut réduire totalement 100 centimètres cubes de liqueur de Fehling, le même poids de lévulose ne peut réduire que 96 centimètres cubes de cette liqueur.

Enfin la lévulose *fermente par la levure de bière*, fournissant de l'*alcool* et du *gaz carbonique*, comme la glucose.

3. La *galactose* est un sucre soluble dans l'eau, soluble dans l'alcool absolu, insoluble dans l'éther. C'est un sucre *dextrogyre, réducteur* et *fermentescible*.

Son *pouvoir rotatoire* est :

$$[\alpha]_D = +\,83°.$$

Son *pouvoir réducteur* est égal à 93, en supposant égal à 100 celui de la glucose.

Elle *fermente par la levure de bière* en donnant de l'*alcool* et du *gaz carbonique*.

II. *Classe des saccharoses* $C^6(H^2O)^{5,5}$ ou $C^{12}(H^2O)^{11}$.

— Parmi les *saccharoses*, nous en considérerons trois :

$\left\{\begin{array}{l}\text{la } saccharose \text{ ou } sucre\ de\ canne, \\ \text{la } lactose \text{ ou } sucre\ de\ lait, \\ \text{la } mallose.\end{array}\right.$

Lorsqu'on fait bouillir une solution de l'un quelconque de ces sucres en présence d'un *acide minéral dilué*, en présence de 1 p. 100 d'acide chlorhydrique par exemple, la molécule du sucre se *dédouble* en fixant une molécule d'eau : il se produit deux molécules de sucres appartenant à la classe des glucoses :

$$C^{12}(H^2O)^{11} + H^2O = C^6(H^2O)^6 + C^6(H^2O)^6.$$

La *sacchorose* se dédouble en *glucose* et *lévulose*.
La *lactose*　　　—　　en *glucose* et *galactose*.
La *mallose*　　　—　　en *glucose* et *glucose*.

1. La *saccharose* est soluble dans l'eau, mais insoluble dans l'alcool absolu.

La saccharose est un sucre *dextrogyre;* son *pouvoir rotatoire* est :

$$[\alpha]_D = + 66°,5$$

la saccharose étant supposée anhydre.

Lorsqu'on fait bouillir la saccharose avec un acide minéral dilué, on obtient, nous venons de le dire, un mélange à poids égaux de glucose et de lévulose, c'est-à-dire un mélange à poids égaux de deux substances dont l'une, dextrogyre, a un pouvoir rotatoire égal à $+ 52°,6$ dont l'autre, lévogyre, a un pouvoir rotatoire égal à $- 89°,9$. Le mélange à poids égaux de ces deux sucres a donc un pouvoir rotatoire gauche. Par conséquent, lorsqu'on fait bouillir avec un acide minéral dilué une solution de saccharose, *solution dextrogyre*, on obtient une *solution lévogyre*. Le *sens de la rotation* de la lumière polarisée a été *interverti*. La saccharose, dit-on, soumise à l'action des acides minéraux dilués à l'ébullition est *intervertie*, ou, comme on dit encore, est transformée en *sucre interverti*. Le *sucre interverti*, peut-être convient-il d'insister sur ce point, n'est pas une substance chimiquement unique : c'est un *mélange à poids égaux de glucose et de lévulose*.

Les solutions aqueuses de saccharose peuvent être bouillies avec la liqueur de Fehling sans la réduire : *la saccharose n'est pas un sucre réducteur*. — *Le sucre interverti*, résultant de l'action des acides minéraux dilués à l'ébullition sur la saccharose, étant un mélange de sucres réducteurs, *réduit la liqueur de Fehling*. Si donc on veut doser dans une liqueur la saccharose, on doit commencer par faire l'interversion, puis on procède au dosage par réduction de la liqueur de Fehling. Pour calculer la quantité de saccharose, il suffit de savoir que 100 parties de saccharose, après interversion, ont un pouvoir réducteur égal à 95, celui de la glucose étant égal à 100, c'est-à-dire que 100 parties de saccharose intervertie réduisent la même quantité de liqueur de Fehling que 95 parties de glucose.

La saccharose enfin *n'est pas un sucre directement fermentescible*. Sans doute, lorsqu'on introduit de la levure de bière dans une solution de saccharose il se produit une fermentation donnant lieu à la production d'alcool et de gaz carbonique; mais cette fermentation comprend *deux phases successives :* 1° un *dédoublement*, avec fixation d'eau, de la saccharose en glucose et lévulose, une *interversion* de la saccharose par conséquent, produite par un *ferment soluble* engendré par la levure de bière, ferment auquel on a donné le nom de *ferment inversif* ou *invertine*, parce qu'il possède la propriété d'intervertir la saccharose; — 2° une *fermentation vitale* de la glucose et de la lévulose produites, par le ferment figuré. La saccharose ne fermente donc pas directement par la levure de bière; elle doit être préalablement intervertie.

Le *dosage de la saccharose* peut se faire : 1° par *détermination du pouvoir rotatoire* dans les liqueurs ne contenant pas de substances autres que la saccharose, capables d'agir sur la lumière polarisée; — 2° par *réduction de la liqueur de Fehling*, après interversion de la saccharose, par un acide dilué, dans les liqueurs ne contenant pas d'autres substances réductrices; — 3° enfin dans les liqueurs ne contenant pas d'autres substances fermentescibles par *détermination de la quantité de gaz carbonique produit dans la fermentation par la levure de bière*, car, en ne tenant pas compte de l'interversion produite par le ferment inversif, la réaction peut être représentée par la formule :

$$C^{12}(H^2O)^{11} + H^2O = 4(CH^3\text{-}CH^2.OH) + 4CO^2.$$

A 100 parties de saccharose correspondent 51,45 parties de gaz carbonique.

2. La *lactose* est soluble dans l'eau, insoluble dans l'alcool absolu. C'est un sucre *dextrogyre, réducteur*, mais *non fermentescible*.

Son *pouvoir rotatoire*

$$[\alpha]_D = + 55°,2.$$

la lactose étant supposée anhydre.

Son *pouvoir réducteur*, en supposant celui de la glucose égal à 100, est égal à 70.

Le ferment inversif de la levure n'agit pas sur la lactose ; la levure ne peut faire fermenter la lactose *ni directement, ni indirectement*. Pour obtenir une fermentation alcoolique de la lactose, il faut, ou bien employer certaines levures autres que les espèces vulgaires de levure de bière, ou bien dédoubler préalablement la lactose en glucose et galactose par ébullition en présence d'acides minéraux étendus.

Sous l'influence d'un microorganisme, nommé *ferment lactique*, la lactose subit une transformation : elle donne de l'*acide lactique de fermentation* :

$$C^{12}(H^2O)^{11} + H^2O = 4(CH^3\text{-}CHOH\text{-}COOH).$$

Le *dosage de la lactose* peut se faire : 1° dans les liqueurs qui ne contiennent pas d'autres substances actives sur la lumière polarisée, *par détermination polarimétrique* ; 2° dans les liqueurs qui ne contiennent pas d'autres substances réductrices que la lactose, par *réduction de la liqueur de Fehling*.

3. La *maltose* est soluble dans l'eau, soluble dans l'alcool absolu. C'est un sucre *dextrogyre, réducteur* et *fermentescible*, — c'est-à-dire un sucre qui possède, au moins *qualitativement, toutes les réactions principales de la glucose*. La séparation et même la déter-

mination de ces deux sucres présentent pour cette raison d'assez grandes difficultés.

La maltose peut être *distinguée de la glucose par son pouvoir rotatoire et par son pouvoir réducteur.*

La maltose, sucre dextrogyre, a un *pouvoir rotatoire*

$$[\alpha]_D = + 144°,$$

la maltose étant supposée anhydre.

Supposons qu'on fasse bouillir la maltose avec un acide minéral dilué, de façon à la dédoubler avec fixation d'eau en 2 molécules de glucose :

$$C^{12}(H^2O)^{11} + H^2O = C^6(H^2O)^6 + C^6(H^2O)^6$$
$$342 \text{ gr.} + 18 \text{ gr.} = 180 \text{ gr.} + 180 \text{ gr.}$$

342 grammes de maltose fournissent 360 grammes de glucose ; — par conséquent 100 grammes de maltose fournissent $105^{gr},26$ de glucose. Or le pouvoir rotatoire de la glucose est $+ 52°,6$; donc, après dédoublement de la maltose, son pouvoir rotatoire sera devenu :

$$+ 144 \times \frac{105,26}{100} \times \frac{52,6}{144}$$

ou

$$\frac{105,26}{100} \times 52,6 \text{ soit } 53,8.$$

Lorsqu'on soumet à l'ébullition en présence d'acides minéraux étendus une solution de maltose, le pouvoir rotatoire de la solution se trouve réduit dans la proportion de 144 à 53, 8 — ou approximativement, très approximativement, du triple au simple.

La maltose, sucre réducteur, a un *pouvoir réducteur* égal à 66, le pouvoir réducteur de la glucose étant égal à 100. Après ébullition en présence d'acides minéraux dilués, 100 grammes de maltose se sont transformés en 105^{gr},26 de glucose ; le pouvoir réducteur qui était 66 est devenu 105, 26. Lors donc qu'on soumet à l'ébullition en présence d'acides minéraux étendus une solution de maltose, le pouvoir réducteur de la solution se trouve augmenté dans la proportion de 66 à 105 — ou approximativement, très approximativement, du simple au double.

Application des notions précédentes. — Une solution sucrée est dextrogyre, réductrice et fermentescible : cette solution contient-elle de la glucose ou de la maltose ?

Si, après ébullition de la solution avec un acide minéral étendu, le pouvoir rotatoire et le pouvoir réducteur ne sont pas modifiés, le sucre est de la glucose. Si, après ébullition avec un acide minéral étendu, le pouvoir rotatoire est diminué du triple au simple, et le pouvoir réducteur augmenté du simple au double, le sucre est de la maltose.

On conçoit aisément qu'il soit possible, en se fondant sur ces modifications des pouvoirs rotatoires et réducteur, de reconnaitre dans une liqueur la présence simultanée de glucose et de maltose, et de doser ces deux sucres.

III. *Classe des amyloses* $C^6(H^2O)^5$. — Parmi les *amyloses*, nous en étudierons 3 :

> l'*amidon*.
> le *glycogène*.
> les *dextrines*.

Ces hydrates de carbone, sous l'influence des *acides minéraux dilués*, à la température d'ébullition, fixent de l'eau, et se transforment en sucres du groupe des glucoses.

Les amyloses peuvent être dissoutes par l'eau. Elles ne dialysent pas : c'est là un caractère qui les sépare des sucres, lesquels dialysent facilement ; les amyloses sont des *substances colloïdes* (voir p. 62 ce qu'est une substance colloïde).

1. L'*amidon* existe dans les végétaux sous forme de grains ovoïdes formés de couches concentriques. Ces *grains*, examinés au microscope en lumière polarisée, présentent le *phénomène de la croix de polarisation*, c'est-à-dire une croix noire sur fond blanc, ou une croix blanche sur fond noir, suivant la position relative de l'appareil polariseur et de l'appareil analyseur.

Bouilli avec de l'eau, l'amidon se gonfle, se transforme en *empois d'amidon*, un peu soluble dans l'eau. Les solutions obtenues sont opalescentes, visqueuses, traversant difficilement les filtres de papier. Ces solutions sont précipitées par l'alcool ; l'amidon est insoluble dans l'alcool.

Les solutions d'empois d'amidon *ne réduisent pas* la liqueur de Fehling et *ne fermentent pas* par la levure de bière. Bouillies avec des acides minéraux étendus, par exemple avec de l'acide chlorhydrique à 1 p. 100, elles donnent une série de produits de transformation et d'hydratation, des dextrines, de la maltose, de la glucose. Lorsque l'ébullition a été prolongée pendant un temps suffisant, la liqueur ne renferme plus que de la glucose, les dextrines et la maltose étant elles-mêmes transformées en glucose par l'action des acides minéraux dilués à la température d'ébullition.

Si l'on ajoute à une solution d'empois d'amidon une *solution aqueuse d'iode*, ou une *solution d'iode dans l'iodure de potassium*, (1), on obtient une coloration bleu intense (*iodure d'amidon*). Lorsqu'on porte cette liqueur bleue à 70°, la coloration bleue disparaît, la liqueur devient incolore : par refroidissement, la coloration bleue reparaît pour disparaître de nouveau à 70° et ainsi de suite. De même, quand on fait agir l'eau iodée sur l'amidon solide, et même sur les grains naturels d'amidon, on obtient la coloration bleue d'iodure d'amidon.

2. Le *glycogène, amidon animal*, est une substance soluble dans l'eau, insoluble dans l'alcool, insoluble dans l'éther, non dialysable. Les solutions aqueuses de glycogène sont des liqueurs opalescentes.

Le glycogène *ne réduit pas* la liqueur de Fehling, et *ne fermente pas* sous l'influence de la levure de bière.

Bouilli avec les acides minéraux étendus, par exemple avec de l'acide chlorhydrique à 1 p. 100, le glycogène subit des transformations analogues à celles que subit, dans les mêmes conditions, l'amidon : il se produit des dextrines et de la maltose, puis de la glucose.

(1) Une telle solution est obtenue en dissolvant dans 200 gr. d'eau distillée 2 gr. d'iodure de potassium et 1 gr. d'iode (*liqueur de Gram*).

Bouilli avec les alcalis caustiques, le glycogène ne subit aucune modification.

Lorsqu'on ajoute à une solution de glycogène un peu de liqueur iodo-iodurée de Gram la solution prend une coloration *brun acajou*. Le glycogène en poudre ou les dépôts de glycogène dans les tissus se colorent de même par cette liqueur. Cette coloration brun acajou disparaît à chaud pour reparaître pendant le refroidissement. L'eau iodée ne donne pas cette réaction colorée au moins avec les solutions de glycogène.

3. Les *dextrines* sont solubles dans l'eau, insolubles dans l'alcool absolu; leurs solutions aqueuses ne sont pas opalescentes.

Les dextrines *réduisent* la liqueur de Fehling, mais leur pouvoir réducteur est faible ; — elles *ne fermentent pas* par la levure de bière.

Les acides dilués, à l'ébullition, les transforment en maltose, puis en glucose.

Parmi les dextrines, les unes se colorent en rouge par l'eau iodée ou par la liqueur iodo-iodurée : on leur a donné le nom d'*érythrodextrines;* les autres ne se colorent pas par ce réactif : on les a appelées *achroodextrines*.

CHAPITRE IV

LES SUBSTANCES PROTÉIQUES

ALBUMINOÏDES. — PROTÉIDES. — ALBUMOÏDES.

SOMMAIRE. — I. Substances albuminoïdes. — Qu'est-ce qu'une substance albuminoïde ? Homogénéité du groupe albuminoïde : constitution et réactions de coloration. Quelques réactions de coloration des substances albuminoïdes : réaction xanthoprotéique ; réaction du biuret ; réaction de Millon. Les substances albuminoïdes sont des substances colloïdes. Qu'est-ce qu'une substance colloïde ? Dialyse. Classification physiologique des substances albuminoïdes : substances albuminoïdes naturelles, substances albuminoïdes de transformation. — A. *Substances albuminoïdes naturelles :* réactions de précipitation acides minéraux, sels neutres, ferrocyanure de potassium acétique, alcool, tannin acétique, acides phosphomolybdique et phosphotungstique, liqueur de Brücke chlorhydrique, réactif de Tanret, acide picrique. Choix du réactif précipitant. Les substances albuminoïdes naturelles sont coagulables. Qu'est-ce qu'une coagulation ? Précipitation et coagulation. Caractères distinctifs des albumines et des globulines. Applications : une substance albuminoïde naturelle est-elle une albumine ou une globuline ? Comment peut-on séparer une albumine d'une globuline ? — B. *Substances albuminoïdes de transformation.* Trois groupes intéressants ; a. Substances albuminoïdes coagulées. b. Alcalialbuminoïdes et acidalbuminoïdes. c. Protéoses. α. Propriétés des protéoses : solubilités et précipitations. β. Propeptones et peptones. Les trois réactions propeptoniques. γ. Protéoses vraies et peptone de Kühne.

II. Protéides. — Qu'est-ce qu'une protéide ? Trois groupes intéressants : hémoglobine, mucines, nucléoalbuminoïdes. a. Qu'est-ce qu'une mucine ? Propriétés principales des mucines. b. Qu'est-ce qu'une nucléoalbuminoïde ? Qu'est-ce qu'une nucléine ? Qu'est-ce qu'un acide nucléinique ? Nucléoalbuminoïdes et paranucléoalbuminoïdes. — Caséines et vitellines.

III. Albumoïdes. — Gélatine. — Élastine. Kératine.

On désigne sous le nom de substances protéiques un grand nombre de corps essentiellement composés de carbone, d'hydrogène, d'oxygène et d'azote, entrant dans la constitution des organismes vivants. Donner une définition précise du groupe protéique n'est pas chose possible dans l'état actuel de la science.

Nous étudierons d'abord comme types de ce groupe de substances les *albuminoïdes* qui constituent une classe naturelle ; — et nous indiquerons ensuite les principales propriétés des autres substances protéiques en les comparant à celles des substances albuminoïdes.

1. — Substances albuminoïdes.

1. Ce sont des substances *essentiellement constituées de carbone, hydrogène, oxygène, azote et soufre* (1). La proportion de ces différents éléments varie d'une substance albuminoïde à l'autre, mais dans des limites étroites :

```
C  de 50   à  55   p. 100.
H  de 6,5  à  7,3   —
Az de 15   à  18    —
O  de 20   à  23,5  —
S  de 0,3  à  2,2   —
```

Les substances albuminoïdes possèdent un pouvoir rotatoire gauche.

(1) Nous avons ndiqué au chapitre I, page 2 les méthodes employer pour reconnaitre si une substance organique est azotée. sulfurée.

2. Les différentes substances dites albuminoïdes donnent, sous l'influence de certains agents chimiques énergiques, les *mêmes produits de décomposition*. C'est ainsi que l'acide chlorhydrique fumant, à l'ébullition, décompose toutes les substances albuminoïdes en ammoniaque, gaz carbonique, leucine, tyrosine, etc. ; — c'est ainsi que les lessives d'alcalis caustiques ou l'eau de baryte caustique saturée à l'ébullition décomposent toutes les substances albuminoïdes en ammoniaque, gaz carbonique, acide acétique, acide oxalique, leucines, leucéines, tyrosine, etc. Par la putréfaction, toutes les substances albuminoïdes se décomposent en donnant de l'ammoniaque, du gaz carbonique, de l'hydrogène sulfuré, de la leucine, de la tyrosine, etc.

3. Enfin, toutes les substances dites albuminoïdes, qu'elles soient en solution ou qu'elles soient à l'état solide, présentent une même série de *réactions de coloration*. Parmi ces réactions de coloration nous indiquerons les suivantes, qui sont le plus fréquemment employées par les physiologistes :

a. *Réaction xanthoprotéique*. — Sous l'influence de l'acide nitrique à l'ébullition, les substances albuminoïdes ou leurs solutions se colorent en jaune serin très clair. — Sous l'influence des alcalis caustiques, ajoutés jusqu'à réaction alcaline, les substances albuminoïdes ou leurs solutions jaunies par l'acide nitrique, à l'ébullition, prennent une coloration jaune orangé foncé.

Supposons une substance albuminoïde à l'état solide ;
mettons-la en suspension dans l'eau ; additionnons cette
eau de quelques centièmes d'acide nitrique et portons à
l'ébullition : les flocons albuminoïdes prennent rapidement la coloration jaune. — Faisons refroidir, et laissons
couler sur les parois du tube, dans lequel s'est produite
la réaction, une solution d'ammoniaque caustique, nous
verrons les flocons albuminoïdes flottant dans les couches supérieures du liquide, alcalinisées par la solution
d'ammoniaque, prendre la coloration jaune orangé, tandis
que les flocons albuminoïdes flottant dans les couches
inférieures conservent leur coloration jaune serin très
clair.

Supposons une solution d'une substance albuminoïde :
ajoutons quelques centièmes d'acide nitrique : tantôt il
se produit un précipité, tantôt il ne s'en produit pas,
peu importe. Portons à l'ébullition ; tantôt le précipité
formé à froid se dissout, tantôt il ne se dissout pas, peu
importe. Lorsque l'ébullition aura duré quelques instants
les flocons albuminoïdes en suspension, ou le liquide
albuminoïde prennent une coloration jaune serin. —
Après refroidissement, l'addition d'alcalis caustiques,
d'ammoniaque caustique par exemple, détermine la production d'une coloration orangée soit des flocons, soit
du liquide. En versant l'ammoniaque avec précaution,
dans le tube à essai, les parties supérieures seules
deviennent alcalines, les parties inférieures restent acides,
et on observe très nettement dans les couches supérieures
des flocons ou une liqueur jaune orangé foncé, dans les
couches inférieures des flocons on une liqueur jaune
serin pâle.

b. *Réaction du biuret.* — Lorsqu'on traite les substances albuminoïdes ou leurs solutions par un très
grand excès d'une lessive concentrée d'alcali caustique fixe (potasse ou soude), et par une très petite
quantité d'une solution très diluée de sulfate de

cuivre, la substance albuminoïde ou la solution albuminoïde se colorent en bleu violacé ou rosé.

Supposons une substance albuminoïde solide, plongeons-la pendant quelques instants dans une solution de sulfate de cuivre à 1 p. 100 : elle prend une très légère coloration bleu très pur (sans mélange de rose ou de violet). Retirons cette substance de la solution cuivrique, et plongeons-la dans une lessive de soude caustique à 30 p. 100 : nous voyons la coloration bleu pur passer au bleu violacé ou rosé en augmentant d'intensité.

Supposons une solution albuminoïde ; ajoutons à cette solution au moins un égal volume, ou mieux encore 4 à 5 volumes d'une lessive de soude caustique à 30 p. 100 et quelques gouttes d'une solution de sulfate de cuivre à 1 p. 100 : nous verrons la liqueur prendre une coloration bleu violacé ou rosé. On peut encore opérer d'une autre façon : Dans un tube à essai, ajoutons à une lessive de soude caustique à 30 p. 100 quelques gouttes d'une solution de sulfate de cuivre à 1 p. 100 : nous obtenons une liqueur bleu pur très dense. Versons au-dessus de cette liqueur la solution albuminoïde : celle-ci, beaucoup moins dense en général, ne se mélange pas avec la liqueur bleue. Après quelques instants de contact, on voit au niveau de la séparation des deux liqueurs une zone bleu violacé ou rosé d'autant plus facile à reconnaître qu'elle est en contact avec une liqueur d'un bleu pur.

c. *Réaction de Millon.* — Le *réactif de Millon* (solution d'azotate de mercure dans l'acide nitrique nitreux) détermine dans les solutions de substances albuminoïdes la formation d'un précipité blanc. Ce précipité, abandonné dans la liqueur où il a pris naissance, se colore en rouge brique, lentement à la température ordinaire, rapidement à la température d'ébullition. Les substances albuminoïdes à l'état solide, plongées dans le réactif de Millon, se colorent de même en rouge brique, lentement à la température ordinaire, rapidement à l'ébullition.

Pour obtenir le réactif de Millon on dissout 1 partie de mercure en poids dans 2 parties d'acide nitrique de densité 1,42 d'abord à froid, puis en élevant légèrement la température. Après dissolution totale du mercure, on ajoute à 1 volume de cette solution 2 volumes d'eau.
Le réactif de Millon ne doit être employé que dans des liquides qui ne précipitent pas le sel mercurique. Si, par exemple, on traitait par la liqueur de Millon une solution albuminoïde contenant une forte proportion d'un sel qui, comme le chlorure de sodium, donne un précipité insoluble avec les sels de mercure, la réaction ne se produirait plus avec la même netteté.

Les substances albuminoïdes sont des *substances colloïdes*. — Qu'est-ce qu'une substance colloïde?
Certaines substances, telles que les sels métalliques, le chlorure de sodium par exemple, telles que les sucres, la glucose par exemple, possèdent la propriété de traverser les membranes de papier parchemin, de *dialyser* : supposons séparées par une lame de papier parchemin de l'eau distillée d'une part et une solution de sel ou de sucre d'autre part; le sel ou le sucre ne tardent pas à traverser la lame parcheminée pour se répandre dans l'eau. Comme les substances qui possèdent la propriété de dialyser peuvent en général être obtenues sous forme cristalline, on les appelle *cristalloïdes*.

D'autres substances, telles que l'empois d'amidon, le glycogène, les substances albuminoïdes etc.; *ne dialysent pas* : elles ne peuvent traverser une membrane de parchemin pour se dissoudre dans le liquide qui baigne l'autre face de cette lame. Ces substances, qui, contrairement aux précédentes, ne peuvent en général être obtenues sous forme cristalline, sont dites *substances colloïdes.*

Les substances colloïdes donnent en général des solutions opalescentes : telles sont les solutions de glycogène, d'empois d'amidon, de certaines substances albuminoïdes.

Les substances colloïdes sont-elles vraiment dissoutes, comme est dissous le chlorure de sodium dans les solutions salées? Peut-être non. Car si on filtre sur porcelaine dégourdie une solution d'une substance colloïde, une proportion plus ou moins considérable de cette substance est retenue par le filtre poreux, comme si la substance colloïde était simplement en suspension dans la liqueur. Ne cherchons pas d'ailleurs à trancher cette question : admettons que les substances colloïdes peuvent être réellement dissoutes, mais n'oublions pas que leurs solutions ne se comportent pas toujours comme les solutions typiques, comme les solutions salines par exemple.

On a proposé de nombreuses *classifications des substances albuminoïdes :* aucune d'elles n'est une classification naturelle ; aucune ne repose sur une étude de la constitution moléculaire de ces substances et de leurs affinités chimiques.

Le *physiologiste* peut, *a priori*, établir *deux groupes* de substances albuminoïdes, les *substances albuminoïdes naturelles* et les *substances albuminoïdes de transformation*. Les substances albuminoïdes naturelles se trouvent dans les tissus et les liquides des organismes vivants ; — les substances albuminoïdes de transformation sont les produits de transformation des substances albuminoïdes naturelles sous l'influence de différents agents ; acides, alcalis, ferments digestifs, etc.

A. *Substances albuminoïdes naturelles.* — Les substances albuminoïdes naturelles présentent un certain nombre de réactions communes : ce sont des *réactions de précipitation.* Supposons que nous ayons dissous dans une liqueur convenablement choisie une substance albuminoïde naturelle. La solution est précipitée par les *acides minéraux*, par certains *sels de métaux lourds*, par le *ferrocyanure de potassium acétique*, par le *sulfate d'ammoniaque* dissous à *saturation*, par l'*alcool*, par le *tannin acétique*, par les *acides phosphomolybdique* et *phosphotungstique*, par la *liqueur de Brücke chlorhydrique* ou par le *réactif de Tanret*, par l'*acide picrique*.

Lorsqu'on verse goutte à goutte dans une solution d'une substance albuminoïde naturelle un *acide minéral*, de l'acide chlorhydrique par exemple, on voit se produire un précipité blanc, floconneux, au contact des gouttes d'acide : le précipité produit par les premières gouttes se redissout par agitation ; mais si l'on continue à ajouter l'acide, il ne tarde pas à se produire un précipité persistant de plus en plus abondant. Si l'on continue encore à ajouter de l'acide, le précipité se redissout peu à peu, et, pour une addition suffisante d'acide, la redissolution est totale. Les acides minéraux déterminent donc dans les solutions de substances albuminoïdes naturelles la production d'un *précipité soluble dans un excès d'acide.*

On emploie souvent l'acide nitrique fort, et on procède généralement de la façon suivante : Dans un verre à réaction, on verse une certaine quantité d'acide nitrique concentré : au-dessus de cette couche acide on fait arriver la solution albuminoïde, en la versant lentement sur les parois du verre de façon que la solution albuminoïde plus légère que la solution acide, se répande à sa surface sans se mélanger avec elle. Il se forme au niveau de la séparation des deux liquides un nuage albuminoïde.

Certains *sels minéraux* en solution aqueuse précipitent les substances albuminoïdes naturelles de leurs solutions : les solutions salines les plus généralement et les plus avantageusement employées sont les solutions de *sulfate cuivrique, d'acétate de plomb,* de *chlorure mercurique,* etc. Le précipité produit est un composé métallo-organique résultant de la combinaison du sel métallique avec la substance albuminoïde.

Lorsqu'on ajoute à une solution de substances albuminoïdes naturelles une certaine proportion d'une solution aqueuse étendue de *ferrocyanure de potassium,* et quelques gouttes d'*acide acétique gla-*

cial, on détermine la production d'un précipité.
L'addition de ferrocyanure seul ne produit pas de
précipitation, l'addition d'acide acétique seul ne
produit pas toujours de précipitation ; l'addition des
deux liqueurs produit toujours une précipitation
des solutions de substances albuminoïdes naturelles.

Le précipité obtenu par le ferrocyanure de potassium
et l'acide acétique ajoutés à la solution albuminoïde peut,
lorsqu'il a été séparé de la liqueur dans laquelle il a pris
naissance et lorsqu'il a été lavé à l'eau, donner les réactions
colorées générales des substances albuminoïdes, c'est-à-
dire la réaction xanthoprotéique, la réaction du biuret
et la réaction de Millon. Ainsi pourra-t-on s'assurer que
le précipité déterminé par le ferrocyanure de potassium
et l'acide acétique est bien réellement un précipité d'une
substance albuminoïde.

Lorsqu'on dissout à la température ordinaire
dans une solution d'une substance albuminoïde naturelle du *sulfate d'ammoniaque* jusqu'à refus, ou,
comme on dit en général, *à saturation*, la substance
albuminoïde naturelle est précipitée de sa solution
et *totalement précipitée :* la liqueur séparée par filtration du précipité ne donne plus la réaction du
biuret.

L'*alcool* précipite les substances albuminoïdes naturelles de leurs solutions : il les précipite surtout
bien dans les liqueurs contenant en solution une
faible proportion de sels neutres.

Pour précipiter au moyen du *tannin* les substances albuminoïdes naturelles de leurs solutions, il

convient d'employer une solution obtenue en dissolvant 4 grammes de tannin dans 190 centimètres cubes d'alcool à 45 pour 100, et ajoutant à la solution 2 centimètres cubes d'acide acétique glacial. — Pour des quantités suffisantes de la solution de tannin, la précipitation albuminoïde peut être totale : par exemple, en mélangeant volumes égaux d'une solution albuminoïde et de la solution de tannin acétique, on obtient en général une précipitation totale. Cette précipitation des substances albuminoïdes par le tannin s'accomplit surtout bien dans les liqueurs qui contiennent en solution une petite quantité de sels neutres.

Les *solutions sulfuriques des acides phosphomolybdique et phosphotungstique* précipitent les substances albuminoïdes naturelles, et, pour une quantité convenable de réactif, les précipitent totalement. On emploie généralement une solution obtenue en dissolvant 1 partie d'acide phosphomolybdique ou phosphotungstique cristallisé dans 5 parties d'eau, et ajoutant à cette solution 2 p. 100 d'acide sulfurique concentré.

La *liqueur de Brücke* est une solution aqueuse d'iodure double de mercure et de potassium. On peut préparer cette liqueur de la façon suivante : on dissout dans l'eau distillée à saturation du chlorure mercurique (sublimé) et on verse dans cette solution une solution saturée d'iodure de potassium : il se forme d'abord un précipité rouge d'iodure mercurique soluble dans un excès d'iodure de potassium : on ajoute la solution d'iodure de potassium goutte à goutte jusqu'à dissolution totale du précipité rouge d'iodure mercurique. La liqueur de Brücke ajoutée aux solutions albuminoïdes ne les précipite pas lorsqu'elles sont neutres; elle les précipite au contraire lorsqu'elles ont été acidifiées par l'*acide chlorhydrique*.

Pour préparer le *réactif de Tanret* on ajoute à 20 centimètres cubes d'acide acétique cristallisable, $3^{gr},32$ d'iodure de potassium pur et $1^{gr},35$ de bichlorure de mercure; et on additionne d'eau distillée pour faire 60 centimètres cubes. Ce réactif précipite les substances albuminoïdes de leurs solutions, et le précipité est insoluble à froid ou à chaud dans un excès de réactif, insoluble dans l'alcool, insoluble dans l'éther — caractères qui permettent de le distinguer des précipités produits par le même réactif dans des liqueurs contenant soit certaines substances albuminoïdes de transformation, soit certains alcaloïdes.

L'*iodure double de bismuth et de potassium* précipite les solutions albuminoïdes acidifiées par l'acide chlorhydrique comme le fait la liqueur de Brücke chlorhydrique ou le réactif de Tanret.

Enfin les *solutions aqueuses concentrées d'acide picrique* précipitent également les solutions des substances albuminoïdes naturelles.

Mais si ces différents réactifs précipitent les substances albuminoïdes naturelles de leurs solutions, il ne faudrait cependant pas considérer comme démontrée la présence de substances albuminoïdes dans une liqueur lorsque un quelconque de ces réactifs précipite cette liqueur. En effet les substances albuminoïdes ne sont pas les seules substances que ces différents réactifs peuvent précipiter. En d'autres termes, ces différents réactifs ne sont pas indifféremment applicables à toutes les liqueurs : il faut savoir choisir. Ainsi, pour n'en citer que quelques exemples : on ne peut employer l'alcool lorsque la solution contient des substances précipitables par l'alcool, telles que des sulfates d'alcalis, le sulfate d'ammoniaque par exemple ; — on ne peut employer les acides phosphomolybdique et phosphotungstique dans les liqueurs contenant des sels ammoniacaux, parce qu'il se formerait des phosphomolybdate et phosphotungstate d'ammoniaque insolubles ; — on ne peut employer l'acide picrique dans les liqueurs contenant des sels ammoniacaux ou de la créatinine, ou de l'acide urique, ces différents corps étant précipités par l'acide picrique, etc.

Les *substances albuminoïdes naturelles sont coagulables.*

Qu'est-ce donc qu'une *substance albuminoïde coagulable ?* Qu'est-ce que la *coagulation ?* Quelle différence y a-t-il entre la *coagulation* et la *précipitation* des substances albuminoïdes ?

Quelques exemples vont nous renseigner sur ces questions :

Supposons qu'on ait préparé une solution de blanc d'œuf dans l'eau. Ajoutons à 1 volume de cette solution plusieurs volumes, 10 volumes par exemple, d'une solution saturée de sulfate d'ammoniaque, nous déterminons l'apparition de flocons albuminoïdes. Ces flocons, séparés par filtration du liquide dans lequel ils ont pris naissance, peuvent être redissous dans l'eau, comme le blanc d'œuf lui-même pouvait être dissous dans l'eau, et cette solution présente toutes les propriétés de la solution primitive de blanc d'œuf. On dit que le blanc d'œuf a été précipité de sa solution par le sulfate d'ammoniaque.

Supposons qu'on chauffe cette même solution de blanc d'œuf à une température de 80° à 100°, il se produira un dépôt floconneux albuminoïde; mais, ces flocons, séparés du liquide dans lequel ils se sont produits, ne peuvent plus être dissous dans l'eau. On dit que le blanc d'œuf est coagulé par la chaleur.

La *précipitation* est un *simple changement d'état physique* : la substance précipitée passe de l'état dissous à l'état solide. La *coagulation* est un *changement de propriétés* et probablement de *constitution chimique*.

Lorsqu'on ajoute à une solution de blanc d'œuf de l'alcool en quantité suffisante, on provoque l'apparition de flocons albuminoïdes. Si, aussitôt après leur apparition, on sépare par le filtre ces flocons de la liqueur dans laquelle ils se sont formés, et si, par expression entre deux lames de papier filtre, on les débarrasse de la plus grande partie de la liqueur alcoolique qu'ils retiennent, on peut, sans peine, les redissoudre dans l'eau et obtenir une solution analogue, quant à ses propriétés, à la solution primitive de blanc d'œuf. L'alcool, d'après nos définitions, a donc précipité le blanc d'œuf de sa solution. — Mais si, après avoir produit par addition d'alcool des flocons albuminoïdes, on laisse pendant plusieurs jours, ou mieux pendant plusieurs semaines, ces flocons en contact avec l'alcool fort, ils deviennent absolument insolubles dans l'eau. L'alcool, en nous reportant à nos définitions, par un contact prolongé avec le blanc d'œuf précipité, le coagule.

Les substances albuminoïdes naturelles sont coagulables par la chaleur : qu'on élève progressivement la température de leurs solutions, on voit, à partir d'une température variable suivant la substance considérée, se produire un *louche*, puis des *flocons* qui deviennent plus volumineux et plus abondants à mesure qu'on élève la température (1). Si la liqueur a une réaction neutre, la coagulation n'est pas totale, même si l'on porte la température à 100°. Pour que la coagulation soit totale, il faut aciduler légèrement (à 1 ou 2 p. 1000 en général) la liqueur au moyen de l'acide acétique.

Les albumines se distinguent des globulines par les caractères suivants :

Les *albumines* sont solubles dans l'eau distillée, — dans les solutions étendues de sels neutres d'alcalis ou de terres alcalines (chlorure de sodium, sulfate de soude, sulfate de magnésie, etc.) ; — dans les solutions étendues d'alcalis caustiques. Leurs solutions salines peuvent être diluées ou soumises à la dialyse sans précipiter ; leurs solutions dans les alcalis peuvent être diluées et saturées de gaz carbonique sans précipiter. Les solutions d'albumines

---

(1) Lorsque par une dialyse prolongée en présence d'eau distillée on débarrasse une solution d'albumines des sels minéraux qu'elle contient, on lui fait perdre la propriété de coaguler par la chaleur. Elle recouvre cette propriété par l'addition de petites quantités de matières salines.

ne sont pas précipitées par l'acide acétique : elles ne sont pas précipitées par le chlorure de sodium ou par le sulfate de magnésie dissous à saturation à la température ordinaire, 15° à 20° ; — elles sont, au contraire, précipitées par ces sels lorsqu'elles ont été acidulées par l'acide acétique.

Les *globulines* sont insolubles dans l'eau distillée ; elles sont solubles dans les solutions étendues (à 1 p. 100 par exemple) de sels neutres d'alcalis ou de terres alcalines (chlorure de sodium, sulfate de soude, sulfate de magnésie, etc.) ; elles sont solubles dans les solutions très étendues d'alcalis caustiques. Leurs solutions salines sont précipitées partiellement par dilution par l'eau distillée, et par la dialyse : la dilution diminuant la proportion du sel dissolvant, la dialyse éliminant ce sel dissolvant. Leurs solutions dans les alcalis sont précipitées partiellement lorsque après dilution elles sont saturées de gaz carbonique. Les solutions de globulines sont précipitées partiellement par l'acide acétique. Elles sont précipitées, les unes partiellement, les autres totalement, par le chlorure de sodium dissous à saturation à la température ordinaire ; elles sont précipitées et *totalement précipitées par le sulfate de magnésie dissous à saturation* à la température ordinaire.

Applications. — 1. Une substance albuminoïde naturelle coagulable est-elle une albumine ou une globuline ?

Si la solution ne précipite ni par dilution, ni par dialyse, ni par acidification acétique, ni par saturation par le chlorure de sodium ou le sulfate de magnésie, la substance en solution est une albumine. Si la solution précipite par dilution, par dialyse, par acidification acétique, par saturation par le chlorure de sodium ou le sulfate de magnésie, la substance en solution est une globuline.

2. D'une solution contenant un mélange d'albumines et de globulines comment peut-on retirer l'albumine pure et la globuline pure ?

Soumettons ce mélange à la dialyse, ou diluons-le par 10 à 20 volumes d'eau distillée, ou acidifions-le par l'acide acétique, ou saturons-le de sulfate de magnésie ou de chlorure de sodium, le précipité est un précipité de globuline sans albumine. — Saturons le mélange de sulfate de magnésie pour précipiter la totalité des globulines, jetons sur le filtre pour retenir le précipité formé, et acidulons la liqueur par l'acide acétique, il se produit un précipité d'albumines.

3. Dans une solution contenant un mélange d'albumines et de globulines, comment peut-on séparer les albumines des globulines et les doser ?

La liqueur est saturée de sulfate de magnésie à saturation. On jette sur le filtre pour retenir le précipité de globulines. On lave ce précipité sur le filtre avec une solution saturée de sulfate de magnésie, tant que cette solution entraîne des substances albuminoïdes ; on porte ensuite le filtre et le précipité qu'il contient à 100° pour coaguler les globulines retenues et on lave à l'eau distillée pour enlever le sulfate de magnésie. Les globulines sont ainsi isolées à l'état coagulé. — La liqueur saturée de sulfate de magnésie et les eaux magnésiennes de lavage sont réunies et portées à l'ébullition : les albumines sont coagulées, et, en présence de cet excès de sulfate de magnésie, totalement coagulées. Il suffit alors de jeter sur le filtre et de laver à l'eau distillée pour enlever le sulfate de magnésie : les albumines restent isolées à l'état coagulé.

En étudiant l'œuf, le lait, le sang, le muscle, nous apprendrons à connaître plus spécialement quelques-unes des albumines et des globulines :

Parmi les albumines : l'ovalbumine, la lactalbumine, la sérumalbumine ; — parmi les globulines, la lactoglobuline, la sérumglobuline, le fibrinogène, la fibrine, la myosine.

B. *Substances albuminoïdes de transformation.* — Ces substances présentent les réactions colorées des substances albuminoïdes naturelles. Ce sont des substances colloïdes, donnant, sous l'influence des mêmes réactifs, les mêmes produits de décomposition que les substances albuminoïdes naturelles.

Nous considérons 3 groupes de substances albuminoïdes de transformation :

> *Substances albuminoïdes coagulées.*
> *Alcalialbuminoïdes et acidalbuminoïdes.*
> *Protéoses.*

a. *Les substances albuminoïdes coagulées.* — Les substances albuminoïdes naturelles coagulées (albumines et globulines), sous l'influence de la chaleur, ou par l'action de l'alcool, sont des corps insolubles dans l'eau, insolubles dans les alcalis très étendus, insolubles dans les solutions de sels neutres. Ces produits sont encore de nature albuminoïde, car ils présentent toutes les réactions colorées des substances albuminoïdes, notamment celles que nous avons décrites, la réaction xanthoprotéique, la réaction du biuret, la réaction de Millon.

b. *Alcalialbuminoïdes* et *acidalbuminoïdes.* — Lorsqu'on fait agir sur les albumines et sur les globulines un acide ou un alcali, on transforme la substance albuminoïde naturelle en *acidalbuminoïde* ou *alcalialbuminoïde*.

Ces substances sont insolubles dans l'eau et dans les solutions salines neutres. Elles sont solubles dans les alcalis et dans les acides; elles sont précipitées de ces solutions alcalines ou acides par neutralisation de la solution. Leurs solutions ne sont pas précipitées par la chaleur, même à la température d'ébullition. Elles sont précipitées par le sulfate de magnésie dissous à saturation à froid.

c. *Protéoses.* — Lorsqu'on fait agir sur les substances albuminoïdes naturelles, ou coagulées, le suc gastrique ou le suc pancréatique à une température convenable, 40° par exemple ; — ou la vapeur d'eau surchauffée, — ou les acides et les alcalis étendus à la température d'ébullition, on obtient une série de produits qu'on doit désigner sous le nom général de *protéoses*. Suivant que la substance albuminoïde qui a servi de matière première est une albumine, une globuline (myosine, par exemple), on donne à la protéose le nom d'*albumose*, de *globulose* (myosinose, par exemple).

Les protéoses sont des substances non coagulables.

La plupart des protéoses sont solubles dans l'eau distillée (celles seulement, que nous apprendrons à connaître sous le nom d'hétéroprotéoses, ne sont pas solubles dans l'eau distillée) ; — toutes sont solubles dans les solutions salines neutres étendues (chlorure de sodium, sulfate de soude, sulfate de magnésie, etc. à 1 pour 100 par exemple). Leurs solutions peuvent être bouillies sans précipiter.

Toutes sont précipitées de leurs solutions par les réactifs suivants :

> *Alcool.*
> *Solution aqueuse de sublimé.*
> *Solution de tannin acétique.*
> *Solution sulfurique d'acide phosphomolybdique.* -
> *Solution sulfurique d'acide phosphotungstique.*

Elles ne sont pas précipitées par les acides minéraux tels que l'acide chlorhydrique, l'acide sulfurique, soit à froid, soit à la température d'ébullition.

On divisait autrefois les protéoses en 2 groupes de substances :

> Les *propeptones.*
> Les *peptones.*

Les propeptones étaient caractérisées par 3 réactions dites *réactions propeptoniques :*

α. Les solutions de propeptones additionnées *d'acide nitrique* donnent à froid un précipité : ce précipité disparaît à chaud pour se reformer par refroidissement.

β. Les solutions de propeptones donnent à froid un précipité par le *ferrocyanure de potassium* et l'*acide acétique;* ce précipité disparaît à chaud pour se reformer par refroidissement.

γ. En acidulant à froid par l'*acide acétique* un mélange à volumes égaux d'une solution de propeptones et d'une solution saturée de *chlorure de sodium,* on détermine la production d'un précipité, soluble à chaud, réapparaissant par refroidissement.

Les peptones ne donnaient aucune de ces réactions.

On divise aujourd'hui les protéoses en 2 groupes de substances :

> Les *protéoses vraies*.
> Les *peptones (peptones de Kühne)*.

Les *protéoses vraies* sont précipitées et totalement précipitées de leurs solutions par saturation de ces solutions à la température d'ébullition par le sulfate d'ammoniaque, d'abord en réaction neutre puis en réaction alcaline et enfin en réaction acide : c'est là leur caractère spécifique.

Les *peptones (peptones de Kühne)* ne sont pas précipitées de leurs solutions par le sulfate d'ammoniaque dissous à saturation à la température d'ébullition, quelle que soit la réaction du milieu : c'est là leur caractère spécifique.

Les protéoses vraies donnent un précipité par l'acide picrique ou par la liqueur de Brücke chlorhydrique. Les peptones vraies ne précipitent ni par l'acide picrique, ni par la liqueur de Brücke chlorhydrique.

Les protéoses vraies comprennent elles-mêmes 3 groupes de substances :

> Les *hétéroprotéoses*.
> Les *protoprotéoses*.
> Les *deutéroprotéoses*.

Les hétéroprotéoses et protoprotéoses forment le groupe des *protéoses primaires*, groupe qui correspond à peu près à l'ancien groupe des propeptones ;

— les deutéroprotéoses forment le groupe des *protéoses secondaires*.

Les *protéoses primaires* présentent très nettement les 3 réactions propeptoniques. — Les *hétéroprotéoses* sont insolubles dans l'eau, solubles dans les solutions salines neutres étendues ; leurs solutions salines sont précipitées par la dialyse, totalement précipitées par le chlorure de sodium dissous à saturation à froid.

— Les *protoprotéoses* sont solubles dans l'eau distillée, partiellement précipitées de leurs solutions par le chlorure de sodium dissous à saturation à froid, totalement précipitées par saturation par le chlorure de sodium et acidification à 30 pour 100 par l'acide acétique.

Les *protéoses secondaires* ou *deutéroprotéoses* ne présentent plus ou tout au moins ne présentent plus nettement les réactions propeptoniques. Elles sont solubles dans l'eau. Elles ne sont pas précipitées de leurs solutions par le chlorure de sodium dissous à saturation ; elles sont partiellement précipitées par le chlorure de sodium dissous à saturation et l'acide acétique ajouté à raison de 30 pour 100.

Applications. — Une liqueur renferme-t-elle des protéoses ? Sont-ce des protéoses vraies ou des peptones ?

La solution albuminoïde que nous supposons neutre est acidulée par l'acide acétique et portée à l'ébullition : les substances albuminoïdes naturelles (albumines et globulines) sont coagulées. La liqueur filtrée renferme les protéoses. Neutralisons la liqueur et saturons-la de sulfate d'ammoniaque à la température d'ébullition (1) : s'il

---

(1) La saturation se fait d'abord en milieu neutre ; puis la liqueur refroidie débarrassée du précipité de sulfate d'ammoniaque et de pro-

se produit un précipité, la liqueur contient des protéoses. La liqueur saturée de sulfate d'ammoniaque, séparée du précipité de protéoses vraies, s'il y a lieu, renferme-t-elle des peptones, on peut s'en convaincre par 2 réactions : la présence de peptone vraie est indiquée soit par la réaction du biuret, soit par précipitation par le tannin acétique ; la réaction du biuret peut se faire directement sur la liqueur saturée de sulfate d'ammoniaque ; — le tannin ne doit être ajouté qu'après dilution de la solution salée par un égal volume d'eau.

II. — Protéides. — On désigne sous le nom de *protéides* des substances qui peuvent être considérées comme résultant de la combinaison d'une substance albuminoïde et d'une autre substance organique non albuminoïde.

Tantôt cette dernière substance est une matière ferrugineuse, l'hématine ; tantôt c'est un hydrate de carbone, tantôt c'est une nucléine, ou une paranucléine, etc.

Nous considérerons 3 groupes de protéides intéressant le physiologiste :

1. L'*hémoglobine*, résultant de la combinaison d'une substance albuminoïde et de l'hématine, substance métallo-organique ferrugineuse.

2. Les *mucines*, résultant de la combinaison de substances albuminoïdes et d'hydrates de carbone.

3. Les *nucléoalbuminoïdes* et les *paranucléoalbu-*

---

téoses est alcalinisée par l'ammoniaque et le carbonate d'ammoniaque, puis saturée de nouveau par le sulfate d'ammoniaque à la température d'ébullition, abandonnée une seconde fois au refroidissement, débarrassée par filtration des dépôts qui se sont formés ; enfin acidulée par l'acide acétique, et saturée une dernière fois de sulfate d'ammoniaque à la température d'ébullition.

minoïdes, résultant de la combinaison de substances albuminoïdes et de nucléines ou de paranucléines.

L'hémoglobine sera étudiée en même temps que le sang. Nous nous bornerons ici à faire rapidement l'histoire des mucines et des nucléoalbuminoïdes et paranucléoalbuminoïdes.

a. *Les mucines.* — Les *mucines* sont des substances colloïdes dont les solutions sont filantes et mousseuses. Bouillies avec un acide minéral étendu, elles se décomposent en *substances albuminoïdes* transformées (acidalbuminoïdes et protéoses) et *hydrate de carbone.*

Les mucines les mieux étudiées sont :

> La *mucine* sécrétée par l'*escargot.*
> La *mucine* des *tendons.*
> La *mucine* de la *glande sous-maxillaire.*

Ces mucines présentent les propriétés suivantes :

Elles donnent les réactions colorées des substances albuminoïdes , réaction xanthoprotéique, réaction du biuret, réaction de Millon, etc.

Elles sont insolubles dans l'eau ; mais elles peuvent se dissoudre dans les solutions alcalines très étendues en donnant des liqueurs à réaction neutre.

Ces solutions neutres de mucines ne sont pas coagulées à l'ébullition. Elles sont précipitées par l'alcool, si elles contiennent une petite quantité de sels minéraux (si elles sont absolument débarrassées de matières salines, elles ne sont pas précipitées par l'alcool).

L'acide acétique précipite les mucines de leurs

solutions neutres, et le précipité est soluble dans un excès d'acide. L'acide chlorhydrique et l'acide nitrique, ajoutés en petite quantité, précipitent également les mucines, mais le précipité est soluble dans un excès d'acide.

Le chlorure de sodium ou le sulfate de magnésie dissous à saturation précipitent les mucines de leurs solutions neutres.

Ces notions permettent de caractériser une mucine contenue dans une liqueur.

1° La liqueur est *filante* et *visqueuse*:

2° La liqueur est *précipitée par l'alcool* : le précipité obtenu, lavé, est insoluble dans l'eau, insoluble dans l'acide acétique, soluble dans l'acide chlorhydrique, soluble dans les alcalis dilués.

3ᵉ La liqueur est *précipitée par l'acide acétique* : le précipité est *insoluble dans l'acide acétique* ajouté *en excès*, mais soluble dans l'acide chlorhydrique, soluble dans les alcalis dilués.

4° Le précipité obtenu par l'alcool, ou par l'acide acétique, ou les solutions de mucines dans les alcalis ou les acides, donnent les *réactions colorées des substances albuminoïdes*.

5° Les solutions de ce précipité dans les acides minéraux sont décomposées par une ébullition prolongée : elles renferment alors une substance appartenant au groupe des hydrates de carbone et en général capable de réduire la liqueur de Fehling.

b. Les *nucléoalbuminoïdes* et les *paranucléoalbuminoïdes*. — Ces substances peuvent être considérées comme résultant de la combinaison d'une *substance albuminoïde* et d'une *nucléine* ou *paranucléine*, corps phosphorés.

Les *nucléoalbuminoïdes* sont insolubles dans l'eau, insolubles ou peu solubles dans les solutions salines neutres étendues ; elles sont solubles dans les solutions diluées d'alcali, donnant des liqueurs à réaction neutre pourvu qu'on n'ait pas employé un excès d'alcali. Ces solutions neutres plus ou moins visqueuses de nucléoalbuminoïdes ne coagulent pas par la chaleur à la température d'ébullition.

Les *paranucléoalbuminoïdes* sont également insolubles dans certaines solutions salines neutres étendues. Elles donnent avec les alcalis des solutions qui peuvent avoir une réaction neutre. Ces solutions sont en général beaucoup moins visqueuses que celles des nucléoalbuminoïdes.

Soumises à l'action du suc gastrique les nucléo- et paranucléoalbuminoïdes sont décomposées : il se forme aux dépens de la substance albuminoïde qui entre dans la constitution de leur molécule des protéoses solubles ; — et il reste un résidu insoluble dans le suc gastrique ; résidu constitué soit par une *nucléine*, soit par une *paranucléine*, corps phosphorés.

Les nucléines et paranucléines sont des corps insolubles dans l'eau, dans l'alcool, dans l'éther, dans les acides minéraux étendus ; elles ne sont transformées ni par le suc gastrique, ni par le suc pancréatique. Elles sont solubles dans les alcalis dilués, et précipitées de ces solutions par l'acide acétique.

Traitées par les alcalis, les nucléines et les para-nucléines se dédoublent en *substance albuminoïde* d'une part, en *acides nucléiniques* et *paranucléiniques* d'autre part.

Les *acides nucléiniques* sont des composés phosphorés, mais nullement sulfurés. Les nucléines au contraire sont à la fois phosphorées et sulfurées. Ils contiennent de 9 à 10 pour 100 de phosphore ; les nucléines n'en contiennent que 3 à 4 pour 100. Ils sont facilement solubles dans les alcalis étendus ; mais ne sont pas précipités de leurs solutions par l'acide acétique comme le sont les nucléines ; ils en sont seulement précipités par les acides minéraux étendus, un excès d'acide minéral redissolvant le précipité.

Les acides nucléiniques en solution acide possèdent la remarquable propriété de précipiter les albuminoïdes de leurs solutions sous forme de composés qui rappellent les nucléines par toutes leurs propriétés.

Soumis à l'action des acides minéraux étendus à la température d'ébullition, les acides nucléiniques sont décomposés, et parmi les produits de décomposition se rencontrent des corps basiques de la série xanthique, appelés par suite de leur dérivation possible des acides nucléiniques, les *bases nucléiniques*, l'adénine, la guanine, la xanthine, l'hypoxanthine, — de l'acide phosphorique — etc. On tend à admettre aujourd'hui que les acides nucléiniques et les nucléines dont ils dérivent sont des mélanges de corps correspondant respectivement à l'une des bases nucléiniques : il y aurait un acide adénylnucléinique, un acide guanylnucléinique, etc.

Les acides *paranucléiniques* sont également des composés riches en phosphore : ils en contiennent 8 p. 100 environ ; les paranucléines n'en contiennent que 2 à 3 p. 100. Leurs produits de décomposition ne sont pas bien connus ; on sait seulement que parmi ces produits ne se trouvent pas les bases nucléiniques. C'est pour cette raison qu'au point de vue purement chimique il faut nettement séparer les acides paranucléiniques des acides nucléiniques, et les paranucléines des nucléines.

Parmi les nucléoalbuminoïdes il convient de ranger un grand nombre de substances encore presque inconnues qui entrent dans la constitution des cellules des organismes vivants. Ces cellules ou tout au moins certaines d'entre elles contiennent outre des nucléoalbuminoïdes qui siègent surtout dans le protoplasma cellulaire, des nucléines qui se rencontrent plus particulèrement dans les noyaux. Enfin on rencontre même, dans la tête des spermatozoïdes, de l'acide nucléinique libre (1).

Parmi les paranucléoalbuminoïdes citons les caséines et les vitellines, dont il sera parlé à propos du lait et de l'œuf.

---

(1) On a malheureusement désigné sous le nom de nucléines bien des corps très différents. Ce mot a été appliqué aux nucléoalbuminoïdes, aux nucléines et même à l'acide nucléinique. C'est ce dernier composé qui, le premier de cette série de corps, a été préparé et étudié parMiescher qui l'avait appelé nucléine.

III. — Substances albumoïdes — On range dans ce groupe des albumoïdes toutes · les substances protéiques qui n'appartiennent ni au groupe des substances albuminoïdes ni au groupe des protéides.

Parmi les albumoïdes, les physiologistes ont à considérer 3 groupes de substances :

$$\left\{ \begin{array}{lll} 1^o \text{ Les substances ayant pour type la } \textit{gélatine.} \\ 2^o \qquad\quad — \qquad\quad — \qquad\quad \textit{l'élastine.} \\ 3^o \qquad\quad — \qquad\quad — \qquad\quad \text{le } \textit{kératine.} \end{array} \right.$$

Nous nous bornerons à donner quelques indications sur la gélatine.

La *gélatine* (colle ou glutine) et la *substance collagène*, sa *génératrice*, sont composées de carbone, hydrogène, oxygène et azote. Comme les substances albuminoïdes, elles donnent sous l'influence des acides ou des alcalis à l'ébullition, ou par la putréfaction, différents produits de décomposition, parmi lesquels il convient de signaler l'eau, l'ammoniaque, le gaz carbonique et des acides amidés tels que le glycocolle : mais il ne se produit jamais de tyrosine (on sait que la tyrosine est un produit constant de décomposition des substances albuminoïdes).

La gélatine donne la réaction colorée du biuret, mais ne donne ni la réaction de Millon, ni la réaction xanthoprotéique.

La gélatine ne se dissout pas dans l'eau froide : elle s'y gonfle seulement. Elle se dissout dans l'eau chaude, donnant une liqueur visqueuse et filante, se prenant en gelée par refroidissement.

Les solutions de gélatine ne sont pas dialysables. Elles ne sont pas coagulées à l'ébullition. Elles ne sont précipitées ni par l'acide acétique, ni par les acides minéraux, ni par le ferrocyanure de potassium en liqueur acétique ; mais elles sont précipitées par l'alcool, par le tannin, par le chlorure de sodium dissous à saturation, par le sulfate de magnésie dissous à saturation, par l'acide picrique, par la liqueur de Brücke et l'acide chlorhydrique, par l'acide phosphomolybdique.

CHAPITRE V

FERMENTATIONS

Lorsqu'on introduit dans une solution de glucose les êtres unicellulaires, connus généralement sous le nom de levure de bière, on constate que la glucose est transformée en alcool qui reste en solution et gaz carbonique qui se dégage. Cette transformation de la glucose par la levure de bière est une manifestation de l'activité vitale de ce microorganisme : tous les agents capables de tuer la levure, tels que le phénol, le thymol, le fluorure de sodium, l'acide prussique, etc., arrêtent en effet la transformation de la glucose.

La levure de bière, agent de la transformation de la glucose, est un *ferment*, un *ferment figuré ;* — la transformation de la glucose est une *fermentation*, une *fermentation par ferment figuré*, une *fermentation vitale.*

Cette transformation de la glucose par la levure de bière est le type de toute une série de transformations chimiques produites par des êtres unicellulaires, levures, bactéries, bacilles ; c'est le type des fermentations par ferments figurés ; c'est le type des fermentations vitales : citons seulement la transformation de sucre de lait en acide lactique par le *ferment lactique*, la transformation de l'alcool en acide acétique par le *micoderma aceti*, etc.

Nous n'avons pas à faire ici l'étude de ces fermentations vitales ; qu'il nous suffise de les avoir signalées.

Lorsqu'on introduit dans une solution de saccharose de la levure de bière, on constate, comme dans le cas de la glucose, une production d'alcool et un dégagement de gaz carbonique aux dépens de la saccharose. Mais cette transformation se fait en 2 temps : dans un premier temps la saccharose est transformée en sucre interverti ; dans un second temps le sucre interverti est transformé en alcool et gaz carbonique. Si on ajoute à la solution de saccharose un agent antiseptique, phénol, thymol, fluorure de sodium, acide prussique, etc., la levure ajoutée est encore capable d'intervertir la saccharose ; mais elle est incapable de produire une transformation du sucre interverti en alcool et gaz carbonique. Par conséquent, l'interversion de la saccharose par la levure de bière n'est pas une manifestation de l'activité vitale de la levure ; ce n'est pas un phénomène de fermentation vitale. Cette interversion est produite par quelque chose engendré par la levure de bière. *Ce quelque chose est un ferment soluble,* une *diastase,* une *zymase,* une *enzyme*; l'interversion de la saccharose par ce ferment soluble est un phénomène de *fermentation par ferment soluble,* un phénomène de *fermentation diastasique.*

Ce ferment soluble est le type d'une série d'agents de même nature, capables de produire des actions chimiques dans les mêmes conditions que le ferment soluble que nous venons de signaler. Parmi ces ferments solubles, enzymes, diastases, se rangent la ptyaline de la salive, la pepsine du suc gastrique, la trypsine du suc pancréatique, l'invertine du suc intestinal, etc.

Cette fermentation est le type d'une série de fermentations de même nature, de fermentations par ferments solubles, de fermentations diastasiques. Telles sont la saccharification de l'amidon par la salive, la peptonisation des substances albuminoïdes par la pepsine et par la trypsine, l'interversion de la saccharose par le suc intestinal.

Ces ferments solubles, ces fermentations diastasiques, présentent pour le physiologiste un intérêt capital: ce sont les seuls ferments que nous étudierons ici.

Les ferments solubles, diastases, zymases ou enzymes, sont fort mal connus quant à leur nature; — on admet le plus souvent que ce sont des substances chimiquement définissables par leur composition et leurs propriétés, mais qu'on n'a pas pu préparer à l'état de pureté suffisante, et en quantité assez grande pour procéder à l'analyse. Certains physio-

logistes tendent aujourd'hui à les considérer comme
des propriétés de liquides et tissus d'origine animale
ou végétale, de même que la lumière, la chaleur,
l'électricité, le magnétisme sont, non pas des substances définissables, mais des propriétés de sub·
stances.

Quelle que soit la nature des ferments solubles,
quelle que soit la conception qui prévaudra dans
l'avenir, peu importe. Nous nous bornerons ici à indiquer les propriétés caractéristiques des ferments
solubles.

Les fermentations diastasiques, nulles aux températures voisines de 0°, lentes à s'accomplir aux températures basses, 10° à 15° par exemple, deviennent
de plus en plus actives à mesure que s'élève la *température* jusqu'à une limite *optima*, variable avec la
fermentation considérée, mais généralement voisine
de 40° ; au delà de cette température optima, la fermentation diastasique devient de moins en moins
active à mesure qu'augmente la température jusqu'à une limite, toujours inférieure à 100°, à partir
de laquelle la fermentation est arrêtée et définitivement arrêtée, alors même qu'on viendrait à ramener
la température à l'optimum. On traduit généralement
ces faits par les formules suivantes : *Les ferments
solubles n'agissent pas au voisinage de 0° ; leur activité*
ne peut s'exercer qu'entre des limites de température peu étendues, et *présente un maximum pour
une température voisine de 40°. Ils sont détruits* par la
chaleur *à une température élevée toujours inférieure
à la température d'ébullition de l'eau.*

En admettant que les ferments solubles soient des substances réelles, pondérables et chimiquement analysables, ce qui n'est pas certain, nous le répétons, *la quantité de cette substance active pourrait être infiniment petite par rapport à la quantité de substance transformée* : on a pu préparer en effet des liqueurs diastasiques ne renfermant que de très petites quantités de substances dissoutes, capables de produire des transformations chimiques très grandes : le poids du ferment, en supposant que ce soit une substance pondérable, est dans certain cas, 1000 fois, 10 000 fois, 100 000 fois, 1 000 000 de fois et plus, plus petit que le poids de substance transformée dans un temps relativement court.

L'activité des ferments solubles ne diminue pas au fur et à mesure qu'ils provoquent des transformations : *une liqueur diastasique demeure indéfiniment active*, quel que soit le poids de substance transformée ; de telle sorte qu'on peut dire qu'*une quantité infiniment petite de ferment peut déterminer des tranformations chimiques infiniment grandes*.

Ces différents caractères des ferments solubles que nous venons de signaler : leur *destruction par la chaleur* à une température élevée, mais inférieure à la température d'ébullition lorsqu'on opère sur des solutions ou sur des produits humides (1) : leur *activité croissant avec la température jusqu'à une température optima; leur conservation indéfinie* dans les

---

(1) Les poudres diastasiques parfaitement desséchées à température peu élevée, supportent parfaitement bien, sans perdre leur propriété ferment, des températures égales et même supérieures à 100°.

liqueurs diastasiques, quelque grande que soit la transformation chimique accomplie par elles; leur propriété de *déterminer sous un poids infiniment petit des transformations infiniments grandes*, — ces propriétés des ferments solubles sont *caractéristiques*.

A côté de ces propriété caractéristiques, nous devons encore signaler les suivantes :

Lorsqu'on met à macérer dans l'*eau* ou dans la *glycérine* une glande sous-maxillaire hachée, on obtient une liqueur possédant les propriétés diastasiques de la salive : on dit que le ferment soluble de la glande sous-maxillaire est soluble dans l'eau et dans la glycérine. D'une façon générale, *tous les ferments solubles sont solubles dans l'eau et dans la glycérine* : cela veut dire que si l'on met à macérer dans l'eau ou dans la glycérine un tissu ou une substance diastasique, ce tissu ou cette substance communiquent à la liqueur aqueuse ou glycérinée leur propriété diastasique; cela ne veut pas dire plus.

Lorsqu'on traite par l'*alcool fort* un liquide doué de propriétés diastasiques, que ce liquide soit une liqueur naturelle, comme la salive, ou une liqueur artificielle, comme une macération de glandes salivaires, on détermine la formation d'un précipité. Si on sépare ce précipité par filtration, si on le lave à l'alcool fort et à l'éther, si on le dessèche dans le vide au-dessus de l'acide sulfurique, à température peu élevée, 15° à 20° par exemple, et si on vient à broyer ce résidu sec dans de l'eau, on communique à cette eau les propriétés diastasiques que possédaient la liqueur ou la macération d'origine.

On dit que les *ferments solubles sont précipités par l'alcool fort, sont insolubles dans cet alcool fort et solubles dans l'eau après traitement par l'alcool.* Cela veut dire simplement que les précipités produits par l'alcool dans les liqueurs diastasiques possèdent la propriété, après avoir subi les traitements que nous avons indiqués, de communiquer à la solution avec laquelle ils sont mis en contact, des propriétés diastasiques.

Si dans une liqueur douée de propriétés diastasiques, on détermine la production de certains précipités, surtout la production de précipités gélatineux ou floconneux, tels que les précipités de savons de chaux, de phosphate de chaux, etc., et si on redissout ces précipités par une liqueur convenablement choisie, par l'eau légèrement acidulée, par exemple, dans le cas du phosphate de chaux, on communique à cette liqueur la propriété diastasique. On dit que les *ferments solubles sont mécaniquement entrainés et fixés par les précipités floconneux.* Cela veut dire que le précipité floconneux produit dans une liqueur diastasique et débarrassé par lavages de la liqueur qui le souille, communique aux liqueurs dans lesquelles on le dissout la propriété diastasique.

Enfin les ferments solubles *ne sont pas dialysables* ou tout au moins ne sont pas rapidement dialysables. C'est dire que si l'on met dans un dialyseur une liqueur douée de propriétés diastasiques, le liquide extérieur n'acquiert pas rapidement de propriété diastasique.

Nous arrêterons là les quelques renseignements généraux qu'il importe de posséder sur les ferments solubles : à propos de l'étude de chacun d'eux, nous étudierons, dans le cours de cet ouvrage, les particularités les plus importantes de leur histoire physiologique.

CHAPITRE VI

LE SANG

Le sang circulant dans les vaisseaux est constitué par un liquide, le plasma sanguin, tenant en suspension des éléments figurés qui sont de trois sortes : les *globules rouges*, les *globules blancs* et les *granulations libres*.

Retiré des vaisseaux et abandonné au repos, le sang reste liquide pendant un temps variable suivant l'espèce animale, suivant les conditions physiologiques, etc., de 5 à 10 minutes en général chez les mammifères, il *coagule* alors assez brusquement, c'est-à-dire se transforme en une gelée cohérente, se rompant assez facilement en fragments irréguliers, sous la pression du doigt. Au moment de la coagulation, toute la masse est gélifiée, mais bientôt et spontanément cette masse se rétracte et expulse un liquide clair, de telle sorte qu'au bout de quelques heures la gelée sanguine est remplacée par un bloc rouge assez ferme, rétracté, le *caillot*, entouré d'un liquide transparent, très légèrement jaunâtre, le *sérum*. Dans certains sangs dont la coagulation se fait lentement, et dont les globules ont une densité notablement plus grande que le plasma (par exemple le sang de cheval), le dépôt des globules est déjà partiel au moment où la coagulation se produit : les couches supérieures du caillot, ne contenant que fort peu de globules rouges, sont blanches ou jaunâtres, et constituent ce qu'on appelle la *couenne* du caillot.

Le *caillot* est constitué par les globules sanguins, englobés dans les mailles d'un réticulum dont les filaments sont constitués par une substance que nous apprendrons à connaître sous le nom de *fibrine*, substance qui n'existait pas en suspension dans le sang circulant.

Le *sérum* diffère donc du plasma par de la fibrine en moins. Nous verrons ultérieurement comment il faut modifier cet énoncé pour rester dans la vérité.

SANG DANS LES VAISSEAUX.	SANG COAGULÉ.	
Plasma...................	Sérum.	Sérum.
	Fibrine.	Caillot.
Globules	Globules.	

N'oublions pas que *sérum* et *plasma* ne sont pas des expressions synonymes : dans les vaisseaux il y a du plasma et non pas du sérum.

Pour *obtenir du plasma sanguin*, deux conditions doivent être réalisées : il faut empêcher le sang de coaguler, et il faut opérer la séparation des globules et du plasma dans lequel ils sont en suspension.

Différents procédés permettent d'avoir du sang non spontanément coagulable : il y en a 5 principaux :

1° Procédé de la *jugulaire*.
2°   —   du *refroidissement*.
3°   —   des *sels neutres*.
4°   —   des *décalcifiants*.
5°   —   des *protéoses*.

1. Le sang est fluide et reste fluide dans les vaisseaux. Si donc on isole entre deux ligatures sur l'animal vivant un fragment de vaisseau rempli de sang, on pourra conserver ce sang liquide. Si on suspend verticalement ce fragment de vaisseau, les globules plus lourds se déposent au fond du plasma plus léger. L'expérience ne peut pratiquement être réalisée que sur la *jugulaire du* cheval, parce que

le sang de cheval est le seul dans lequel les globules soient notablement plus lourds que le plasma, et par conséquent le seul dans lequel les globules se déposent réellement bien. Le cheval ne possède de chaque côté du cou qu'une veine jugulaire très longue, très grosse, dans laquelle viennent s'ouvrir deux ou trois petites veines.

Par une incision cutanée, on met à nu la jugulaire, on pose des ligatures sur les quelques petites veines qui s'y ouvrent, on isole la jugulaire, en la disséquant, des tissus voisins, et on pose sur cette veine deux ligatures, l'une à la base du cou, l'autre au voisinage de la tête. On sectionne au delà des ligatures, et on suspend la veine verticalement par l'une de ses extrémités. Les globules se déposent rapidement, et, après quelques minutes, on voit, par transparence à travers les parois vasculaires, les deux cinquièmes ou la moitié inférieure du vaisseau occupés par les globules rouges, surmontés d'une petite zone de globules blancs, — les trois cinquièmes ou la moitié supérieure du vaisseau occupés par un liquide translucide, fortement coloré en jaune, le plasma. En posant sur le vaisseau une ligature au niveau des couches profondes du plasma, on peut isoler un segment de jugulaire rempli de plasma.

Ainsi obtenu, le plasma est pur, mais il est instable. Dès qu'on le retire du vaisseau, il coagule.

2. Si l'on *refroidit* le sang rapidement au moment ou il est extrait du vaisseau, jusqu'à une température voisine de 0°, on peut le maintenir liquide. Si

le sang refroidi est du sang de cheval, les globules
se déposent rapidement, le plasma refroidi surnage.
On obtient de bons résultats en employant 3 vases
métalliques cylindriques, à parois minces, de
diamètre croissant, introduits les uns dans les autres.
Le vase intérieur est rempli de glace; l'espace
annulaire qui existe entre le vase intérieur et le
vase moyen, espace qui doit être très réduit, est
laissé vide; l'espace annulaire qui existe entre le
vase moyen et le vase extérieur est rempli de glace.
On fait arriver le sang dans l'espace annulaire
compris entre les deux enceintes de glace. Si cet
espace est suffisamment mince, le sang peut être
rapidement refroidi et la coagulation empêchée.
Avec le sang de cheval, les globules se déposent ; le
plasma occupe les parties supérieures.

Comme le précédent, ce plasma est pur, mais il
est instable. Dès qu'il est réchauffé, vers 10° à 12°, il
coagule.

Les procédés qui nous restent à décrire fournissent
des plasmas impurs, mais stables.

3. Lorsqu'on reçoit le sang, au sortir du vaisseau,
dans une solution de *sel neutre* (*chlorure de sodium,
sulfate de soude, sulfate de magnésie*, etc.) suffisamment abondante et suffisamment concentrée, on
obtient des mélanges salés, des sangs salés non
spontanément coagulables.

On recevra, par exemple, le sang dans un égal
volume d'une solution saturée de sulfate de soude,
dans un égal volume d'une solution à 10 p. 100 de
chlorure de sodium, dans un quart de son volume

d'une solution saturée de sulfate de magnésie. Dans le sang de cheval ainsi salé les globules se déposent assez rapidement, mais bien plus lentement que dans le sang refroidi; on le comprend d'ailleurs sans peine, l'addition d'une forte proportion de sel au sang ayant notablement augmenté la densité du plasma.

Dans le sang salé de chien abandonné au repos, les globules ne se déposent plus d'une façon sensible : au bout d'un temps très long, il n'y a qu'une couche très petite du plasma. On doit alors soumettre ce sang salé à l'action de la *force centrifuge*. Lorsqu'on soumet à une rotation rapide autour d'un point un liquide tenant en suspension des éléments figurés un peu plus denses que ce liquide, ces éléments sont chassés vers la partie du vase la plus éloignée du centre de rotation. Si donc on imagine que du sang soit placé dans un tube disposé dans le plan de rotation, suivant un rayon du cercle de rotation, par la rotation les globules se rendront au fond du tube, se séparant du plasma. Il existe des *machines* dites *centrifuges* qui permettent d'opérer facilement et assez rapidement cette séparation.

En abandonnant au repos du sang de cheval salé, ou en centrifugeant un autre sang salé, on obtient des *plasmas salés stables, mais impurs*, et très impurs, car la proportion de sels ajoutés est très grande.

4. Lorsqu'on ajoute au sang sortant des vaisseaux une proportion convenable d'un sel d'alcali capable de précipiter les sels de chaux, on rend ce sang non spontanément coagulable : le *sang* est alors dit *décal-*

cifié. Les sels à employer sont les *oxalates neutres d'alcalis*, les fluorures d'alcalis et les savons d'alcalis. Il convient d'employer surtout les oxalates neutres (1).

Faisons arriver dans un vase, contenant 1 volume d'une solution d'un oxalate neutre d'alcali à 1 p. 100, 10 volumes de sang; ou faisons arriver dans un vase contenant 1 partie en poids d'oxalate neutre d'alcali pulvérisé, 1000 parties de sang sortant du vaisseau, et agitons vigoureusement pour dissoudre rapidement le sel; nous obtenons des sangs non coagulés : les sangs oxalatés à 1 p. 1000 ne coagulent pas spontanément. De même, les sangs fluorés à 1,5 ou 2 p. 1000 sont non spontanément coagulables. Les savons permettent également d'obtenir des sangs non spontanément coagulables, mais la quantité de savon qu'il faut ajouter est grande, en tous cas assez grande pour rendre le sang visqueux. Il convient dès lors d'employer seulement les deux premières sortes de sels, fluorures et oxalates, surtout les oxalates.

Les sangs décalcifiés, abandonnés au repos, laissent déposer leurs globules. Avec le sang de cheval, la séparation est terminée en un quart d'heure ou une demi-heure; — avec le sang de chien, la séparation se fait aussi en général rapidement; cependant, quelquefois il est nécessaire de favoriser la

(1) On peut employer également les citrates d'alcalis à la dose de 2 à 3 p. 1000. Ces sels ne précipitent pas les sels de calcium, et par suite ne peuvent pas être à proprement parler considérés comme décalcifiants; toutefois il est probable qu'ils agissent à la façon des sels décalcifiants en fixant les sels de calcium.

séparation par la centrifuge. On obtient ainsi un *plasma décalcifié* (oxalaté ou fluoré) impur, mais stable. Ce plasma présente sur le plasma salé le double avantage d'être peu chargé d'impuretés puisqu'il suffit de 1 p. 1000 de sel décalcifiant, — et d'avoir une densité sensiblement égale à la densité normale, ce qui facilite le dépôt rapide des globules.

5. Lorsqu'on injecte dans le système veineux du chien une solution de *protéoses* (1) (par exemple, le produit obtenu par digestion gastrique de la fibrine, notamment le produit commercial connu sous le nom de peptone de Witte) on rend le sang non spontanément coagulable.

On injecte, en général, 3 décigrammes (2) de protéoses pesées sèches par kilogramme de chien, ces protéoses étant dissoutes dans une solution de chlorure de sodium à 7 p. 1000, à raison de 1 partie de protéoses pour 10 parties de solution; l'injection se fait par la veine jugulaire vers le cœur, en une seule fois, et en 2 à 3 minutes. Cinq à dix minutes après l'injection on recueille le sang qui n'est plus spontanément coagulable. En soumettant ce sang à la centrifuge, on en sépare les globules et le *plasma peptoné*.

---

(1) Parmi les protéoses, les hétéroprotéoses et les protoprotéoses seules sont actives; les deutéroprotéoses et les peptones n'ont pas d'action sur la coagulation du sang. Les protéoses dérivées de la fibrine peuvent être remplacées par des caséoses ou par des gélatoses; toutefois ces dernières doivent être employées, surtout les gélatoses, à une dose notablement supérieure.

2) Ce nombre convient lorsqu'on emploie la peptone de Witte.

Substances albuminoïdes du plasma. — Le plasma tient en solution une très forte proportion de substances albuminoïdes : 70 à 80 p. 1000 chez l'homme, le cheval, le bœuf, etc.

Le plasma renferme 3 substances albuminoïdes :

1 Albumine.......... La *sérumalbumine.*

2 Globulines......... { La *sérumglobuline.*
{ La *substance fibrinogène.*

Dans le plasma humain la proportion de ces substances oscille autour des nombres suivants :

45 parties sérumalbumine,)
30 — sérumglobuline, } pour 1000 de plasma.
4 — fibrinogène,)

et comme on peut admettre, au moins d'une façon sensiblement exacte, que le sang humain normal contient, pour 1 volume de plasma, 1 volume de globules, on peut admettre qu'il y a

22 parties sérumalbumine,)
15 — sérumglobuline, } dans 1000 de sang.
2 — fibrinogène,)

La *sérumalbumine* présente les propriétés générales des albumines (voir chap. IV, p. 71). Il suffira d'ajouter que la sérumalbumine coagule à une température voisine de 75° et présente un pouvoir rotatoire gauche.

$$[\alpha]_D = -63°.$$

Les globulines du plasma, la sérumglobuline et le fibrinogène présentent les propriétés générales des globulines (voir chap. IV, p. 71). Elles se distinguent l'une de l'autre par les caractères suivants :

La *sérumglobuline* (appelée aussi *paraglobuline, substance fibrinoplastique*) coagule à une température comprise entre 68° et 75° : lorsqu'on élève progressivement la température d'une solution de sérumglobuline, on constate que cette solution reste transparente jusqu'à 68°; à cette température, apparaît un louche qui augmente avec la température jusqu'à 75° en se transformant en flocons; la liqueur débarrassée des flocons produits à 75° peut alors être bouillie sans précipiter ni louchir. On résume ces faits en disant que la sérumglobuline coagule à 68°-75°.

Les solutions de sérumglobuline peuvent être additionnées de sel marin à la température ordinaire jusqu'à en contenir 15 p. 100 sans précipiter. Lorsqu'elles sont saturées de sel marin à la température ordinaire, elles précipitent une partie, mais seulement une partie de leur sérumglobuline.

Le *fibrinogène* coagule à 56°. Lorsqu'on élève progressivement la température d'une solution de fibrinogène jusqu'à 55°, la liqueur reste claire ; — on voit un louche apparaître vers 55° et augmenter rapidement pour une augmentation de quelques dixièmes de degré. A 56° il se forme de volumineux flocons : séparons par filtration ces flocons du liquide dans lequel ils ont pris naissance et continuons à élever la température de la liqueur au-dessus de 56° : la liqueur reste claire jusqu'à 64°; — à 64° apparaît un nouveau trouble qui augmente jusqu'à 72° environ. On résume ces faits en disant que le fibrinogène est dédoublé à 55° en deux substances : une coagulée à cette température, l'autre coagulable à 64°-72°.

Les solutions de fibrinogène sont précipitées, mais seulement en partie précipitées, lorsqu'à la température ordinaire elles sont additionnées de 15 p. 100 de chlorure de sodium. Elles sont au contraire totalement précipitées par le chlorure de sodium dissous à saturation à froid.

Si une liqueur contient à la fois du fibrinogène et de la sérumglobuline, on peut en retirer facilement du fibrinogène pur et de la sérumglobuline pure. Ajoutons 15 p. 100 de chlorure de sodium à la liqueur : il se produit un précipité uniquement composé de fibrinogène. — Saturons de chlorure de sodium, il se produit un précipité comprenant la totalité du reste du fibrinogène et une partie de la sérumglobuline ; — la liqueur débarrassée de ce précipité ne contient plus que de la sérumglobuline qu'on précipitera par exemple par le sulfate de magnésie dissous à saturation à froid.

On peut avoir intérêt à savoir si une liqueur renferme du fibrinogène, ou si ce fibrinogène est pur ou mélangé de paraglobuline.

Une liqueur contenant du fibrinogène coagule en général (1) à 56°. Supposons une telle liqueur ; saturons-la de chlorure de sodium ; séparons par filtration le précipité : si la liqueur filtrée précipite par saturation de sulfate de magnésie, elle renferme de la sérumglobuline (non totale-

---

(1) Il faut dire en général et non pas toujours, parce que certains liquides qui contiennent du fibrinogène, ne coagulent pas à une température inférieure à 60°-61°. Tels sont la plupart des liquides de transsudats. Cela tient à la présence dans ces liquides de certaines substances mal définies, qui ont la propriété d'augmenter la température de coagulation du fibrinogène.

ment précipitée, nous l'avons dit, par le chlorure de
sodium à saturation); — si elle ne précipite pas par saturation de sulfate de magnésie, elle ne renfermait que
du fibrinogène (totalement précipité, nous l'avons dit,
par le chlorure de sodium à saturation).

On peut démontrer la présence de fibrinogène dans le
plasma sanguin contenu dans les vaisseaux. Si une jugulaire de cheval, isolée pleine de sang, est suspendue
verticalement, et si, après dépôt des globules, elle est
chauffée, on voit se produire à 56° un précipité floconneux dans le plasma, précipité qui témoigne de l'existence de fibrinogène dans ce plasma.

Coagulation du sang. — 1. Le sang extrait des
vaisseaux coagule. Pourquoi coagule-t-il?

On a cherché autrefois la *cause de la coagulation
du sang* dans l'une des conditions nouvelles dans
lesquelles se trouve le sang :

> *Refroidissement*
> *Repos.*
> *Contact de l'air.*
> *Suppression du contact vasculaire.*

a. Le *refroidissement* ne peut expliquer la coagulation du sang. En effet, si l'on maintient le sang à
la température du corps, la coagulation se produit,
et se produit plus rapidement que dans le sang
abandonné au refroidissement naturel. — Si au
contraire on refroidit rapidement le sang à une
température voisine de 0°, il ne coagule pas, ou ne
coagule que tardivement.

b. Le *repos* ne peut expliquer la coagulation du
sang. Sans doute, lorsqu'on agite le sang vigoureusement pendant quelques minutes après son extrac-

tion, il peut être conservé liquide ; mais la fibrine qui constitue les mailles du caillot, la fibrine dont la production est le phénomène caractéristique de la coagulation, la fibrine s'est produite. Mais, sous l'influence de l'agitation, au lieu de se précipiter en filaments fins, courts, tendus dans toutes les directions, elle s'est agglomérée en filaments gros et longs formant de grandes masses fibreuses.

c. Le *contact de l'air* ne peut expliquer la coagulation du sang ; — car, si l'on fait arriver du sang directement dans le vide barométrique, sans qu'il soit en contact avec l'air, il coagule.

d. Le sang coagule hors des vaisseaux, parce qu'il *n'est plus en contact avec la paroi vasculaire normale saine.* Toutes les fois que le sang est en contact avec cette paroi saine, il reste liquide ; dès qu'il n'est plus en contact avec elle, il coagule. Pourquoi? Quelques expériences semblent indiquer que la paroi vasculaire saine doit cette propriété remarquable de maintenir le sang liquide à l'*état lisse de sa surface interne.* On a constaté en effet que si l'on fait écouler dans un vase bien vaseliné et sous une couche d'huile, au moyen d'un tube de caoutchouc bien vaseliné intérieurement, le sang pris directement dans une artère par une canule vaselinée intérieurement, ce sang ne coagule pas : on peut l'agiter avec des baguettes vaselinées sans déterminer la production de fibrine. Mais si l'on fait écouler ce sang dans un vase non vaseliné, ou si on plonge dans ce sang des baguettes de verre non vaselinées, la coagulation se produit. L'état lisse de la paroi vasculaire serait donc la cause de la liquidité du sang dans les vaisseaux ; l'état plus ou moins rugueux des parois des vases dans lesquels est reçu le sang serait la cause de la coagulation extravasculaire du sang.

Mais pourquoi cet état rugueux des vases détermine-t-il la coagulation ? Nous n'en savons rien ; nous constatons le fait, rien de plus.

Ne nous arrêtons pas à chercher la cause de la coagulation du sang : disons que le sang a la propriété de coaguler lorsqu'il est hors des vaisseaux. *Ne cherchons pas pourquoi il coagule, cherchons comment il coagule.*

1. Nous avons dit précédemment que le sang abandonné dans un vase coagule en une masse gélatineuse, qui, en se rétractant, ne tarde pas à exsuder un liquide clair, le sérum. La masse rétractée est constituée par un réseau fibrillaire fin, englobant dans ses mailles les éléments figurés du sang. La substance qui constitue ce réseau est appelée *fibrine*.

Nous avons dit également que par le battage du sang extrait des vaisseaux au moyen de brindilles, on obtient une masse filamenteuse blanchâtre, adhérente aux brindilles, opaque et élastique. Cette masse est la même substance que celle dont les filaments fins constituent la trame du caillot : par le battage ces filaments se sont soudés, et agglomérés.

La quantité de fibrine du sang est très variable, mais, d'une façon générale, on peut dire qu'on

recueille de 1 à 2 grammes de fibrine, pesée sèche,
par litre de sang.

2. *Quelles sont les propriétés de cette fibrine ?*

La fibrine, telle qu'on l'obtient par battage, est
une substance blanchâtre, opaque, dure, élastique,
filamenteuse. Elle est insoluble dans l'eau pure ;
elle est très peu soluble dans les solutions salines
neutres étendues, de chlorure de sodium, de sulfate
de soude, de sulfate de magnésie, etc., à 1 p. 100
par exemple. Mais elle se dissout bien et abondamment dans le fluorure de sodium à 1 p. 100,
dans le chlorure de sodium à 5 et 10 p. 100, etc.
Considérons une solution fluorée à 1 p. 100 de
fibrine. Cette solution est coagulable par la
chaleur ; elle est précipitée par la dialyse, par la
dilution, par le chlorure de sodium à saturation et
par le sulfate de magnésie à saturation. Le sulfate
de magnésie à saturation la précipite totalement de
sa solution. Ces propriétés appartiennent également
aux autres solutions salines de fibrine, notamment
aux solutions dans le chlorure de sodium. La
fibrine doit donc être considérée comme une *globuline.*

Élevons progressivement la température d'une
solution fluorée de fibrine : elle reste claire jusqu'au
voisinage de 56°. Vers cette température, et dans
un intervalle de 1° environ, elle louchit et coagule.
La liqueur débarrassée de ce coagulum floconneux
peut être chauffée au delà de 56°, jusqu'à 64°, sans
se troubler. A 64°, nouveau trouble qui augmente
avec la température jusque vers 72°. La fibrine,

comme le fibrinogène, est donc dédoublée à 56° en deux substances albuminoïdes, l'une coagulée à 56°, l'autre coagulable à 64°-72°.

La fibrine, par ses propriétés, se rapproche donc du fibrinogène. Elle s'en distingue en ce que ses solutions ne sont que partiellement précipitées par le chlorure de sodium dissous à saturation à froid.

Le sérum sanguin, c'est-à-dire le liquide exsudé par le caillot, ou le liquide qui, après défibrination du sang par battage tient les globules en suspension et peut en être séparé par le repos ou par centrifugation, le sérum est un liquide clair, qu'on peut chauffer jusqu'à 65° environ sans le faire louchir. Il ne renferme donc plus de fibrinogène. Il renferme 3 substances albuminoïdes :

1 Albumine.........	La sérumalbumine.
2 Globulines........	{ La sérumglobuline. { Une globuline coagulable à 64°.

La sérumalbumine et la sérumglobuline existent dans le plasma ; la globuline coagulable à 64° n'existe pas dans le plasma : elle apparaît pendant la coagulation du sang ; elle est difficile à isoler et à caractériser ; qu'il nous suffise d'avoir signalé son existence.

Ce qui coagule dans le sang, c'est le plasma ; ce ne sont pas les globules, car si l'on sépare le plasma des globules (sang de cheval), soit par le procédé du refroidissement, soit par le procédé de la jugulaire, le plasma réchauffé, ou extrait de la veine, se prend en caillot ; les globules forment une masse visqueuse, ne contenant pas de fibrine.

3. *La fibrine préexiste-t-elle dans le plasma ?*

Non, car le plasma ne possède pas la propriété de maintenir en dissolution la fibrine ; et qu'il ne contient pas en suspension des particules solides capables par une simple agglomération de donner de la fibrine. Non, car toutes les substances qu'on peut extraire du plasma diffèrent de la fibrine ; en particulier les différentes globulines qu'on en peut retirer diffèrent de la fibrine, soit par leur précipitabilité totale par le chlorure de sodium à saturation (substance fibrinogène), soit par leur point de coagulation (sérumglobuline).

4. *Quelle est dans le plasma la substance albuminoïde aux dépens de laquelle se produit la fibrine ?*

C'est le fibrinogène. Le plasma renferme du fibrinogène. Le sérum n'en renferme plus, car il peut être porté à 56° sans coaguler ; ce n'est qu'à partir de 64° que commence à se manifester un trouble : le fibrinogène a donc disparu pendant la coagulation du sang. D'autre part, si l'on prépare une jugulaire de cheval, et si l'on porte cette jugulaire à 56°, le plasma, débarrassé du coagulum floconneux produit à 56°, ne donne plus de fibrine.

Rappelons encore à ce propos que la fibrine et le fibrinogène présentent des propriétés assez voisines : ces deux substances, qu'on peut obtenir facilement sous forme filamenteuse, appartiennent au groupe des globulines, et sont décomposées à 56°

en une substance albuminoïde coagulée et une autre substance albuminoïde qui est encore une globuline, coagulable à 64°-72°

5. *Quelles sont les relations du fibrinogène et de la fibrine ?*

Trois hypothèses sont possibles : — 1° ou bien le fibrinogène subit une simple transformation isomérique, changeant de propriétés sans changer de constitution centésimale ; — 2° ou bien le fibrinogène se combine avec quelque élément du plasma sanguin ; — 3° ou bien le fibrinogène est décomposé en deux ou plusieurs substances.

On doit immédiatement écarter les deux premières hypothèses. En effet, si le fibrinogène et la fibrine étaient des substances isomériques, les poids de fibrine engendrée et de fibrinogène générateur devraient être égaux ; — si la fibrine résultait de la combinaison du fibrinogène avec quelque chose autre, le poids de fibrine formée devrait être supérieur au poids du fibrinogène générateur. Il n'en est rien : le poids de fibrine produite par un plasma coagulant est plus petit que le poids de fibrinogène contenu dans ce plasma, car il est plus petit que le poids du coagulum obtenu en portant à 56° le plasma, coagulum qui lui-même ne représente qu'une partie du fibrinogène.

Cette infériorité du poids de la fibrine ne saurait d'ailleurs être attribuée à une transformation incomplète du fibrinogène en fibrine, car, après coagulation, le sérum ne coagule plus à 56° ; il ne commence à louchir qu'à partir de 64° ; par conséquent ne contient plus trace de fibrinogène.

Nous pouvons donc dire que dans la coagulation le fibrinogène est décomposé.

Nous pouvons encore trouver une nouvelle preuve de cette décomposition dans la présence dans le sérum d'une globuline coagulable à 64°, globuline qui ne préexistait pas dans le plasma. Dans la coagulation, le fibrinogène est dédoublé.

Est-ce à dire que la fibrine se produit par simple dédoublement du fibrinogène ? En aucune façon. Il est possible qu'avant, ou pendant, ou après ce dédoublement il se produise quelque combinaison avec quelque élément du plasma, soit du fibrinogène, soit d'un de ses termes de dédoublement. Nous pouvons dire qu'il y a eu dédoublement, nous ne pouvons pas dire qu'il n'y a eu que dédoublement.

6. Sous quelle influence se produit cette transformation du fibrinogène ? Est-elle spontanée ? Est-elle provoquée ? Et si elle est provoquée, par quoi est-elle provoquée ?

Le dédoublement du fibrinogène n'est pas spontané, car il existe des liquides organiques — tels que les liquides des transsudats péritonéal et péricardique, les liquides d'hydrocèle, etc. — qui présentent sensiblement la même constitution que le plasma sanguin, qui notamment contiennent du fibrinogène sans jouir de la propriété de coaguler spontanément. On peut également obtenir au moyen du sang d'oiseau un plasma non spontanément coagulable. Il suffit de recueillir le sang d'oiseau dans les tubes de la centrifuge en évitant que ce sang soit en contact avec les tissus de la plaie opératoire, et de centrifuger ce sang. Ces liquides (transsudats ou plasma de sang d'oiseau) non spontanément coagulables, quoique renfermant du fibrinogène, coagulent lorsqu'on les additionne de sang défibriné ou de sérum sanguin. Le sang défibriné et le sérum sanguin renferment donc *un agent capable de provoquer la coagulation* des liquides contenant du fibrinogène. Quel est cet agent ? C'est un *ferment soluble*. Car si on précipite par l'alcool fort le sang défibriné ou le sérum sanguin, si on maintient en contact avec l'alcool pendant plusieurs semaines le précipité produit, et si, après avoir desséché dans le vide le résidu, on le broie dans une petite quantité d'eau, cette eau acquiert la propriété de faire coaguler les liquides contenant du fibrinogène et non spontanément coagulables. L'agent contenu dans le sang défibriné et le sérum, capable de provoquer la coagulation des transsudats non spontanément coagulables, est donc précipité par l'alcool, soluble dans l'eau ; il est en outre détruit par la chaleur: il se comporte comme un ferment soluble.

La transformation du fibrinogène en fibrine est provoquée par un ferment soluble qu'on appelle *fibrinferment* (1). La coagulation du sang est un phénomène de fermentation diastasique.

7. *Le fibrinferment existe-t-il dans le sang circulant? S'il n'y existe pas, d'où provient-il? Aux dépens de*

____

(1) On lui donne encore les noms de *thrombine* ou *thrombase*.

quels éléments du sang se produit-il? Pourquoi se produit-il?

Si le fibrinferment existait dans le sang circulant, il passerait dans les transsudats : le ferment amylolytique, dont la présence a été démontrée dans le sang, se retrouve dans tous les transsudats, dans les transsudats péricardique et péritonéal, dans le liquide d'hydrocèle. Pourquoi le fibrinferment, s'il existait dans le sang, ne passerait-il pas dans les transsudats? Or il ne s'y trouve pas puisque ces transsudats ne coagulent pas spontanément, mais coagulent seulement lorsqu'ils ont été additionnés de sérum. Donc le sang circulant ne contient pas de fibrinferment.

Le *fibrinferment* n'est produit ni par le plasma, ni par les globules rouges; il *est produit par les globules blancs.* Suspendons verticalement une jugulaire de cheval; lorsque le dépôt des globules s'est produit, séparons par des ligatures une zone supérieure ne contenant que du plasma, une zone inférieure contenant des globules rouges, une zone moyenne contenant la couche des globules blancs, la partie inférieure du plasma et la partie supérieure des globules rouges. Ajoutons un peu du liquide contenu dans chacune de ces trois zones séparément à un liquide de transsudat non spontanément coagulable : les globules rouges se montrent absolument inactifs, le plasma se montre extrêmement peu actif, le liquide de la couche des globules blancs se montre extrêmement actif. C'est donc aux dépens des éléments de la couche des globules blancs du sang que se produit le fibrinferment.

Pourquoi ce ferment se produit-il hors des vaisseaux? Nous n'en savons rien. Chercher à résoudre cette question, c'est chercher à résoudre la question de la cause de la coagulation du sang, question qui nous paraît actuellement insoluble.

8. *Suffit-il qu'un sang contienne du fibrinogène et les éléments générateurs du fibrinferment pour qu'il coagule?*

Un sang ou un plasma contenant du fibrinogène et les éléments générateurs du fibrinferment ne coagule pas nécessairement. Pour que la coagulation se produise, pour que le fibrinogène se décompose et fournisse de la fibrine, il faut que la liqueur contienne encore des *sels de chaux dissous.* Lorsqu'en effet on précipite à l'état de composés insolubles les sels de chaux du sang, avant la coagulation, le sang ne coagule plus spontanément : le sang additionné de 1 p. 1000 d'oxalates d'alcalis ou de 2 p. 1000 de fluorure de sodium (les oxalate et fluorure de calcium sont insolubles) ne coagule pas. Rendons au sang décalcifié, non spontanément coagulable, ses sels de chaux solubles, ce sang coagule, comme le sang directement retiré des vaisseaux (1).

On admet en général que les *sels de chaux jouent* dans la coagulation du sang *un double rôle :* ils *permettent l'action du fibrinferment* sur le fibrinogène et ils *prennent part à la constitution de la fibrine.* Dans les liqueurs décalcifiées, le fibrinogène ne subit aucune

____

(1) Le sang citraté ne coagule pas bien qu'il contienne des sels de chaux non précipités. Ceci prouve que la coagulation du sang ne se produit qu'en présence de sels calciques dissous et dans un état chimique particulier.

modification sous l'influence du fibrinferment : le fibrinferment n'agit sur le fibrinogène qu'en liqueur calcique, comme la pepsine gastrique n'agit sur les substances albuminoïdes qu'en liqueur acide. D'autre part les sels calciques prennent part à la constitu-tion de la fibrine : la fibrine incinérée laisse toujours des cendres, et ces cendres contiennent toujours des sels de chaux, dont la proportion est sensible-ment constante. La fibrine est un composé métallo-organique renfermant du calcium dans sa molécule.

Si donc la décomposition du fibrinogène par le fibrinferment est essentiellement un dédoublement, à côté de ce dédoublement prend place soit une combinaison, soit une substitution grâce à laquelle le calcium pénètre dans la molécule de l'un des termes du dédoublement.

En résumé, *sous l'influence du fibrinferment*, ferment soluble, dérivant des éléments de la couche des glo-bules blancs hors des vaisseaux, *le fibrinogène* du plasma sanguin, *en présence des sels calciques* solubles du plasma, *subit un dédoublement* en deux substances, dont l'une, *globuline coagulable à* 64°, se retrouve dans le sérum, dont l'autre se précipite sous forme de *substance organo-calcique*, la *fibrine*.

Toutefois cette conception du phénomène n'est pas universellement admise. Les uns ont pensé que le fibrinferment possède la propriété de fixer sur lui-même les sels calciques du sang pour les céder ensuite à une molécule protéique dérivant du dédou-blement du fibrinogène et produire ainsi de la fibrine. Cette conception ne diffère pas essentiellement de celle que nous venons de présenter. Les autres admettent que les sels de chaux jouent un rôle inconnu encore dans la production du fibrin-ferment, mais une fois ce ferment formé, n'interviennent plus directement ou indirectement dans la formation de la fibrine, laquelle ne serait pas un composé albuminoïdo-calcique.

On ne peut pas encore se prononcer définitivement entre ces diverses conceptions.

Ces notions n'ont été acquises que lentement : plusieurs théories ont été successivement proposées. Nous ne voulons pas les décrire avec détails; nous voulons seulement indiquer les principaux faits successivement établis.

Denis (de Commercy), traitant par le chlorure de sodium à saturation le plasma sanguin salé (plasma au sulfate de soude), détermine la précipitation d'une substance qu'il appelle *plasmine*. Cette plasmine se dissout dans l'eau, grâce au chlorure de sodium dont elle est souillée, et la solution ainsi obtenue possède la propriété de coaguler spontanément. Cette plasmine, dit Denis, n'est pas de la fibrine, puisqu'elle se dissout facilement et abondamment dans l'eau faiblement salée : la fibrine ne préexiste donc pas dans le sang. La liqueur dans laquelle la plasmine a coagulé spontanément renferme encore une substance albuminoïde en solution ; donc, dit Denis, par sa coagulation spontanée la plasmine se dédouble en fibrine concrète et en fibrine dissoute.

Nous savons aujourd'hui que la plasmine de Denis est un mélange de fibrinogène et de sérumglobuline ; — c'est cette sérumglobuline que Denis retrouve en solution après coagulation de la solution de plasmine. Elle ne résulte pas du dédoublement de la plasmine; elle préexiste dans la plasmine.

Alexander Schmidt démontre que les liquides de transsudats ne coagulant pas spontanément, coagulent quand on les additionne de sang défibriné, de sérum ou de sé-

rumglobuline (la substance fibrinoplastique de Schmidt).
Or Schmidt croyait que ces liquides de transsudats ne
contiennent que du fibrinogène et pas de sérumglobuline.
Les liquides qui ne contiennent que du fibrinogène,
dit-il, ne coagulent pas spontanément; lorsqu'on ajoute
de la sérumglobuline, soit en solution pure, soit en solution dans le sang ou le sérum, on provoque la coagulation; c'est donc que la fibrine résulte de la combinaison
du fibrinogène et de la sérumglobuline (ou substance
fibrinoplastique).

La sérumglobuline, répond Brücke, ne possède pas
par elle-même la propriété de faire coaguler les liquides
de transsudats, car, si l'on prépare cette substance aussi
pure que possible, elle est absolument inactive : il faut
attribuer à des impuretés entraînées par la sérumglobuline la propriété que Schmidt attribue à cette
substance.

La remarque de Brücke, reprend Schmidt, est juste
en partie : l'addition de sérumglobuline pure ne peut
pas faire coaguler les liquides de transsudats; il faut
encore ajouter quelque chose, et ce quelque chose est un
ferment soluble, le fibrinferment. Mais la sérumglobuline
n'en est pas moins nécessaire à la coagulation : l'addition du fibrinferment aux solutions de fibrinogène ne
détermine pas la coagulation; l'addition de fibrinferment
et de sérumglobuline en détermine toujours la coagulation. — Donc, dit Schmidt, la coagulation du sang né-
cessite comme matériaux de formation de la fibrine,
deux substances, le fibrinogène et la sérumglobuline,
comme agent de transformation, le fibrinferment.

Hammarsten combat cette conclusion de Schmidt. Il
prépare un fibrinogène non souillé de sérumglobuline :
il prépare un fibrinferment non souillé de sérumglobuline, mélange les deux solutions et constate une formation de fibrine. — La liqueur dans laquelle s'est produite
la fibrine tient en solution une substance albuminoïde
qui ne préexistait pas puisque le fibrinogène était pur.
Donc, dit Hammarsten, la production de la fibrine résulte
d'un dédoublement du fibrinogène sous l'action du

fibrinferment. C'est, renouvelée, mais corrigée, la conception de Denis.

Mais comment expliquer qu'A. Schmidt n'ait pu obtenir une production de fibrine par l'action de son fibrinferment sur son fibrinogène préparé par des procédés autres que ceux d'Hammarsten? *Arthus et Pagès* ont pensé pouvoir concilier les deux théories par la découverte du rôle des sels de chaux dans la coagulation. Le sang décalcifié ne coagule pas ; le sang recalcifié coagule.

Oui, disent-ils, la coagulation du sang est essentiellement un phénomène de dédoublement, comme le dit Hammarsten, dédoublement du fibrinogène sous l'influence du fibrinferment, sans intervention de la sérumglobuline ; — mais c'est aussi un phénomène de combinaison, comme le soutient Alexander Schmidt; seulement, le corps dont la présence est nécessaire pour permettre la production de fibrine n'est pas, ainsi que le pensait Schmidt, de la sérumglobuline, c'est un sel de chaux. Si Schmidt n'a pas pu obtenir de fibrine par l'action du fibrinferment sur le fibrinogène, c'est que probablement les substances sur lesquelles il opérait étaient pures de toute souillure calcique; s'il a pu par addition de sérumglobuline, provoquer la coagulation, c'est que probablement sa sérumglobuline était souillée de sels de chaux. Si Hammarsten, au contraire, a pu produire de la fibrine par l'action du fibrinferment sur le fibrinogène, c'est que probablement les solutions qui lui ont servi contenaient des sels de chaux.

Peut-être la conclusion d'Arthus et Pagès devra-t-elle être modifiée dans l'avenir. Des travaux actuellement en cours de publication dus à Hammarsten tendent à montrer que si les sels de chaux sont nécessaires à la coagulation du sang extrait des vaisseaux, il n'en est peutêtre pas de même lorsqu'il s'agit de fibrinogène traité par le fibrinferment.

Le sucre du sang. — Le sang renferme un sucre en solution dans le plasma.

Pour mettre en évidence le sucre du sang on débarrasse ce liquide des substances albuminoïdes et
des matières colorantes qu'il contient.

Supposons que nous portions à l'ébullition du
sang additionné de 1 p. 1000 d'acide acétique : les
substances albuminoïdes sont coagulées, les matières colorantes sont décomposées et précipitées.
La liqueur, débarrassée du coagulum qui s'est produit, est incolore et transparente : elle renferme
toutes les substances non coagulables du sang.

Cette liqueur possède un *pouvoir rotatoire droit*,
elle *réduit la liqueur de Fehling ;* elle *fermente par la
levure de bière* en donnant de l'alcool et du gaz carbonique. Elle contient *un sucre :* ce sucre peut être
du glucose ou du maltose, car ces deux sucres possèdent la triple propriété physique, chimique et
biologique que nous venons de trouver à l'extrait
de sang. Nous avons indiqué, dans l'étude des sucres, le moyen de distinguer le maltose du glucose
une solution de maltose bouillie avec un acide dilué, 1 à 2 p. 100 d'acide sulfurique, par exemple, a
son pouvoir réducteur augmenté sensiblement
dans le rapport de 1 à 2, et son pouvoir rotatoire
réduit dans le rapport 3 à 1 ; — une solution de
glucose bouillie avec un acide dilué conserve ses
pouvoirs réducteur et rotatoire. L'extrait de sang
se comporte comme la solution de glucose. *Le sucre
du sang est donc du glucose.*

On *dose*, en général, le *sucre du sang* par réduction de la
liqueur de Fehling. Cette réduction doit se faire dans

des liqueurs transparentes et non albumineuses : transparentes, parce qu'il n'est pas possible d'observer exactement la décoloration de la liqueur de Fehling dans une liqueur opaque en général, et surtout dans une liqueur rougeâtre ; — non albumineuses, parce qu'en présence de l'alcali caustique de la liqueur de Fehling, les substances albuminoïdes donneraient de l'ammoniaque qui troublerait les résultats de l'analyse. Il faut donc préparer un extrait du sang : *deux procédés* ont été proposés : 1° le procédé par *ébullition avec du sulfate de soude;* — 2° le procédé par *ébullition avec de l'eau acidulée.*

Dans le *premier procédé*, le sang est reçu sur des cristaux de sulfate de soude : poids égaux de sulfate de soude et de sang ; le mélange est porté à l'ébullition jusqu'à ce que la masse ne présente plus de coloration ou de reflet rouge ; par addition d'une quantité convenable d'eau destinée à remplacer l'eau volatilisée, on ramène au poids primitif. On obtient ainsi une liqueur sulfatée qu'on retire du coagulum albuminoïde par pression. Des expériences directes ont appris que 25 centimètres cubes de sang donnent 40 centimètres cubes de cette liqueur sulfatée. Connaissant la quantité de sucre contenue dans la liqueur sulfatée, on peut, par une proportion facile à établir, déterminer la quantité de sucre du sang.

Dans le *second procédé* le sang est versé dans 6 à 8 volumes d'eau acidulée à 1 p. 1000 par l'acide acétique, et le mélange est porté à l'ébullition ; — le coagulum produit à l'ébullition est bouilli à deux reprises avec le même volume d'eau acidulée à 1 p. 1000 et les trois liquides sont réunis : ces liqueurs contiennent la totalité du sucre qu'on peut retirer du sang. On concentre par l'ébullition ; on achève la coagulation des substances albuminoïdes qu'elles peuvent encore renfermer, en les faisant bouillir avec une petite quantité d'acétate de fer (lequel à l'ébullition détermine la coagulation totale des substances albuminoïdes naturelles coagulables, et se décompose lui-même en acide acétique et sous-acétate de fer insoluble). Enfin, après avoir neutralisé, s'il y a lieu, on ramène la liqueur à un petit volume : par exemple 4 fois le volume du sang employé.

Quel que soit le procédé employé, on a une liqueur contenant le sucre, et qui peut être soumise à l'analyse par réduction. Pour faire cette détermination, on se sert soit de liqueur de Fehling additionnée d'une forte proportion de potasse, soit plutôt de liqueur de Fehling ferrocyanurée à 2 p. 1000 : dans l'un et l'autre cas l'oxyde cuivreux produit ne se précipite pas : la liqueur se décolore, passant du bleu au jaune pâle. On détermine la quantité de liqueur sucrée qu'il faut employer pour réduire exactement un volume donné de liqueur de Fehling ; on en conclut la quantité de sucre du sang.

La quantité de sucre contenu normalement dans le sang des mammifères et notamment de l'homme est comprise entre 1 gramme et 1 gr. 50 par litre de sang. Quand la quantité de sucre atteint 2 grammes, 3 grammes et plus par litre de sang, on dit qu'il y a *hyperglycémie* ; — quand la quantité de sucre du sang est moindre que 1 gramme par litre, on dit qu'il y a *hypoglycémie*.

Lorsqu'on veut connaître la quantité du sucre contenu dans le sang d'un animal, il faut pratiquer le dosage du sucre aussitôt après la prise du sang. Si, en effet, on conserve le sang pendant quelque temps hors des vaisseaux, le sucre disparaît peu à peu : il y a *glycolyse*. Cette glycolyse se produit, dans le sang hors de l'organisme, par l'action d'un ferment soluble, le *ferment glycolytique*, dérivé des éléments de la couche des globules blancs du sang. On peut empêcher cette glycolyse de se produire par différents procédés :

a. Par refroidissement du sang ;

b. Par addition d'une forte proportion de sels neutres au sang (sulfate de soude, sulfate de magnésie, etc.) ;

c. Par addition au sang de 2 p. 1 000 de fluorure de sodium au moment de la sortie du sang des vaisseaux ;

d. Par ébullition du sang.

Si donc on veut conserver du sang sans que son sucre diminue, si par exemple on veut doser le sucre du sang longtemps après la prise, il faut avoir recours à l'un de ces procédés.

On a recherché dans le sang normal la présence du *glycogène*. L'emploi des méthodes ordinaires de recherche de ce corps a donné des résultats négatifs. Ce n'est qu'en employant des procédés particulièrement longs et délicats qu'on a pu mettre en évidence dans le sang la présence de très petites quantités de glycogène $0^{gr}010$ par litre de sang environ.

Les *globules rouges* du sang sont essentiellement formés par une trame incolore, le stroma globulaire, imprégnée de pigment rouge.

Le stroma est constitué par une ou plusieurs substances de nature protéique appartenant au groupe des nucléoalbuminoïdes. Chez les mammifères dont les globules ne sont plus nucléés, on ne trouve dans ces stromas que des nucléoalbuminoïdes ; — chez les oiseaux, dont les globules sont nucléés, on y trouve à la fois des nucléoalbuminoïdes et des nucléines.

Le volume des globules sanguins est variable : il dépend de la nature et de la composition du liquide dans lequel ils sont plongés : les solutions aqueuses de sels neutres très diluées gonflent les globules ; les solutions aqueuses de sels neutres concentrées les ratatinent.

Si donc on mélange du sang défibriné total avec des solutions aqueuses de sels neutres on pourra suivant la composition de ces solutions augmenter, diminuer ou ne pas modifier le volume des globules sanguins. Les solutions qui ne modifient point le volume des globules (il existe une concentration, répondant à ce désideratum, variable pour chaque sel neutre) sont dites *isotoniques* au sérum sanguin. Les solutions qui diminuent le volume des globules sont dites *hyperisotoniques* au sérum : les solutions qui augmentent le volume des globules sont dites *hypoïsotoniques* au sérum.

Matières colorantes du sang. — Le sang est coloré en rouge par 2 substances colorantes, très voisines l'une de l'autre, l'*oxyhémoglogine* et l'*hémoglobine*, la première pouvant être obtenue par oxydation de la seconde, la seconde par réduction de la première.

Ces matières colorantes, bien que solubles dans le plasma sanguin, n'y sont cependant pas normalement dissoutes : elles sont fixées sur les globules rouges, comme une teinture, et elles y sont assez solidement fixées pour que le plasma n'en contienne pas trace en solution.

On peut, par différents procédés, rompre cette union des globules et des matières colorantes, faire passer les matières colorantes en solution dans le plasma — ce qu'on appelle *laquer le sang*. Les procédés les plus généralement employés consistent :

1° A additionner le sang de quelques volumes d'eau distillée.

2° A ajouter de l'éther par petites portions et à agiter le mélange de sang et d'éther.

3° A refroidir le sang jusqu'à congélation et à le réchauffer assez brusquement.

L'hémoglobine n'est stable qu'à l'abri de l'oxygène ; dès qu'elle est mise en contact avec une atmosphère contenant de l'oxygène à une pression convenable, elle fixe de l'oxygène et se transforme en oxyhémoglobine. Le sang retiré des vaisseaux, défibriné et agité à l'air, absorbe de l'oxygène ; son hémoglobine est oxydée, transformée en oxyhémoglobine. Cette dernière substance est stable en présence de l'air, à la pression ordinaire de l'atmosphère : aussi, est-ce sur l'oxyhémoglobine qu'ont porté les premières et surtout les plus nombreuses recherches.

A. *Oxyhémoglobine.* — L'*oxyhémoglobine* a pu être préparée pure et *cristallisée.*

Pour obtenir cette substance, il convient de séparer les globules du plasma ou du sérum par le repos, ou par la centrifugation, de les laver avec une solution de chlorure de sodium à 3 p. 100, tant que cette solution entraîne des substances albuminoïdes, et de les laquer par l'addition d'un peu d'eau et d'un peu d'éther. A la solution d'oxyhémoglobine ainsi obtenue, refroidie à 0°, on ajoute un quart de son volume d'alcool également refroidi à 0° et on abaisse la température du mélange à — 2° et même à — 10°. Après quelques heures ou quelques jours se sont déposés des cristaux d'oxyhémoglobine.

La préparation de l'oxyhémoglobine cristallisée ne réussit pas également bien avec tous les sangs : les sangs de cobaye, de rat, d'écureuil et de chien fournissent ces cristaux très facilement ; les sangs d'homme et de bœuf cristallisent beaucoup plus difficilement.

Les cristaux d'oxyhémoglobine ne sont jamais très volumineux : quelquefois ils sont visibles à l'œil nu, mais c'est généralement à la loupe, et souvent au microscope qu'on examine leurs formes géométriques.

Lorsqu'on ne veut pas obtenir l'oxyhémoglobine pure, mais observer seulement les cristaux de cette substance, il suffit de mélanger volumes égaux de sang défibriné et d'une solution de fluorure de sodium à 2 p. 100, et d'abandonner le mélange à la température ordinaire pendant 8 à 10 jours. Lorqu'on opère avec les sangs de cobaye, de rat, de chien, de cheval, ces mélanges, qui sont imputrescibles grâce au fluorure de sodium (le fluorure de sodium à 1 p. 100 empêche tout dévelopement microbien), se remplissent de très beaux cristaux d'oxyhémoglobine parfaitement réguliers.

L'oxyhémoglobine préparée pure est une substance d'un rouge brun, soluble dans l'eau (en donnant des solutions colorées en rouge foncé), insoluble dans l'alcool.

L'oxyhémoglobine est une *substance ferrugineuse;* elle est formée de carbone, hydrogène, oxygène, azote, soufre et fer.

Les différentes oxyhémoglobines retirées des sangs des différents animaux sont-elles identiques ?

Non, pour 5 raisons :

1. Les oxyhémoglobines des différents sangs *ne*

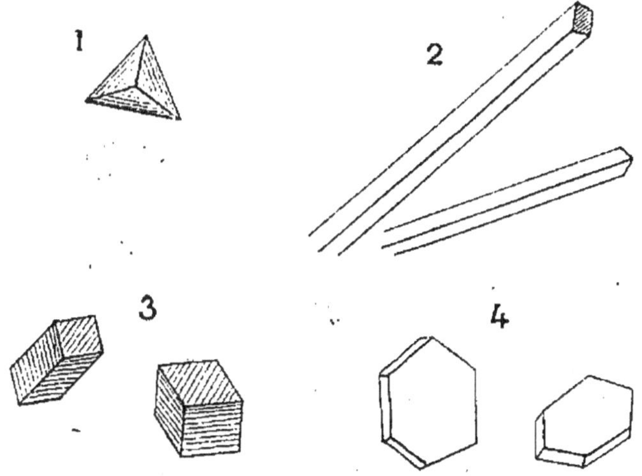

Fig. 2. — Cristaux d'oxyhémoglobine. — 1, cobaye ; 2, chat; 3, cheval ; 4, écureuil.

cristallisent pas avec la même facilité : les oxyhémoglobines des sangs de cobaye, d'écureuil, de chien, de cheval, cristallisent facilement; les oxyhémoglobines des sangs d'homme, de veau, de porc, cristallisent difficilement.

2. Les oxyhémoglobines des différents sangs *ne cristallisent pas sous la même forme :* les cristaux du

sang de cobaye sont des tétraèdres, les cristaux du sang de rat sont des octaèdres, ceux des sangs de chien et de chat sont de longs prismes à 4 faces latérales, ceux du sang de cheval sont de courts prismes orthorhombiques. Les cristaux de tous ces sangs sont du système du prisme orthorhombique ; mais le sang d'écureuil donne des tablettes à 6 faces appartenant au système rhomboédrique. Donc, non seulement les différentes oxyhémoglobines ne cristallisent pas sous la même forme, mais elles appartiennent à deux systèmes cristallins.

3. Les différentes oxyhémoglobines *ne contiennent pas la même proportion d'eau de cristallisation* : c'est ainsi que les cristaux du sang de chien contiennent de 3 à 4 p. 100, ceux du cobaye 7 p. 100, ceux de l'écureuil 9,4 p. 100 d'eau de cristallisation.

4. *La solubilité* des différentes oxyhémoglobines *n'est pas la même.* Si les cristaux de l'oie sont très solubles dans l'eau, ceux du cheval sont moins solubles, ceux du chien et de l'écureuil sont encore moins solubles, et ceux du rat et du cobaye sont très difficilement et très peu solubles.

5. Enfin *la proportion de fer* contenu dans les différentes oxyhémoglobines, sans présenter des différences très grandes, *ne serait pas rigoureusement la même* : elle varierait de 0,34 à 0,48 p. 100.

Pour toutes ces raisons, nous conclurons que *les différents oxyhémoglobines* retirées du sang des différents animaux *ne sont pas identiques.*

Cependant *les différentes oxyhémoglobines ne diffèrent pas profondément* les unes des autres, quant à leur constitution chimique. Nous en avons une double preuve :

1. Nous dirons ultérieurement que, sous l'influence de certains agents, l'oxyhémoglobine est *décomposée* en une substance albuminoïde et une substance ferrugineuse, l'*hématine*. Quelle que soit l'oxyhémoglobine considérée, l'hématine produite se présente toujours avec les mêmes propriétés, et, par conséquent, peut être considérée comme étant toujours la même substance. *Il y a plusieurs oxyhémoglobines, il n'y a qu'une seule hématine.*

2. L'oxyhémoglobine présente un *spectre d'absorption caractéristique, le même* pour toutes les oxyhémoglobines.

Lorsqu'on observe au spectroscope, sous une épaisseur de 1 centimètre, une solution d'oxyhémo-

Fig. 3. — Spectre d'absorption de l'oxyhémoglobine. — B, C, D, etc., représentent la position des raies du spectre solaire.

globine contenant 1 p. 1000 d'oxyhémoglobine, on constate que toute la portion violette du spectre est absorbée ; en outre, on constate l'existence de deux bandes d'absorption très nettes, très sombres, comprises dans la région jaune vert du spectre, entre les raies D et E du spectre solaire : l'une un peu plus sombre et un peu moins large au voisinage de la raie D, l'autre un peu plus claire et un peu plus large au voisinage de la raie E.

En supposant la solution examinée sous une épaisseur de 1 centimètre lorsque la teneur de la solution en oxyhémoglobine augmente peu à peu, on voit l'absorption porter peu à peu sur la région indigo, puis sur la région bleue du spectre ; en même temps, les deux bandes d'absorption de-

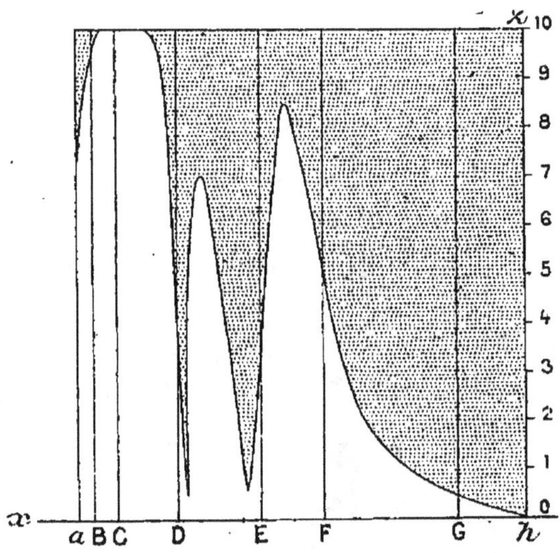

Fig. 4. — Tableau représentant les spectres d'absorption d'une solution d'oxyhémoglobine examinée sous une épaisseur de 1 centimètre. — B, C, D... sont les raies du spectre solaire. Sur l'ordonnée hz on a indiqué les teneurs en oxyhémoglobine de la solution examinée. Pour avoir le spectre d'absorption d'une solution d'oxyhémoglobine contenant n pour 1000 de pigment dissous, il suffit, par la division n de l'ordonnée hz, de mener la parallèle à xy.

viennent de plus en plus larges, s'étalent l'une vers l'autre, d'une part, et vers les raies D et E, d'autre part.

Lorsque la solution contient 3,7 pour 1000 d'oxyhémoglobine, les régions violette et indigo, et la

moitié au moins de la région bleue (jusqu'au milieu
de l'espace séparant les raies F et G du spectre)
sont absorbées ; — les deux bandes d'absorption viennent exactement au contact, la première de la raie
D, la seconde de la raie E.

Lorsque la quantité d'oxyhémoglobine dissoute
augmentant encore atteint 6,5 pour 1000, toute la
région bleue, indigo et violette à partir de la
raie F est absorbée ; les deux bandes d'absorption
se sont confondues en une bande unique, dont les
bords s'étendent au delà de la raie D vers le rouge,
au delà de la raie E vers l'extrême vert ; en même
temps l'extrême rouge est absorbé.

Enfin, si la solution renferme 8,5 p. 1000 d'oxyhémoglobine, on constate une absorption totale de
toute la région du spectre, depuis l'orangé jusqu'au
violet, et de toute la région de l'extrême rouge :
seuls, le rouge et le rouge orangé ne sont pas
absorbés.

Si nous avons décrit avec détails les spectres
d'absorption des solutions d'oxyhémoglobine examinées sous une épaisseur toujours la même, 1 centimètre, c'est qu'on a coutume de dire que l'oxyhémoglobine est caractérisée par un spectre à deux
bandes comprises entre les raies D et E du spectre
solaire. Cela est vrai, mais seulement pour des
solutions convenablement diluées, pour des solutions contenant de 0,5 à 6,0 p. 1000 d'oxyhémoglobine.

Comme toutes les oxyhémoglobines donnent, sous
l'influence de certains agents destructeurs, la même

hématine, et comme elles présentent toutes le même spectre d'absorption, on ne saurait admettre une grande dissemblance dans leur constitution chimique. Ce dernier caractère, la similitude absolue des spectres d'absorption, a une très grande valeur démonstrative, car on sait que des substances peuvent présenter des spectres d'absorption nettement dissemblables, tout en ne différant que fort peu, quant à leur constitution chimique.

La connaissance de ce spectre d'absorption de l'oxyhémoglobine présente un autre intérêt : elle permet de démontrer que *l'oxyhémoglobine préparée pure*, l'oxyhémoglobine dont nous venons d'indiquer quelques propriétés, *est bien réellement la matière colorante*, ou tout au moins une matière colorante extrêmement voisine de celle *qui teint les globules rouges du sang circulant*. Si, en effet, on examine au microspectroscope (microscope muni, comme oculaire, d'un petit spectroscope à vision directe), sur un animal vivant un vaisseau sanguin d'une membrane mince : un vaisseau de la langue, de la patte, du poumon de la grenouille, ou un vaisseau du mésentère du lapin, ou un vaisseau de l'aile ou de l'oreille de la chauve-souris, etc., on aperçoit, si le vaisseau a des dimensions convenables, les deux bandes d'absorption de l'oxyhémoglobine. Donc la matière colorante du sang circulant est la même que celle que nous avons étudiée après l'avoir préparée pure ou tout au moins, elle en diffère assez peu pour que le spectre d'absorption ne soit pas modifié.

B. *Hémoglobine.* — Le sang, avons-nous dit, renferme deux matières colorantes, l'oxyhémoglobine, et l'hémoglobine. Nous venons de voir comment on peut passer de l'oxyhémoglobine à l'hémoglobine, et de l'hémoglobine à l'oxyhémoglobine : par réduction ou par oxydation. En soumettant à l'action du vide une solution d'oxyhémoglobine on obtient une solution d'hémoglobine ; en réduisant par le sulfhydrate d'ammoniaque une solution d'oxyhémoglobine on obtient une solution d'hémoglobine.

L'*hémoglobine* est une substance soluble dans l'eau, insoluble dans l'alcool, ne différant de l'oxyhémoglobine que par de l'oxygène en moins.

L'hémoglobine est caractérisée par son *spectre d'absorption*. Une solution d'hémoglobine, contenant

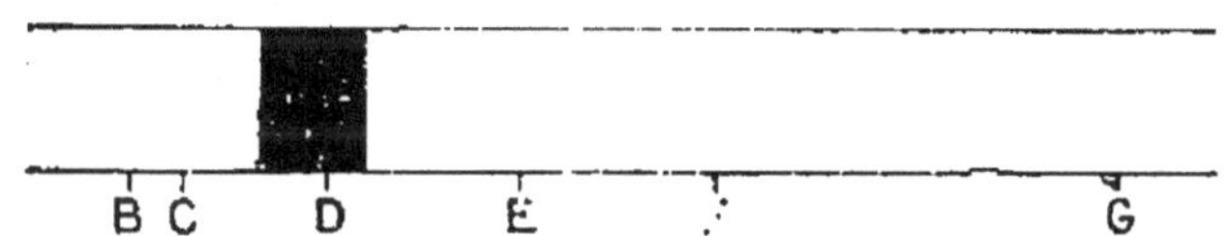

Fig. 5. — Spectre d'absorption de l'hémoglobine. — B, C. D...
représentent les raies du spectre solaire.

1. p. 1000 d'hémoglobine, examinée sous une épaisseur de 1 centimètre, absorbe l'extrême rouge, d'une part, la moitié du bleu, l'indigo et le violet d'autre part ; enfin son spectre présente une bande d'absorption unique, large, comprise entre les raies D et E du spectre solaire, un peu plus voisine de D que de E.

En supposant les solutions examinées sous une épaisseur de 1 centimètre :

Pour une solution contenant 3 p. 1000 d'hémoglobine, la bande d'absorption occupe toüt l'espace compris entre les raies D et E.

Pour une solution contenant 10 p. 1000 d'hémoglobine, le rouge est absorbé jusqu'à la raie B du

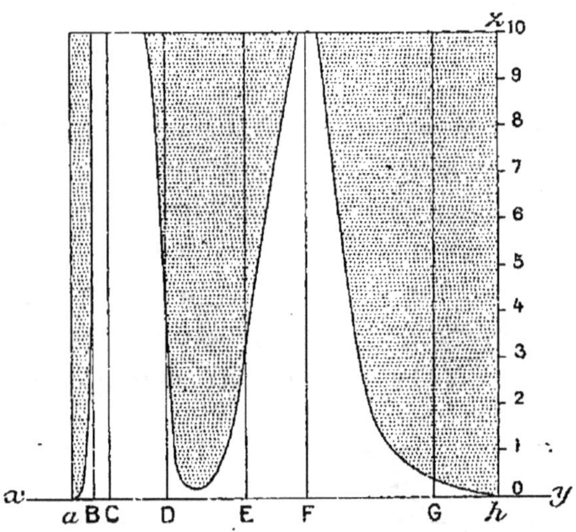

Fig. 6. — Tableau représentant les spectres d'absorption d'une solution d'hémoglobine examinée sous une épaisseur de 1 centimètre. — B, C, D... sont les raies du spectre solaire. — Sur l'ordonnée hz on a indiqué les teneurs en hémoglobine de la solution examinée. — Pour avoir le spectre d'absorption d'une solution d'hémoglobine contenant n pour 1000 de pigment dissous il suffit par la division n de l'ordonnée hz de mener la parallèle à xy.

spectre solaire ; le violet, l'indigo et la plus grande partie du bleu sont également absorbés ; enfin, la bande d'absorption s'étend de la raie D à la raie F du spectre solaire : il ne passe plus que 2 faisceaux lumineux compris, le premier, rouge orangé, entre les raies B, D, le second, bleu, au voisinage et un peu au delà de la raie F.

Le spectre de l'hémoglobine est donc caractérisé par l'existence d'une bande d'absorption située dans la région D et E du spectre pour une concentration convenable de la solution, indépendamment des absorptions portant sur les deux extrémités du spectre.

On *dose*, en général, la matière colorante du sang *à l'état d'oxyhémoglobine*. Plusieurs procédés permettent de faire ce dosage. Ils sont fondés sur les propriétés suivantes de l'oxyhémoglobine. L'oxyhémoglobine est :

1° Une matière *colorante*.

2° Une substance *absorbant* certaines radiations lumineuses.

3° Une substance oxygénée *dissociable*.

4° Une substance *ferrugineuse*.

— 1. Pour doser la quantité d'une matière *colorante* contenue dans une liqueur, on peut employer les *procédés* dits *colorimétriques*. — On prépare tout d'abord une série de solutions titrées de la substance colorante qu'on se propose de doser, solutions de plus en plus riches en substance dissoute, et on compare la solution analysée aux différents termes de cette série quant à l'intensité de sa coloration.

Supposons, par exemple, qu'on ait préparé une série de solutions d'oxyhémoglobine, contenant 1,2,3,... p. 1000 d'oxyhémoglobine, et que la liqueur sanguine analysée (il convient de la laquer préalablement pour que la teinte soit la même), ait une coloration de même intensité que la solution, contenant 7 p. 1000 d'oxyhémoglobine, on en conclura que cette liqueur contient 7 p. 1000 d'oxyhémoglobine. — Au lieu de préparer chaque fois une solution titrée d'oxyhémoglobine, on possède une série de verres rouge d'oxyhémoglobine, plus ou moins colorés, chacun des termes de cette série correspondant comme teinte à des solutions d'oxyhémoglobine contenant une proportion donnée de cette matière colorante.

2. L'oxyhémoglobine, substance *absorbant* certaines radiations lumineuses, peut être dosée *spectrophotométriquement*. Les déterminations spectrophotométriques, consistent essentiellement à déterminer la quantité d'une certaine lumière absorbée par la solution examinée sous une épaisseur donnée. Il existe des appareils de différents modèles, reposant sur différents principes, qui permettent de connaître la quantité de lumière absorbée : ce sont des spectrophotomètres. Étant connue la quantité de lumière absorbée par une solution donnée, on peut, par des formules simples, calculer la quantité de matière colorante contenue dans la solution, si l'on a une fois pour toutes déterminé le coefficient d'absorption de cette substance.

Les procédés spectrophotométriques permettent même, dans un mélange d'hémoglobine et d'oxyhémoglobine, de calculer les quantités respectives d'hémoglobine et d'oxyhémoglobine. Ce sont les seuls procédés qui permettent de faire cette détermination. Il suffit de déterminer la quantité de lumière absorbée par la solution mixte pour deux radiations lumineuses différentes ; cela permet d'écrire 2 équations à 2 inconnues suffisantes pour calculer les quantités d'hémoglobine et d'oxyhémoglobine.

3. Supposons que le sang soit vigoureusement agité au contact de l'air, la matière colorante passe à l'état d'oxyhémoglobine. Supposons qu'on provoque par un procédé quelconque la *dissociation* de cette oxyhémoglobine et qu'on recueille l'oxygène mis en liberté ; on en conclura la quantité d'oxyhémoglobine, puisque 1 gramme d'oxyhémoglobine abandonne $1^{cc},58$ d'oxygène mesuré à $0°$ et à 760^{mm}.

Pour faire cette mesure, on soumet le sang battu à l'air à *l'action du vide à* $100°$, l'oxygène provenant de la dissociation de l'oxyhémoglobine est mis en liberté, ainsi que l'oxygène dissous dans le sang. Si l'on connaît la quantité normalement dissoute dans le sang (et le calcul a pu en être fait, d'une façon sensiblement exacte, une fois pour toutes), par différence on connaît la quantité d'oxygène provenant de la dissociation de l'oxyhémoglobine ; on pourra, par conséquent, calculer la quantité de cette dernière substance.

4. La matière colorante du sang est la seule substance *ferrugineuse* qui soit contenue dans ce liquide ; si donc on détermine la *quantité de fer* contenue dans un volume déterminé de sang, on pourra calculer la quantité d'oxyhémoglobine contenue dans

ce volume de sang, si on a, une fois pour toutes, déterminé la proportion de fer contenu dans un poids donné d'oxyhémoglobine de l'animal considéré.

Pratiquement, il faudra dessécher le sang, incinérer le résidu, reprendre les cendres par l'eau acidulée par l'acide chlorhydrique, et doser le fer dans la solution obtenue.

En opérant par l'un ou l'autre de ces procédés, mais surtout par la *méthode spectrophotométrique*, ou par la *méthode de dosage du fer*, on trouve que 100 grammes de sang humain contiennent de 12 à 15 grammes d'hémoglobine, en moyenne 13 grammes 1/2.

Cette matière colorante constitue la plus grande partie des globules rouges, puisque 100 parties en poids de globules rouges desséchés contiennent chez l'homme environ 90 parties d'hémoglobine : la matière colorante constitue ainsi les 9/10 du globule rouge, abstraction faite, bien entendu, de l'eau qui entre dans la constitution du globule.

L'oxyhémoglobine n'est pas le seul composé oxygéné de l'hémoglobine : il en existe un autre, la *méthémoglobine*.

La méthémoglobine se produit aux dépens de l'hémoglobine sous l'influence de certains agents oxydants, ferricyanure de potassium, permanganate de potasse, nitrite de potasse, nitrite d'amyle; inversement, sous l'influence de certains agents réducteurs, la méthémoglobine fournit de l'hémoglobine. Mais, d'une part, la méthémoglobine ne se produit pas par action directe de l'oxygène atmosphérique, ét, d'autre part, elle n'est pas dissociable.

La méthémoglobine se produit quand on ajoute à une solution d'oxyhémoglobine, ou à du sang laqué quelques gouttes d'une solution concentrée de ferricyanure (cyanure rouge) de potassium. Lorsqu'on opère avec une solution pure d'oxyhémoglobine, si, après addition de ferricyanure de potassium on refroidit à 0°, et si on ajoute 1/4 de volume d'alcool refroidi, la méthémoglobine se dépose sous forme cristalline. La méthémoglobine de cobaye se présente sous forme de tétraèdres; celle de rat et d'écureuil sous forme de plaques hexagonales.

Les *solutions aqueuses de méthémoglobine* présentent un *spectre d'absorption* à 3 bandes : l'une dans le rouge entre C et D, les deux autres entre les raies D et E du spectre solaire.

Les solutions de méthémoglobine, additionnées d'ammoniaque, présentent également 3 bandes situées sensiblement dans les mêmes régions du spectre : les deux premières étant toutefois un peu déplacées vers le violet.

L'*hémoglobine* forme avec l'*oxyde de carbone* une combinaison résultant de l'union directe d'une molécule d'hémoglobine et d'une molécule d'oxyde de carbone.

Cette combinaison n'est pas dissociée soit à 15° soit à 40°; par conséquent le *sang oxycarboné* ou une solution d'*hémoglobine oxycarbonée* ne se décomposent pas au contact de l'air à ces températures. Cette combinaison, d'autre part, est plus stable que l'oxyhémoglobine; de telle sorte que du sang ou une solution d'oxyhémoglobine abandonnés au contact d'une atmosphère contenant la proportion normale d'oxygène (par conséquent une atmosphère en présence de laquelle l'oxyhémoglobine ne se dissocie pas) et de très petites quantités d'oxyde de carbone,

Fig. 7. — Spectre d'absorption des solutions alcalines du méthémoglobine.

absorbe ce gaz : l'oxyhémoglobine est transformée en hémoglobine oxycarbonée.

La connaissance de ces faits permet de comprendre comment un animal meurt dans une atmosphère contenant des quantités relativement faibles d'oxyde de carbone : l'oxyde de carbone est absorbé lentement par l'hémoglobine, mais comme l'hémoglobine donne avec lui une combinaison non dissociable, toute l'hémoglobine ainsi saturée d'oxyde de carbone est de l'hémoglobine perdue pour la fixation et le transport de l'oxygène, et définitivement perdue.

L'*hémoglobine oxycarbonée* s'obtient *cristallisée* par les procédés employés pour préparer l'oxyhémoglobine cristallisée, mais en partant du sang oxycarboné; les formes cristallines sont les mêmes que celles de l'oxyhémoglobine correspondante.

L'*hémoglobine oxycarbonée* présente un *spectre d'absorption* très semblable au spectre d'absorption de l'oxyhémoglobine ; ce spectre présente 2 bandes d'absorption situées entre les raies D et E du spectre, sensiblement dans les mêmes zones que les raies de l'oxyhémoglobine.

Traitée par le sulfhydrate d'ammoniaque, l'hémoglobine oxycarbonée n'est pas ramenée à l'état d'hémoglobine : elle conserve son spectre d'absorption. Dans les mêmes conditions, l'oxyhémoglobine est réduite, et son spectre à 2 bandes est remplacé par un spectre à bande unique.

L'*hémoglobine* donne avec le *bioxyde d'azote* une combinaison, l'*hémoglobine oxyazotée*. Cette combinaison est plus stable que l'hémoglobine oxycarbonée : elle se produit lorsqu'on fait passer un courant de bioxyde d'azote dans une solution d'hémoglobine oxycarbonée. On ne peut pas produire l'hémoglobine oxyazotée par action directe du bioxyde d'azote sur le sang oxygéné, car, en présence de l'oxygène, le bioxyde d'azote fournit, on le sait, des vapeurs nitreuses qui altèreraient profondément la matière colorante du sang.

Cette hémoglobine oxyazotée s'obtient *cristallisée :* ses cristaux présentent les mêmes formes que ceux de l'hémoglobine oxycarbonée et de l'oxyhémoglobine : son *spectre d'absorption* est, comme les spectres de ces deux dernières substances, un spectre à deux bandes comprises entre D et E.

Parmi les substances qu'on peut obtenir en partant de la matière colorante du sang, deux présentent une importance considérable, au point de vue de la connaissance de la constitution de l'hémoglobine et de ses rapports avec d'autres matières colorantes de l'organisme : l'*hématine* et l'*hématoporphyrine*; — d'autres, telles que l'*hémine* et l'*hématoïdine* présentent également quelque intérêt au point de vue physiologique et médical. Nous étudierons sommairement ces différentes substances.

Lorsqu'on porte pendant quelque temps *à 80°* une solution d'oxyhémoglobine, ou de sang, l'oxyhémoglobine est transformée en méthémoglobine, et celle-ci est décomposée en une substance albuminoïde coagulée et une matière colorante brune, l'*hématine*.

Lorsqu'on traite par l'*alcool* une solution d'oxyhémoglobine, cette matière colorante est précipitée sans décomposition ; mais si on maintient pendant quelque temps l'oxyhémoglobine précipitée en contact avec l'alcool, le précipité brunit ; il se produit un dédoublement en substance albuminoïde coagulée et *hématine*.

Lorsqu'on fait agir sur l'oxyhémoglobine la *suc gastrique* ou le *suc pancréatique*, cette matière colorante est décomposée en une substance albuminoïde qui subit les transformations digestives gastrique ou pancréatique, et *hématine*. — Aussi, trouve-t-on l'hématine dans les excréments, à la suite d'une alimentation contenant du sang, comme aussi à la suite d'hémorragies gastriques ou intestinales.

Ces différentes réactions nous montrent que l'*oxyhémoglobine* doit être considérée comme une *protéide* résultant de la combinaison d'une substance albuminoïde appelée *globine* et de l'*hématine*.

L'*hématine*, préparée pure, donne par la calcination un résidu d'oxyde de fer : c'est donc une substance *ferrugineuse* : sa formule est $C^{32}H^{32}Az^4FeO^4$. C'est une substance insoluble dans l'eau, dans l'alcool, dans l'éther ; — soluble dans l'eau alcalinisée, mais insoluble dans l'eau acidulée ; — soluble dans l'alcool ou l'éther acidulés, mais insoluble dans l'alcool ou l'éther alcalinisés.

Les *solutions alcalines d'hématine* sont *caractérisées spectroscopiquement* par un spectre d'absorption

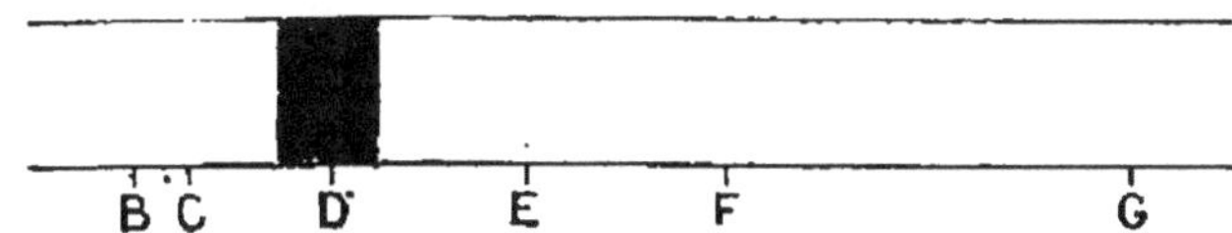

Fig. 8. — Spectre d'absorption des solutions alcalines d'hématine.

à 1 bande, située à cheval sur la raie D du spectre solaire ; — ses solutions acides sont caractérisées par 4 bandes situées dans l'orangé, le jaune, le vert et le vert bleu ; la première très nette, les trois autres souvent peu distinctes.

Pour préparer cette hématine pure, on se sert

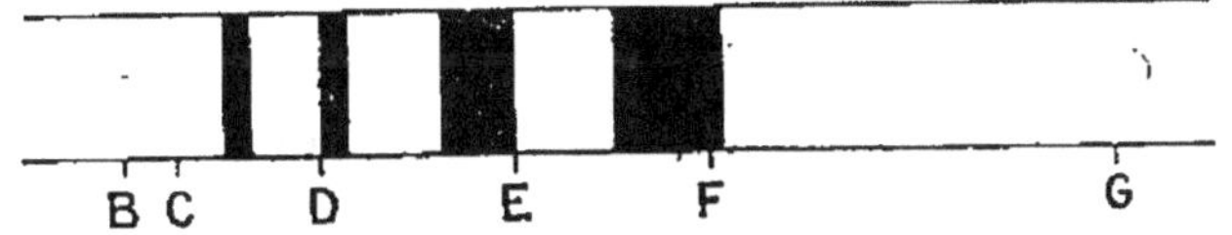

Fig. 9 . — Spectre d'absorption des solutions acides d'hématine.

des cristaux d'*hémine* ou *chlorhydrate d'hématine*

dont nous indiquons ci-dessous le mode d'obten-
tion). On dissout ces cristaux dans une solution
étendue de potasse, et on traite cette dernière par
l'acide chlorhydrique dilué : l'hématine insoluble
dans l'eau acidulée
se précipite en flo-
cons bruns qu'on lave
à l'eau bouillante.

Supposons qu'on ait
débarrassé les glo-
bules rouges du plas-
ma ou du sérum dans
lequel ils flottent, par

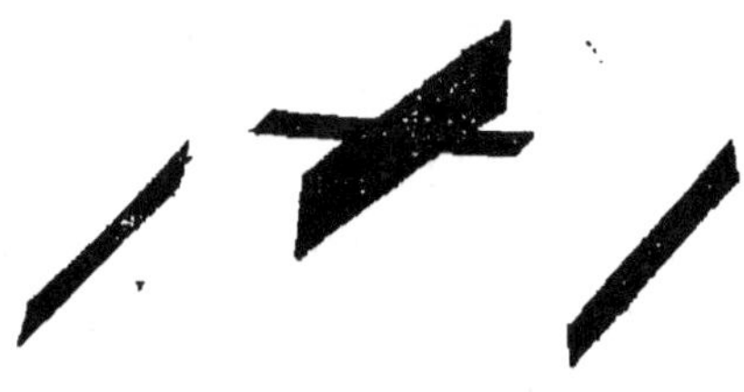

Fig. 10. — Cristaux de Teichmann (hémine, chlorhydrate d'hématine).

décantation et lavages répétés à l'eau salée, qu'on
dissolve ces globules par l'eau ou par l'éther, qu'on
ajoute à cette solution globulaire 20 volumes d'acide
acétique glacial et qu'on maintienne deux heures
au bain-marie. Il se produit un dépôt bleu noir formé
de cristaux microscopiques, insolubles dans l'eau,
insolubles dans les acides étendus, insolubles dans
l'alcool, l'éther, le chloroforme. Ce sont des cristaux d'hémine, appelés encore *cristaux de Teichmann*. On peut, par lavages à l'eau, à l'alcool,
à l'éther, les débarrasser des restes de la liqueur
dans laquelle ils se sont formés.

Ainsi préparés, ces cristaux, qui affectent généralement la forme de tablettes rhomboédriques allongées, souvent groupées, sont solubles dans les
alcalis caustiques étendus. Ce sont ces solutions
qui, neutralisées par un acide étendu, précipitent
l'hématine.

L'*hémine* a pour formule $C^{32}H^{32}Az^4FeO^4HCl$: c'est du *chlorhydrate d'hématine*.

L'hémine présente un certain intérêt pratique : elle permet de déterminer la véritable nature de vieilles *taches de sang*. Supposons qu'on ait du sang desséché : on le broie avec une très petite quantité de chlorure de sodium, et on humecte la poudre ainsi obtenue avec de l'acide acétique glacial; on chauffe légèrement, et on laisse refroidir. En examinant au microscope, on reconnaît la présence de cristaux d'hémine qui se sont produits aux dépens de la matière colorante du sang desséché.

Lorsqu'on chauffe l'hématine à 160° avec de l'acide chlorhydrique fumant, ou lorsqu'on traite l'hématine par l'acide sulfurique concentré, elle est décomposée : le fer est enlevé, fixé par l'acide minéral, et l'hématine est transformée en une autre *matière colorante, non ferrugineuse, l'hématoporphyrine*.

L'hématoporphyrine est dissoute dans ces méthodes de préparation par les acides : pour l'obtenir précipitée, il suffit de diluer par l'eau distillée ces solutions acides.

L'hématoporphyrine présente un *spectre d'absorption* caractérisé par une bande étroite dans le jaune entre C et D et une bande large dans le jaune et le jaune vert.

L'hématoporphyrine a pour formule $C^{32}H^{36}Az^4O^6$. Cette formule est la formule de la bilirubine, l'une des matières colorantes de la bile. *L'hématorporphyrine* n'est pas identique à la bilirubine, mais elle *est isomère de la bilirubine*.

Dans l'organisme, on peut observer dans quelques cas une transformation de la matière colorante du sang en bilirubine : dans de vieux extravasats sanguins, on a observé souvent la présence de tablettes cristallines rhombiques orangées. On avait appelé la substance ainsi cristallisée *hématoïdine;* mais on a reconnu que cette hématoïdine est identique à la bilirubine.

Ces faits sont intéressants à connaître : on est ainsi parvenu artificiellement à obtenir aux dépens de l'oxyhémoglobine une matière colorante isomérique de la bilirubine, — la bilirubine étant elle-même une matière colorante produite par l'organisme aux dépens de l'oxyhémoglobine.

Nous avons étudié les produits principaux de la décomposition de l'oxyhémoglobine. A l'abri de l'oxygène, l'hémoglobine donne une série de produits de décomposition analogues : au lieu d'obtenir de l'hématine on obtient de l'*hémochromogène* (sous l'influence des agents oxydants, cet hémochromogène se transforme en hématine, et inversement, sous l'influence des agents réducteurs, l'hématine se transforme en hémochromogène); — au lieu d'obtenir de l'hématoporphyrine, on obtient une substance appelée *hématoline.*

CHAPITRE VII

GAZ DU SANG ET ÉCHANGES GAZEUX RESPIRATOIRES

Sommaire. — L'oxyhémoglobine est une combinaison dissociable. Qu'est-ce qu'une substance dissociable ? Qu'est-ce qu'un phénomène de dissociation ? Exemple du carbonate de chaux. Dissociation de l'oxyhémoglobine.

Les gaz du sang. — État des gaz du sang : dissolution et combinaison. Lois de la dissolution des gaz. Dissolution et dissociation. État de l'oxygène dans le sang. État du gaz carbonique dans le sang. État de l'azote dans le sang.

Echanges gazeux pulmonaires. — Composition de l'air alvéolaire. Composition de l'air expiré. Théorie de l'échange gazeux pulmonaire.

L'oxyhémoglobine est une *combinaison oxygénée dissociable*, pouvant se dédoubler dans des conditions que nous allons préciser en oxygène et hémoglobine.

Pour comprendre les faits que nous avons à exposer il faut savoir ce qu'est une *substance dissociable*. — Empruntons un exemple simple de dissociation à la chimie minérale.

Si l'on soumet à l'action d'une température de 860° en vase clos du carbonate de chaux, ce corps est décomposé, mais il n'est que *partiellement décomposé* en gaz carbonique et chaux : il est décomposé jusqu'à ce que le gaz carbonique résultant de la décomposition exerce dans le vase clos une pression de 85 millimètres de mercure. Cette décomposition partielle du carbonate de chaux est un *phénomène de dissociation*. — Le carbonate de chaux est un composé dissociable à la température de 860°.

Inversement, supposons que dans un vase clos chauffé à 860° aient été introduits de la chaux et du gaz carbonique, ce dernier exerçant une pression supérieure à 85 millimètres ; — une partie de ce **gaz** carbonique se combinera avec la chaux, pour former du carbonate de chaux, jusqu'à ce que le pression du gaz carbonique soit tombée à 85 millimètres.

Si l'on opère à une autre température, à 1040°, par exemple, les choses se passeront de la même façon, avec cette différence toutefois que la décomposition du carbonate de chaux se poursuivra jusqu'à ce que le gaz carbonique dégagé exerce une pression de 520 millimètres de mercure, — ou que la combinaison du gaz carbonique et de la chaux se poursuivra jusqu'à ce que le gaz carbonique exerce une pression de 520 millimètres de mercure.

Bref, dans les *phénomène de dissociation*, il s'établit un *équilibre chimique* entre un composé et les produits de décomposition, cet équilibre dépendant de plusieurs circonstances, dont la plus importante dans le cas du carbonate de chaux est la température.

Avant d'aborder l'histoire de la dissociation de l'oxyhémoglobine, il nous faut encore définir la *tension d'un gaz dissous*.

Lorsqu'un liquide est mis en contact avec une

atmosphère gazeuse, il dissout une certaine quantité des gaz de cette atmosphère. Par définition, la tension du gaz dissous est égale à la tension du même gaz dans l'atmosphère gazeuse. — Si par exemple de l'eau est mise en contact avec l'air atmosphérique, elle dissout de l'oxygène et de l'azote; la tension de l'oxygène dissous est égale à 1/5 d'atmosphère, et la tension de l'azote dissous est égale à 4/5 d'atmosphère, parce que l'oxygène et l'azote atmosphériques ont des tensions égales respectivement à 1/5 et à 4/5 d'atmosphère.

Ces notions étant admises, supposons qu'on ait préparé une solution d'oxyhémoglobine, et imaginons, pour la clarté de notre exposé, que cette solution ne contienne ni hémoglobine, ni oxygène dissous, mais seulement de l'oxyhémoglobine. Supposons que cette solution ait été introduite dans une enceinte fermée de toutes parts et remplisse complètement cette enceinte. Si l'expérience est faite à une température à laquelle l'oxyhémoglobine est dissociable, par exemple à 15°, voici ce qui va se passer : l'oxyhémoglobine se décompose en hémoglobine et oxygène qui restent dissous, et cette décomposition se poursuit jusqu'à ce que l'oxygène dissous ait atteint une certaine tension. Lorsque l'équilibre est réalisé, il existe une certaine relation, variable, bien entendu, suivant les conditions de l'expérience, entre l'oxyhémoglobine et ses produits de décomposition.

Inversement, supposons qu'on ait préparé une solution d'hémoglobine, et imaginons, pour la clarté de notre exposé, que cette solution contienne en outre de l'oxygène dissous ayant une certaine tension, et ne contienne pas d'oxyhémoglobine. Supposons que cette solution ait été introduite dans une enceinte fermée de toutes parts et remplisse complètement cette enceinte. Voici ce qui va se passer : une partie de l'oxygène dissous va se combiner à l'hémoglobine dissoute ; et cette combinaison va se poursuivre jusqu'à ce qu'il existe une certaine relation entre l'oxyhémoglobine, l'hémoglobine et l'oxygène dissous, relation qui dépend des conditions de l'expérience.

Au lieu d'opérer en vase clos et complètement rempli par la solution expérimentée, supposons qu'on opère en vase clos, mais contenant de l'air à une certaine tension. Introduisons dans une telle enceinte la solution d'oxyhémoglobine pure dont nous nous sommes précédemment servis : cette oxyhémoglobine se dissocie jusqu'à ce que soit établi un équilibre chimique, dépendant des conditions de l'expérience, entre l'oxyhémoglobine et ses produits de décomposition : en particulier, la tension de l'oxygène dissous atteint une certaine valeur. Mais cette solution est en contact avec une atmosphère gazeuse ; que va-t-il se passer ? Trois cas peuvent se présenter : 1° la tension de l'oxygène dissous est égale à la tension de l'oxygène dans l'atmosphère, aucune modification nouvelle ne va se produire ; — 2° la tension de l'oxygène dissous est supérieure à la tension de ce gaz dans l'atmosphère ; — alors une partie de l'oxygène de dissociation se dégage, de telle sorte que la tension de l'oxygène dissous et celle de l'oxygène gazeux soient les mêmes; mais l'équilibre chimique des substances en solution est rompu; une nouvelle quantité d'oxyhémoglobine se décompose jusqu'à ce qu'un nouvel équilibre chimique soit atteint, et ainsi de suite. On conçoit donc que dans ces conditions expérimentales deux équilibres doivent être établis; un équilibre physique entre l'oxygène de l'atmosphère gazeuse et l'oxygène dissous, et un équilibre chimique entre l'oxyhémoglobine, l'hémoglobine et l'oxygène dissous; 3° la tension de l'oxygène dissous est inférieure à la tension de ce gaz dans l'atmosphère : — alors une partie de l'oxygène de cette atmosphère se dissout dans la liqueur, augmentant la tension de l'oxygène dissous, jusqu'à ce que les tensions de l'oxygène de l'atmosphère et de l'oxygène dissous. soient égales; — mais l'équilibre chimique des substances dissoutes est rompu : une partie de l'oxygène dissous se recombine à l'hémoglobine jusqu'à ce qu'un nouvel équilibre chimique soit atteint, et ainsi de suite. Dans ce cas encore, l'équilibre final est la composante de deux équilibres : un équilibre physique et un équilibre chimique.

Inversement, dans un vase clos contenant une certaine quantité d'air, introduisons une solution d'hémoglobine pure, ne contenant ni oxygène dissous, ni oxyhémoglobine dissoute. Une partie de l'oxygène de l'atmosphère se dissout dans la solution jusqu'à ce que la tension de l'oxygène dissous et la tension de l'oxygène de l'atmosphère soient égales. Or l'hémoglobine n'est pas stable en présence de l'oxygène, une partie de l'oxygène dissous se combine donc avec elle jusqu'à ce que soit atteint un certain équilibre chimique. Par suite de cette combinaison, l'équilibre physique précédemment réalisé est rompu : de l'oxygène se dissout de nouveau, etc. Finalement l'équilibre résulte de deux équilibres partiels, l'un physique, l'autre chimique.

Supposons enfin que l'expérience soit faite en présence d'une atmosphère indéfinie de gaz; en présence de l'air libre par exemple. Tout se passe comme dans le cas d'une atmosphère limitée d'air, avec cette différence que l'un des termes de l'équilibre physique ne varie pas, la tension de l'oxygène atmosphérique.

Telles sont les notions les plus générales qu'on puisse énoncer relativement à la dissociation de l'oxyhémoglobine.

L'oxyhémoglobine ne se dissocie pas à la température de 0°; mais aux températures supérieures, notamment à la température ordinaire 15°-20° et à la température du corps 37° elle se dissocie.

La relation qui existe entre l'oxyhémoglobine, l'hémoglobine et l'oxygène dissous, lorsque l'équilibre chimique est atteint, varie avec la température. Si l'on suppose établi l'équilibre chimique d'une telle solution à 15° et qu'on élève la température à 40°, une nouvelle portion d'oxyhémoglobine se décompose. En d'autres termes, la tension de

l'oygène résultant de la dissociation de l'oxyhémoglobine, ce qu'on appelle la *tension de dissociation
de l'oxyhémoglobine* varie avec la température : elle
augmente avec la température.

Le rapport qui existe entre les quantités d'hémoglobine et d'oxyhémoglobine à une même température, varie avec la quantité de ces substances en
solution. Le rapport de la quantite d'oxyhémoglobine à la quantité d'hémoglobine augmente lorsque
la quantité de pigment dissous augmente.

La question qui nous occupe peut être envisagée
à un autre point de vue :

Les solutions d'hémoglobine exposées à l'air et
agitées au contact de l'air absorbent des quantités
variables d'oxygène, ces quantités dépendant de
l'équilibre chimique qui s'établit entre l'oxyhémoglobine, l'hémoglobine et l'oxygène dissous dans les
conditions de l'expérience. — Cet oxygène absorbé
se compose de deux parts : l'oxygène combiné et
l'oxygène dissous. Pour la clarté de notre exposé,
négligeons cette dernière part, et ne nous occupons
que de l'oxygène combiné.

La tension de dissociation de l'oxyhémoglobine,
avons-nous dit, augmente avec la température. Par
conséquent, toutes choses égales d'ailleurs, une
même solution d'hémoglobine absorbe plus d'oxygène à 15° qu'à 40°.

Le rapport de l'oxyhémoglobine à l'hémoglobine
augmente avec la quantité de pigment dissous ; —
par conséquent, toutes choses égales d'ailleurs, une
solution d'hémoglobine absorbe, pour une même

quantité d'hémoglobine, d'autant plus d'oxygène qu'elle est plus concentrée.

Si l'on fait varier la tension de l'oxygène dissous, la quantité d'oxyhémoglobine varie d'une façon remarquable.

Lorsque l'on opère par exemple à 40°, voici ce qu'on observe : dans une atmosphère ne contenant pas d'oxygène une solution d'hémoglobine n'est pas modifiée. — Supposons que l'atmosphère en contact avec la solution d'hémoglobine contienne une faible proportion d'oxygène; supposons, pour fixer les idées que cet oxygène ait une tension de 10 millimètres de mercure, par exemple : la solution des pigments sanguins contiendra beaucoup d'hémoglobine et peu d'oxyhémoglobine; en d'autres termes, elle absorbera peu d'oxygène. — Supposons que la pression de l'oxygène augmente dans l'atmosphère, atteigne 20, 30, etc., millimètres de mercure, la solution des pigments sanguins contiendra de moins en moins d'hémoglobine et de plus en plus d'oxyhémoglobine; en d'autres termes, elle absorbera de plus en plus d'oxygène. — Il en sera ainsi jusqu'à ce que la pression de l'oxygène atteigne 60 millimètres de mercure environ : à ce moment, la solution renferme très peu d'hémoglobine et beaucoup d'oxyhémoglobine : en d'autres termes, elle absorbe beaucoup d'oxygène. — Lorsque la pression de l'oxygène augmente encore au delà de 60 millimètres, le rapport de l'oxyhémoglobine à l'hémoglobine augmente encore un peu, mais fort peu : en d'autres termes, la quantité d'oxygène absorbé augmente un peu, mais très peu.

En résumé, on peut dire que la quantité d'oxygène absorbé par une solution d'hémoglobine augmente avec la pression de l'oxygène dans l'atmosphère : la quantité d'oxygène absorbé augmente rapidement lorsque croît la pression de l'oxygène jusqu'à 60 millimètres environ ; — elle augmente, mais augmente à peine, lorsque croît la pression de l'oxygène à partir de 60 millimètres.

Telles sont les principales notions qu'il importe de connaître pour comprendre quel est l'état de l'oxygène dans le sang, pour comprendre quel est le mécanisme de la respiration.

La quantité d'oxygène faiblement combiné, c'est-à-dire qui peut être mis en liberté dans la dissociation de l'oxyhémoglobine, est de $1^{cc},58$ (mesuré à $0°$ et à la pression 760 millimètres de mercure) pour 1 gramme d'oxyhémoglobine 1).

Les gaz du sang. — Lorsqu'on porte du sang à l'ébullition, ou lorsqu'on soumet le sang à l'action du vide barométrique, il se dégage des gaz qui sont de l'*oxygène*, de l'*azote* et du *gaz carbonique*.

Quel est l'état de ces gaz dans le sang? Sont-ils dissous? Sont-ils combinés?

Lorsqu'un liquide est mis en contact avec une

---

(1) Il n'existe qu'une seule oxyhémoglobine ; c'est dire qu'une hémoglobine donnée ne contracte qu'une seule combinaison avec l'oxygène.

atmosphère gazeuse, une certaine quantité de gaz, variable suivant la nature et la température du liquide, la nature et la tension du gaz, est absorbée par le liquide. Si le gaz n'exerce aucune action chimique sur le liquide, s'il ne se combine à aucun des éléments du liquide, s'il se dégage dans le vide, laissant le liquide inaltéré, on dit que ce gaz est dissous.

Lorsqu'un liquide est en contact avec une atmosphère indéfinie d'un gaz, la quantité de gaz, dissous à une température donnée dans l'unité de volume du liquide, est proportionnelle à la pression exercée par le gaz. — On appelle *coefficient de solubilité d'un gaz* dans un liquide, à une température donnée, le nombre qui exprime le volume de gaz mesuré à $0°$ et à la pression 760 millimètres que peut dissoudre, à la température considérée, l'unité de volume du liquide, le gaz exerçant sur ce liquide la pression 760 millimètres.

Pour fixer les idées, considérons comme liquide dissolvant l'eau, et comme gaz dissous l'oxygène : 1 litre d'eau à $0°$ étant mis en contact avec une atmosphère indéfinie d'oxygène pur exerçant une pression de 1 mètre de mercure à la surface du liquide, dissout $0^{gr},075$ d'oxygène ; — 1 litre d'eau à $0°$ étant mis en contact avec une atmosphère indéfinie d'oxygène pur exerçant une pression de $0^m,50$ de mercure, en dissout $0^{gr},0375$; — 1 litre d'eau à $0°$ étant mis en contact avec une atmosphère indéfinie d'oxygène pur exerçant une pression de 2 mètres de mercure dissout $0^{gr},150$ d'oxygène, etc.

Le coefficient de solubilité de l'oxygène dans l'eau à $0°$ est 0,041 ; cela veut dire que si l'on met en contact avec une atmosphère d'oxygène pur, exerçant une pression de 760 millimètres de mercure, 1 litre d'eau à $0°$, il s'y dissout une quantité d'oxygène, qui, si elle était mesurée à 0° et à 760 millimètres, occuperait 0,041 du volume de l'eau dissolvante, c'est-à-dire, dans l'exemple considéré, 41 centimètres cubes.

Le coefficient de solubilité des gaz varie avec la *température* : il diminue lorsque la température s'élève. Par exemple les coefficients de solubilité de l'oxygène sont : 0,041 à 0° ; — 0,032 à 10° ; — 0,028 à 20°, etc. Les coefficients de solubilité de l'azote sont 0,020 à 0° : — 0,016 à 10° ; — 0,014 à 20°, etc.

D'une façon générale, soit V le volume du liquide dissolvant ; soit A le coefficient de solubilité d'un gaz dans ce liquide à une température donnée ; soit H la pression exercée par le gaz à la surface du liquide ; le volume v de gaz dissous, mesuré à 0° et à la pression 760 millimètres sera :

$$v = \text{VA} \times \frac{\text{H}}{760}.$$

Lorsqu'une atmosphère composée d'un mélange de plusieurs gaz est en contact avec un liquide, chacun de ces gaz se dissout avec son coefficient de solubilité propre, et proportionnellement à la pression qu'il exerce dans le mélange gazeux ; ou, comme on dit quelquefois, chaque gaz se dissout comme s'il était seul.

Ainsi, supposons que de l'eau soit en contact avec l'atmosphère (on sait que l'atmosphère renferme environ 1/5 d'oxygène et 4/5 d'azote). L'eau dissoudra l'oxygène de l'atmosphère, comme si elle était en contact avec une atmosphère d'oxygène pur exerçant une pression égale à 1/5×760 millimètres. Le coefficient de solubilité de l'oxygène à 0° est 0,041 ; la quantité d'oxygène mesuré à 0° et à 760 millimètres dissous dans 1 litre d'eau est donc dans ces conditions

$$\text{litre} \times 0,041 \times \frac{1}{5} \times \frac{760}{760} \quad \text{ou} \quad 0^{\text{lit}},00822.$$

De même l'eau dissoudra l'azote atmosphérique comme si elle était en contact avec une atmosphère d'azote pur exerçant une pression de 4/5 × 760^{mm}. Le coefficient de solubilité de l'azote à 0° est 0,020. La quantité d'azote mesuré à 0° et à 760^{mm} dissous dans 1 litre d'eau est donc dans ces conditions

$$1 \text{ litre} \times 0,020 \times \frac{4}{5} \times \frac{760}{760} \quad \text{ou} \quad 0^{\text{lit}},016.$$

Lorsqu'un gaz est dissous dans un liquide, il existe deux procédés permettant d'extraire la totalité du gaz : le premier consiste à faire bouillir le liquide ; le second consiste à faire le vide à la surface du liquide. L'expérience montre qu'à la température d'ébullition des liquides tous les gaz simplement dissous se dégagent : le coefficient de solubilité des différents gaz à la température d'ébullition du liquide dissolvant est 0. — D'autre part, lorsqu'on fait le vide à la surface d'un liquide, la pression exercée sur le liquide par l'atmosphère gazeuse tend vers 0 et la quantité de gaz dissous dans un volume V tend vers la valeur.

$$\text{V.A.} \times \frac{0}{760} \quad \text{c est-à-dire } 0.$$

Ces notions étant rappelées, nous pouvons aborder

l'étude des gaz du sang. Ces gaz sont-ils dissous?
Sont-ils combinés?

L'*azote est dissous* dans le sang. Son coefficient de
solubilité dans le sang à la température de 40° est
0,013. L'azote est simplement dissous dans le sang.
Si on place du sang en contact avec une atmosphère
d'air comprimé, ou d'air raréfié, la quantité d'azote
dissous est proportionnelle à la pression de l'azote
dans cette atmosphère. Il en est de même si le sang
est pris sur des animaux maintenus dans des atmosphères comprimées ou raréfiées : la quantité d'azote
contenue dans leur sang varie proportionnellement
à la tension de ce gaz dans l'air qu'ils respirent.

L'*oxygène* existe dans le sang sous deux états : *une
partie est dissoute, l'autre est combinée* à l'hémoglobine.
Nous avons indiqué les conditions d'équilibre physique et d'équilibre chimique dans une solution
d'hémoglobine exposée à l'air, dans l'étude que nous
avons faite de la dissociation de l'oxyhémoglobine.

Le *gaz carbonique* du sang existe sous *trois états*:
état de *simple dissolution*, état de *combinaisons dissociables*, état de *combinaisons stables*.

Le gaz carbonique *dissous* se trouve dans le plasma
sanguin.

Le gaz carbonique à l'état de *combinaisons stables*
se trouve à l'état de carbonates alcalins.

Le gaz carbonique à l'état de *combinaisons dissociables* se trouve à l'état de bicarbonates alcalins
et alcalino-terreux, et de combinaisons avec les globulines du plasma et la matière colorante des globules : les globulines et l'hémoglobine possèdent

en effet la propriété de fixer une certaine quantité de gaz carbonique.

Les gaz du sang se trouvent, par conséquent, dans ce liquide (à l'exception du gaz carbonique des carbonates alcalins) soit à l'état de simple dissolution, soit à l'état de composés dissociables. Par le vide, on peut extraire les gaz dissous et déterminer, à une température convenable, la décomposition totale des composés dissociables du sang. Par l'ébullition, on peut de même chasser les gaz dissous, et déterminer la décomposition totale des composés dissociables du sang. Par l'action simultanée du vide et de l'ébullition, on pourra mettre en liberté la totalité des gaz du sang dissous ou faiblement combinés.

Quant au gaz carbonique des carbonates alcalins, d'une façon générale, il ne peut être mis en liberté que par l'action d'un acide : ces carbonates sont stables dans le vide à 100°. Lorsqu'on soumet au vide à 100° du sérum sanguin, on peut, après avoir recueilli les gaz mis en liberté, obtenir un nouveau dégagement de gaz carbonique en traitant par un acide. — Lorsqu'au contraire on soumet au vide à 100° le sang total, sérum et globules, ou bien plasma et globules, on ne peut plus, après avoir recueilli les gaz mis en liberté, obtenir un nouveau dégagement gazeux en traitant par un acide : c'est dire que le sang total contient une substance que ne contient pas le plasma ou le sérum, substance capable de décomposer les carbonates alcalins. Cette substance est nécessairement une substance contenue dans les globules sanguins; ce n'est pas l'hémoglobine, puisqu'elle est détruite à une température inférieure à 100°; c'est la substance ou l'une des substances de la trame globulaire.

Nous n'entreprendrons pas la description détaillée des appareils qui servent à extraire et recueillir les gaz du sang; nous n'indiquerons que le principe de la méthode. On introduit le sang dans une enceinte où le vide a été fait, enceinte maintenue à 100° : les gaz sont immédiatement et totalement mis en liberté. L'enceinte dans laquelle s'est fait le dégagement gazeux étant mise en rapport avec une pompe à mercure, on peut aspirer ces gaz et les faire passer dans un tube renversé sur le mercure; il suffit ensuite de faire l'analyse du mélange gazeux extrait.

Lorsqu'on veut connaître la quantité des gaz du sang circulant, il convient d'éviter de la façon la plus absolue le contact entre le sang et l'air : il convient en outre que le sang soit rapidement porté à 100°, car le sang conservé quelque temps à une température de 20° à 40°, à l'abri de l'air, hors des vaisseaux, consomme assez rapidement une partie de son oxygène et produit du gaz carbonique.

On a trouvé les résultats suivants : 100 centimètres cubes de sang artériel de chien contiennent en moyenne les volumes suivants de gaz mesurés à 0° et à 760 millimètres :

Azote.........................	2 centim. cubes.
Oxygène......................	20 —
Gaz carbonique...............	40 —

100 centimètres cubes de sang veineux de chien contiennent en moyenne les volumes suivants de gaz mesurés à 0° et à 760 millimètres :

Azote...................... 2 centim. cubes.
Oxygène.................... 12   —
Gaz carbonique............. 48   —

Échanges gazeux pulmonaires. — Au niveau des alvéoles pulmonaires s'accomplissent des échanges gazeux : de l'oxygène passe de l'air alvéolaire dans le sang; du gaz carbonique quitte le sang pour passer dans l'air alvéolaire. Ces échanges gazeux s'accomplissent d'après les lois physiques d'osmose des gaz. L'oxygène passe dans le sang parce que sa tension dans l'air des alvéoles est supérieure à sa tension dans le sang veineux arrivant au poumon; et il y passe ou tout au moins y peut passer jusqu'à ce que sa tension soit la même dans l'air alvéolaire et dans le sang. Le gaz carbonique passe dans l'air alvéolaire parce que sa tension dans le sang est supérieure à celle qu'il a dans l'air alvéolaire, et il passe ou peut passer dans l'air des alvéoles jusqu'à ce que l'équilibre des tensions carboniques soit établi.

L'air inspiré a la composition de l'air atmosphérique :

O........................... 20,8 volumes.
Az.......................... 79,2   —
CO^2...................... traces.

L'air expiré a une composition moyenne chez

l'homme adulte respirant tranquillement donnée par le tableau suivant :

$$
\begin{aligned}
&O \ldots\ldots\ldots\ldots\ldots\ldots\ldots\ldots\ldots\ldots \quad 16,0 \text{ volumes.}\\
&Az \ldots\ldots\ldots\ldots\ldots\ldots\ldots\ldots\ldots\ldots \quad 79,6 \quad -\\
&CO^2 \ldots\ldots\ldots\ldots\ldots\ldots\ldots\ldots\ldots\ldots \quad 4,4 \quad -
\end{aligned}
$$

On appelle *coefficient de ventilation* le rapport du volume de l'air inspiré ou expiré à chaque inspiration ou expiration, au volume de l'air contenu dans le poumon. Ce coefficient est égal à 1/10 en moyenne.

On peut dès lors connaître la composition de l'air alvéolaire au moment de l'inspiration; l'air alvéolaire étant à ce moment composé par un mélange de 9 volumes d'air d'expiration et 1 volume d'air d'inspiration. Cette composition est dès lors la suivante

$$O = \frac{1}{10} \times (16,0 \times 9 + 20,8) = 16,48 \text{ vol.}$$

$$Az = \frac{1}{10} \times (79,6 \times 9 + 79,2) = 79,56 \text{ vol.}$$

$$CO^2 = \frac{1}{10} \times (4,4 \times 9 + 0) = 3,96 \text{ vol.}$$

De là on peut conclure, en faisant abstraction de la vapeur d'eau, pour simplifier, que la tension de l'oxygène dans l'air alvéolaire varie de 16,5 à 16,0 p. 100 d'atmosphère, et que la tension du gaz carbonique dans l'air alvéolaire varie de 4,0 à 4,4 p. 100 d'atmosphère.

Ceci montre : 1° que la tension des divers gaz alvéolaires varie peu suivant le stade respiratoire considéré; 2° que les échanges gazeux pulmonaires s'accomplissent entre le sang et un air riche en gaz carbonique, puisqu'il en renferme au moins 4 p. 100.

La tension de l'oxygène dans le sang veineux arrivant au poumon est nécessairement inférieure à 16 p. 100 d'atmosphère; la tension de l'oxygène dans le sang artériel qui quitte le poumon ne peut être supérieure à 16,5 p. 100 d'atmosphère.

La tension du gaz carbonique dans le sang veineux qui arrive au poumon est supérieure à 4 p. 100 d'atmosphère; et la tension de ce gaz dans le sang artériel qui quitte le poumon est au moins égale à 4 p. 100 d'atmosphère.

CHAPITRE VIII

LYMPHE. — TRANSSUDATS. — EXSUDATS.

D'une façon générale, la *lymphe* peut être considérée, quant à sa constitution qualitative, comme un sang dépourvu de globules rouges. Elle est constituée par un *plasma* transparent, incolore ou très légèrement citrin, tenant en suspension des *cellules lymphatiques* identiques aux globules blancs du sang.

Le *plasma lymphatique* tient en solution des substances albuminoïdes qui sont une sérumalbumine, une sérumglobuline et une substance fibrinogène; — du sucre, des sels minéraux (chlorures et phosphates, de soude, de potasse, de chaux, etc.), des gaz (gaz carbonique et azote avec une trace d'oxygène).

La lymphe extraite des vaisseaux lymphatiques *coagule* comme le sang, spontanément : elle donne un *caillot* incolore, peu ferme, peu rétractile, constitué par une trame fibrineuse à laquelle adhèrent

les cellules lymphatiques. La quantité de fibrine
produite par un volume de lymphe est toujours
moindre que la quantité de fibrine produite par le
même volume de sang : elle oscille de 4 à 8 décigrammes par litre de lymphe.

La coagulation de la lymphe et la coagulation du
sang constituent un seul et même phénomène. —
Tous les procédés employés pour empêcher ou
retarder la coagulation spontanée du sang empêchent
ou retardent la coagulation spontanée de la lymphe.
La lymphe contient en solution une substance
fibrinogène qui constitue la matière première aux
dépens de laquelle se forme la fibrine. Cette
substance fibrinogène est dédoublée sous l'influence
d'un ferment soluble dérivé des cellules lymphatiques, etc. Tout ce qui a été dit au sujet de la
coagulation du sang peut être rigoureusement
répété au sujet de la coagulation de la lymphe. Il
reste un liquide qualitativement identique au sérum
sanguin, le sérum lymphatique.

Le *chyle* est la *lymphe intestinale* chargée de certaines matières absorbées pendant la digestion. La
présence, dans le chyle, d'innombrables globules
gras qu'il tient en suspension lui donne une appa-
rence laiteuse. Abstraction faite de ces globules
gras, la constitution qualitative du chyle est la
même que celle de la lymphe.

Les grandes cavités séreuses, péritonéale, péricardique, pleurale, contiennent normalement quelques gouttelettes de liquide. Parfois même, surtout
chez certaines espèces animales, il existe dans ces

cavités une assez forte proportion de liquide : il n'est pas rare de trouver dans la cavité péritonéale du cheval 500 centimètres cubes et plus de liquide, dans la cavité péricardique du cheval, 50 centimètres cubes et plus de liquide. Ces liquides sont des *transsudats séreux normaux.*

Ces mêmes cavités peuvent contenir aussi du liquide et en bien plus grande abondance sous l'influence de causes pathologiques. Ces transsudats peuvent être de *nature non inflammatoire* ou de *nature inflammatoire.* Appartenant au groupe des transsudats non inflammatoires, citons le liquide d'ascite, le liquide d'hydrocèle, le liquide de l'hydrothorax, et le liquide de l'hydropéricarde, auxquels il faut joindre le liquide de l'œdème. Ce sont les *transsudats séreux pathologiques.*

Appartenant au groupe des transsudats de nature inflammatoire, citons les liquides de la péritonite, de la péricardite et de la pleurésie ; ce sont les exsudats inflammatoires.

Les *exsudats inflammatoires* diffèrent des transsudats séreux par les deux caractères suivants, connexes, l'un histologique, l'autre chimique : — les transsudats séreux ne contiennent pas d'éléments figurés en suspension ; les exsudats inflammatoires renferment d'abondants globules blancs ; — les transsudats séreux ne sont pas spontanément coagulables ; les exsudats inflammatoires coagulent spontanément, donnant un caillot semblable au caillot de la lymphe. Si les transsudats séreux ne coagulent pas spontanément, cela ne tient pas à l'absence de

fibrinogène, mais à l'absence d'éléments générateurs du fibrinferment, à l'absence de globules
blancs : additionnés de fibrinferment, de sérum
sanguin, de sang défibriné, les transsudats séreux
coagulent, nous l'avons dit en étudiant la coagulation du sang.

La composition chimique des transsudats et des
exsudats est qualitativement la même que celle de
la lymphe et par suite du plasma sanguin. Ils contiennent une sérumalbumine, une sérumglobuline,
une substance fibrinogène, etc. On a prétendu que
la substance fibrinogène des transsudats et exsudats
diffère de la substance fibrinogène du plasma sanguin. Nous avons vu, en étudiant le plasma sanguin,
que le fibrinogène coagule à une température de 56°,
soit quand il est dans sa solution naturelle, le
plasma, soit quand il est en solution dans les solutions salines diluées. La plupart des liquides de
transsudats séreux, le liquide d'hydrocèle notamment, ne coagulent généralement pas à 56°; ce n'est
que vers 60° que commence à se former un louche.
Cela ne prouve pas que le fibrinogène du plasma
sanguin et le fibrinogène du liquide d'hydrocèle
sont différents : si, en effet, on prépare des solutions salines de fibrinogène pur en se servant
comme matière première soit du plasma, soit du
liquide d'hydrocèle, on constate que ces solutions
coagulent à 56°. Si on dissout dans le liquide d'hydrocèle du fibrinogène préparé au moyen du plasma
sanguin, on n'observe pas de coagulation avant 60°.
Donc si le fibrinogène du liquide d'hydrocèle ne

coagule pas à 56°, mais seulement à 60°, cela tient non pas à une différence chimique des deux substances coagulables, mais à la nature des liquides dans lesquels elles sont en solution.

A côté des transsudats normaux il faut placer l'*humeur aqueuse de l'œil*, qui, par sa constitution chimique et par ses propriétés, est un véritable transsudat. Elle ne coagule pas spontanément, mais, additionnée de sérum sanguin, elle fournit un très minime coagulum fibrineux.

Le *liquide cérébro-rachidien* au contraire ne doit pas être rangé parmi les transsudats, ainsi que l'avaient proposé différents auteurs. Ce n'est pas un transsudat, parce qu'il ne contient ni fibrinogène ni sérumalbumine : il ne contient pas de fibrinogène, car il ne coagule pas à 56° et ne donne de fibrine, ni spontanément, ni après addition de sérum sanguin ; — il ne contient pas de sérumalbumine, car toutes les substances albuminoïdes dissoutes sont précipitées par le sulfate de magnésie dissous à saturation.

Le *pus* est-il assimilable aux transsudats ? — Le pus est essentiellement constitué par un liquide dans lequel sont tenus en suspension de très nombreux éléments solides : globules blancs ayant subi la dégénérescence graisseuse et appelés globules du pus, — globules de graisse issus des globules blancs dégénérés et détruits. Grâce à la présence de ces nombreux globules blancs, le pus possède la propriété de faire coaguler les solutions de fibrinogène ou les liquides de transsudats non spontanément coagulables : il renferme du fibrinferment.

Le liquide dans lequel sont suspendus ces globules solides doit être appelé *sérum du pus* et non pas plasma du pus : il contient en effet de la sérumalbumine et de la sérumglobuline comme le sérum sanguin ; mais il ne contient pas de fibrinogène : il n'est donc pas spontanément coagulable. D'où cette conclusion : le pus ne doit pas être considéré comme un transsudat ou comme un exsudat.

CHAPITRE IX

LE MUSCLE

On distingue 3 sortes de muscles : les *muscles striés*,
les *muscles lisses*, le *muscle cardiaque*. On sait que les
muscles striés sont constitués par des fibres musculaires allongées présentant des striations transver-
sales et pourvues d'une enveloppe nommée le sarcolemme ; — que les *muscles lisses* sont constitués
par des cellules fusiformes, allongées, sans sarcolemme ; — que le *muscle cardiaque* est constitué par
des fibres striées courtes, divisées et anastomosées
entre elles, sans sarcolemme. Les fibres ou les cellules musculaires sont réunies en masses musculaires plus ou moins considérables par du tissu conjonctif.

Les masses musculaires comprennent ainsi une
masse musculaire proprement dite englobée dans
du tissu conjonctif. Le *sarcolemme* des muscles striés
peut être considéré au point de vue chimique

comme du tissu conjonctif : on admet en général qu'il est constitué par une substance voisine de l'élastine, laquelle est la substance fondamentale des fibres élastiques.

Laissant de côté le tissu conjonctif du muscle, nous étudierons la composition de la substance musculaire proprement dite.

Le muscle contient des substances protéiques, des sels, des matières extractives, les unes azotées, les autres ternaires. 100 parties de muscle humain contiennent environ 25 p. 100 de résidu solide et 75 p. 100 d'eau. Ces matières solides comprennent : substances protéiques, 15 à 20 p. 100 du muscle ; sels minéraux, 3 p. 100 du muscle, etc.

Il est très difficile d'étudier la *substance musculaire non transformée*, telle qu'elle existe dans le muscle vivant : cette substance musculaire subit en effet très rapidement, à la température ordinaire, une transformation importante, aussitôt que le muscle est séparé de l'animal.

Pour obtenir cette substance musculaire non transformée, il faut opérer de la façon suivante : Par l'aorte d'une grenouille, on fait passer un courant d'eau salée à 6 p. 1000, afin de bien débarrasser tout l'appareil circulatoire, et notamment les vaisseaux des muscles, du sang qu'ils peuvent contenir. On refroidit les masses musculaires à — 10° ; on hache, avec des ciseaux fortement refroidis, les muscles refroidis ; on broie ce hachis de muscles dans un mortier refroidi à — 10° au moyen d'un pilon refroidi à — 10°. On obtient ainsi une neige musculaire qu'on soumet à l'énergique pression d'une presse elle-même fortement refroidie. La neige musculaire ainsi pressée laisse sourdre un liquide de consistance sirupeuse appelé *plasma musculaire* ou *myoplasma*.

On admet que ce myoplasma existe dans le muscle vivant, parce que l'expérience a démontré les deux faits suivants : le muscle refroidi à — 10° est inexcitable à cette température ; le muscle refroidi à — 10° recouvre toutes ses propriétés lorsqu'il est ramené à la température ordinaire. Donc dans l'opération de la préparation du myoplasma, on n'a pu déterminer de modification ni par le refroidissement, ni par la division et la pression du tissu musculaire.

Laissons le myoplasma, préparé comme nous venons de le dire, se réchauffer. Il se forme rapidement un *caillot* floconneux et très légèrement rétractile se déposant au fond d'un liquide clair, le *sérum musculaire* ou *myosérum*.

Le caillot est essentiellement constitué par une substance albuminoïde, la *myosine*. Ce phénomène de coagulation présente quelque analogie avec le phénomène de coagulation spontanée du sang ; c'est pour rappeler cette analogie que les auteurs ont employé les termes plasma et sérum. En poursuivant cette analogie, nous pouvons admettre l'existence dans le myoplasma d'une substance génératrice de la myosine, la *substance myosinogène*, équivalente à la substance fibrinogène du sang. De même que dans la coagulation spontanée du sang, la substance fibrinogène est transformée et donne de la fibrine insoluble dans le plasma sanguin ; de même, dans la coagulation spontanée du muscle, la substance myosinogène se transformerait en fournissant de la myosine. — Mais, hâtons-nous de le dire, ce ne sont là que des hypothèses.

Le *myosérum* contient deux substances albuminoïdes en solution : une globuline et une albumine, une *myoglobuline* et une *myoalbumine*. Traité en effet par le sulfate de magnésie dissous à saturation, le myosérum précipite une substance albuminoïde présentant toutes les propriétés des globulines : soluble dans les solutions salines neutres diluées, précipitée partiellement de ses solutions par dilution, par dialyse, par le chlorure de sodium dissous à saturation à froid ; précipitée totalement par le sulfate de magnésie dissous à saturation à froid. Cette myoglobuline en solution saline diluée est coagulable à 63°. — Débarrassé de cette myoglobuline, le myosérum, saturé de sulfate de magnésie, précipite, par addition d'acide, une nouvelle substance albuminoïde, soluble dans l'eau et dans les solutions salines diluées, non précipitée de ses solutions par dialyse ou par dilution, ou par le chlorure de sodium ou le sulfate de magnésie dissous à saturation à froid, la myoalbumine. Cette myoalbumine coagule à 73°.

Le caillot est essentiellement constitué par la myosine. La *myosine* est une substance insoluble dans l'eau, soluble dans les solutions salines neutres, notamment dans les solutions de chlorure de sodium et de chlorure d'ammonium contenant de 5 à 10 p. 100 de sel, précipitée de ses solutions par dialyse, par dilution, totalement précipitée par le sulfate de magnésie dissous à saturation : c'est donc une globuline. Comme le fibrinogène et la fibrine elle est coagulée à 56° ; comme le fibrinogène elle est totalement précipitée par le chlorure de sodium dissous à saturation à froid dans ses solutions.

La myosine se distingue du fibrinogène par sa non-transformation par le fibrinferment. La myosine se distingue de la fibrine par sa précipitabilité totale par le chlorure de sodium dissous à saturation à froid.

Le caillot musculaire, le *myocaillot*, n'est pas uniquement formé par la myosine : il renferme une autre substance albuminoïde à laquelle on a donné le nom de *paramyosinogène* (ou *musculine*). Cette substance, qui est une globuline, comme la myosine, se distingue de cette dernière substance par sa coagulabilité à 47°.

Le *myoplasma* contiendrait donc 4 substances albuminoïdes : le *myosinogène*, le *paramyosinogène*, la *myoglobuline* et la *myoalbumine*. Abandonné à lui-même à la température ordinaire, ce myoplasma coagule spontanément : cette coagulation résulterait de la transformation du myosinogène en myosine. En se précipitant, cette myosine entraînerait le paramyosinogène non transformé pour constituer le myocaillot : le *myosérum* ne contenant plus que 2 substances albuminoïdes, la *myoglobuline* et la *myoalbumine*.

Cette transformation du myosinogène en myosine serait un phénomène de fermentation diastasique, comme la transformation du fibrinogène en fibrine : elle se produirait sous l'influence d'un ferment soluble le *myosinferment*, préparable comme le fibrinferment.

Nous avons présenté ces notions sous forme dubitative, parce qu'elles ne nous semblent pas démontrées. Le parallèle qu'on a tenté de faire entre la coagulation spontanée du sang et la coagulation spontanée du myoplasma, repose sur des hypothèses et nullement sur des faits précis : c'est donc, au moins actuellement, une simple vue de l'esprit, rien de plus.

Cette coagulation du plasma musculaire qui s'accomplit in vitro, *s'accomplit-elle dans le muscle laissé en place ?* Oui, répondent les auteurs : c'est grâce à cette transformation que se produit la *rigidité musculaire*. On sait que plus ou moins vite après la mort, les masses musculaires deviennent rigides. Si l'on soumet à la pression le muscle rigide, on obtient un liquide qui ne coagule pas spontanément comme le myoplasma que nous avons étudié : le liquide obtenu contient une myoglobuline et une myoalbumine, mais ne contient ni myosine, ni paramyosinogène en quantité appréciable. Si l'on fait macérer un muscle rigide, haché dans une solution de chlorure de sodium ou de chlorhydrate d'ammoniaque à 10 p. 100, on obtient une liqueur contenant en solution de la myosine et du paramyosinogène. Nous retrouvons ainsi dans le muscle rigide les substances du plasma coagulé.

Non seulement le *muscle rigide est un muscle*

coagulé, mais encore *tout muscle coagulé est ou a été rigide :* l'expérience démontre de la façon la plus nette que la rigidité apparaît au moment où il n'est plus possible de retirer du muscle convenablement refroidi de plasma spontanément coagulable.

La *rigidité* et la *coagulation du muscle* sont donc *un seul et même phénomène.* Or, si l'on soumet à la presse, à la température ordinaire, un muscle, au moment où il est pris sur l'animal vivant, le liquide qui s'écoule est du myosérum. On peut donc affirmer que l'action mécanique exercée par la presse, à la température ordinaire, sur le tissu musculaire, a suffi pour en provoquer la rigidité.

Le muscle vivant, au repos et reposé, a une réaction neutre ; le muscle vivant et fatigué a une réaction acide. — Le muscle rigide a une réaction acide. — La réaction acide du muscle rigide apparaît-elle en même temps que la rigidité, est-elle en rapport avec la coagulation du muscle ? Probablement non, ainsi qu'il résulte des faits suivants :

1. Le plasma musculaire préparé à froid, comme nous avons dit, coagule sans devenir acide : il ne prend une réaction acide que quelque temps après la formation du myocaillot.

2. Un muscle vivant fatigué a une réaction acide sans être pour cela rigide.

Les muscles sont colorés en rouge ; ils doivent cette coloration partie à l'*hémoglobine du sang* qui remplit les nombreux vaisseaux compris entre leurs fibres, partie à l'*hémoglobine de leur propre tissu*. La fibre musculaire est en effet colorée en rouge comme le globule rouge du sang par l'hémoglobine et par l'oxyhémoglobine : en faisant macérer dans l'eau un muscle débarrassé de sang par lavages intravasculaires, on obtient une liqueur présentant à l'examen spectroscopique les raies de l'oxyhémoglobine.

On a décrit dans le muscle une autre substance colorante, la *myohématine*, caractérisée par son spectre d'absorption : il y aurait même une *myohématine* et une *oxymyohématine* dérivant l'une de l'autre par oxydation ou par réduction, comme l'hémoglobine et l'oxyhémoglobine. On a contesté l'existence de ces substances qui n'ont jamais été préparées, et qui ne sont connues que grâce à leur spectre d'absorption : on a dit que ces substances sont des produits de transformation de l'hémoglobine du muscle par les réactifs employés. La question n'est pas encore définitivement résolue : cependant nous admettrons l'existence de cette substance, parce que sa présence a été constatée dans les muscles des insectes, lesquels, on le sait, ne possèdent pas d'hémoglobine : donc, au moins chez ces êtres, la myohématine ne provient pas d'une transformation de l'hémoglobine par les réactifs.

Les *matières extractives du muscle* sont les unes ternaires, les autres azotées, les autres minérales.

Les substances minérales du muscle sont les

substances minérales de tous les tissus, chlorures et phosphates, sels de potassium, de sodium, de calcium et de magnésium. Mais il convient de signaler la richesse du muscle en phosphore et en sels de potasse, sa pauvreté relative en sels de soude et en chlorures. En voici un exemple :

1000 parties de muscle contiennent :

Potasse...............................	4,65
Soude.................................	0,77
Chaux et magnésie......................	0,50
Acide phosphorique.....................	4,64
Chlore................................	0,67

Parmi les substances ternaires du muscle, signalons le glycogène, l'inosite, la glucose, l'acide lactique.

Le muscle contient du *glycogène* en quantité variable, de 1 à 10 p. 1000. En étudiant le foie, nous décrirons les procédés de préparation et de dosage du glycogène du foie : ces procédés sont applicables au muscle ; nous ne les développerons pas ici. Disons seulement que le procédé le plus généralement employé pour démontrer la présence de glycogène dans le muscle, et doser cet hydrate de carbone, consiste essentiellement à dissoudre totalement, à l'ébullition, le muscle dans une solution de soude caustique, à raison de 4 parties de soude pour 100 parties de muscle, et dans cette liqueur qui contient des alcalialbuminoïdes, des protéoses, du glycogène non altéré (car le glycogène, nous l'avons dit précédemment, n'est pas altéré par la soude caustique, même à l'ébullition), etc., à précipiter les alcalialbuminoïdes par neutralisation, les protéoses par la liqueur de Brücke et l'acide chlorhydrique, et le glycogène par l'alcool.

L'*inosite* est un hydrate de carbone répondant à la formule des glucoses, $C^6H^{12}O^6$. C'est une substance soluble dans l'eau, insoluble dans l'alcool fort, insoluble dans l'éther. Cette substance cristallisable ne possède pas de pouvoir rotatoire, elle n'est pas réductrice, elle ne fermente pas par la levure de bière, caractères qui la séparent profondément des glucoses que nous avons étudiées : glucose, lévulose et galactose. — L'inosite peut subir la fermentation lactique.

La préparation et le dosage de l'inosite sont des opérations délicates que nous négligeons de décrire. Le muscle contient de 0,1 à 0,3 p. 1000 d'inosite.

Le muscle vivant et reposé ne contient que fort peu de *sucre* ; le muscle séparé du corps contient un peu de sucre. On sait que ce sucre est un sucre réducteur, fermentescible, dextrogyre, mais on ne sait pas si ce sucre est de la glucose ou de la maltose.

Le muscle vivant et reposé a une *réaction neutre* ; le muscle vivant et fatigué et le muscle mort et rigide ont une *réaction acide*. Cette réaction acide est due à la présence d'un *acide lactique*. L'acide lactique qu'on trouve dans le muscle porte le nom d'acide *sarcolactique* : il diffère de l'acide lactique qui se forme dans le lait abandonné à l'air, aux dépens de la lactose, ce dernier portant le nom d'acide lactique de fermentation. L'acide sarcolactique est dextrogyre, l'acide de fermentation est inactif sur la lumière polarisée ; leurs sels de chaux et de zinc diffèrent par leur solubilité et par leur teneur en eau de cristallisation.

Ces acides lactiques préparés purs sont des liquides sirupeux, fortement acides au goût et aux papiers réactifs, solubles dans l'eau, dans l'alcool, dans l'éther.

Parmi les substances extractives azotées du muscle, citons la *créatine* et des substances de la *série urique ou xanthique*.

La *créatine* est une substance quaternaire, composée de carbone, hydrogène, oxygène et azote. C'est une substance cristallisable, soluble dans l'eau, insoluble dans l'alcool et dans l'éther. La créatine, que nous n'avons pas à connaître d'une façon détaillée, présente deux réactions importantes à connaître pour le physiologiste. — Bouillie avec de l'eau de baryte caustique, elle se décompose en fournissant divers produits, parmi lesquels se trouve l'urée. — Bouillie avec les acides dilués, elle perd de l'eau et se transforme en créatinine, substance qu'on trouve en très petite quantité dans le muscle, et en quantité assez grande dans l'urine.

$$C^4H^9Az^3O^2 = H^2O + C^4H^7Az^3O$$
Créatine.   Créatinine.

Le muscle contient une assez grande quantité de créatine, 2 à 4 p. 1000 : la créatine peut être considérée comme un produit de désassimilation des substances albuminoïdes du muscle. On ne retrouve la créatine dans les tissus autres que le muscle et dans les liquides de l'organisme qu'en très petite quantité : elle est donc éliminée sous une autre forme. Nous avons indiqué les relations de la créatine avec l'urée et la créatinine : nous pouvons donc admettre que la créatine est transformée dans l'organisme soit en urée, soit en créatinine, et éliminée sous l'une ou l'autre de ces formes par les urines. Nous pouvons même admettre, étant données les relations intimes de la créatine et de la créatinine qui ne diffèrent que par H^2O, que la créatine s'élimine surtout, sinon exclusivement, sous forme de créatinine.

Le muscle contient encore d'autres substances extractives azotées appartenant à la *série urique ou xanthique*. On réunit sous cette dénomination une série de corps composés de carbone, hydrogène, azote, et généralement oxygène, dont le plus important au point de vue physiologique est l'acide urique ; ces corps présentent entre eux des analogies et des relations chimiques certaines, mais encore mal définies. Bornons-nous à signaler dans le muscle la présence de quelques-uns de ces corps tels que l'acide urique, la xanthine, l'hypoxanthine, la carnine, etc.

CHAPITRE X

LE FOIE ET LA BILE

Le foie est un organe à fonctions multiples : nous devons considérer sa *fonction glycogénique* et sa *fonction biliaire*.

Le foie est le grand régulateur du sucre du sang et des tissus. Que l'organisme reçoive par les branches de la veine porte, qui l'ont puisé dans l'intestin, un excès de sucre, le foie arrête ce sucre au passage et le fixe dans ses cellules sous forme de glycogène. Que le sucre des tissus et du sang, constamment consommé par le jeu régulier des organes, diminue, le foie forme du sucre, soit aux dépens du glycogène mis en réserve dans son tissu, soit aux dépens de substances albuminoïdes, et ramène à un taux constant la proportion du sucre répandu dans tout l'organisme.

Ce qu'il importe de connaître, par conséquent, ce sont les hydrates de carbone du foie.

Le foie contient du *glycogène :* on peut le démontrer, soit par une réaction histochimique, soit par une préparation chimique.

Le glycogène se colore en brun acajou par la liqueur iodo-iodurée de Gram (voir p. 55) : traitons par ce réactif un fragment de tissu hépatique ou des cellules hépatiques dissociées, nous verrons, en examinant au microscope ces éléments, autour du noyau de la cellule des globules très nettement brun acajou. Cette réaction montre que le glycogène se trouve dans l'intérieur de la cellule hépatique, constituant de petits granules, disposés autour du noyau, et répandus par zones irrégulières dans le protoplasma cellulaire.

Le glycogène, nous l'avons dit précédemment, est soluble dans l'eau, donnant des solutions opalescentes, et insoluble dans l'alcool ; transformé, à l'ébullition en présence d'acides dilués, en sucre réducteur et fermentescible.

Faisons bouillir le foie haché et broyé avec de l'eau, nous obtenons une liqueur très fortement opalescente. Cette liqueur, traitée par l'alcool, donne un précipité blanc floconneux abondant. Ce précipité lavé à l'alcool et desséché se colore en brun acajou par la solution iodo-iodurée ; épuisé par l'eau, ce précipité lavé et desséché donne des solutions qui, après ébullition avec l'acide chlorhydrique dilué, réduisent la liqueur de Fehling et fermentent par la levure de bière : le précipité contient donc du glycogène.

Mais ainsi obtenu le glycogène est fort impur ; l'alcool précipite non seulement le glycogène, mais encore les substances protéiques non coagulées contenues dans l'extrait de foie. Pour obtenir un glycogène pur, en se servant du foie comme matière première, il faut séparer, dans l'extrait aqueux du foie, le glycogène des substances protéiques. On y parvient en traitant cet extrait aqueux par la liqueur de Brücke et l'acide chlorhydrique : les substances protéiques sont précipitées : le glycogène reste en solution. Dans la liqueur ainsi débarrassée des substances protéiques, il suffit d'ajouter de l'alcool pour précipiter le glycogène. — Ainsi obtenu le glycogène ne contient pas de substances protéiques, mais il contient en général des sels métalliques, notamment du chlorure de sodium (provenant de la liqueur de Brücke chlorhydrique). Pour le purifier, on peut le dissoudre dans l'eau, et soumettre la solution à la dialyse en présence d'eau distillée : les sels métalliques dialysent ; le glycogène, substance colloïde, ne dialyse pas. La solution débarrassée de la plus grande partie de ses sels est précipitée par l'alcool fort. On obtient ainsi le glycogène dont nous avons étudié les propriétés au chapitre III.

Le physiologiste doit pouvoir non seulement reconnaître le glycogène dans le foie, et l'en retirer, mais encore l'y doser.

Le dosage se fait comme la préparation ; — il convient toutefois de faire bouillir le tissu hépatique haché un grand nombre de fois avec une nouvelle quantité d'eau pour dissoudre la totalité du glycogène. Les extraits aqueux, réunis et concentrés à l'ébullition, sont débarrassés des substances protéiques qu'ils contiennent par la liqueur de Brücke et l'acide chlorhydrique ajoutés après refroidissement du liquide (car à chaud l'acide chlorhydrique pourrait transformer une partie du glycogène en sucre), et précipités par 2 volumes d'alcool à 95 p. 100. Le précipité est lavé à l'alcool à 60 p. 100, puis à l'alcool à 95 p. 100, puis à l'éther, desséché dans le vide jusqu'à poids constant, et pesé.

L'épuisement complet du foie par l'eau bouillante est une opération très longue ; il est même difficile de savoir si l'épuisement est complet. Aussi procède-t-on avec avantage de la façon suivante : on fait bouillir le foie avec 4 p. 100 de son poids de soude caustique dissoute dans l'eau : le tissu hépatique est ainsi complètement dissous : les substances protéiques sont transformées en alcalialbuminoïdes ou protéoses ; le glycogène n'est pas altéré. On précipite les alcalialbuminoïdes par neutralisation, et dans la liqueur obtenue par filtration, on détermine le glycogène, comme dans la méthode précédente, en achevant la précipitation des substances protéiques par la liqueur de Brücke chlorhydrique, puis précipitant le glycogène par l'alcool.

La quantité de glycogène contenu dans le foie des mammifères est très variable. Elle est ordinairement de 30 à 40 p. 1000, mais dans certains cas, notamment après un repas riche en hydrates de carbone, elle est beaucoup plus considérable et peut atteindre 100 à 120 p. 1000.

Lorsque le foie est en place sur l'animal vivant, il contient du glycogène ; mais il ne contient pas d'hydrate de carbone réducteur ; il ne contient pas de sucre, ou du moins il ne contient que de très petites quantités de sucre.

Lorsque le foie est séparé du reste de l'organisme et abandonné pendant quelque temps à la température ordinaire, ou mieux encore à 40°, une partie du glycogène contenu dans les cellules hépatiques se transforme : *un sucre réducteur et fermentescible* se forme à ses dépens. Au bout d'un temps variable suivant la quantité de glycogène du foie et suivant la température, la totalité du glycogène a disparu, s'est transformée en sucre.

Lorsque le foie est bouilli, le glycogène ne se transforme plus en sucre : l'agent de la transformation est donc détruit par l'ébullition. Lorsque le foie est haché en présence d'une solution de fluorure de sodium à 1 p. 100 (qui tue les éléments vivants), il conserve la propriété de transformer son glycogène en sucre : l'agent de la transformation n'est donc pas la cellule vivante.

Cette transformation se fait dans le foie extrait du corps par l'action d'un *ferment soluble amylolytique*, analogue mais très vraisemblablement non identique au ferment que nous rencontrerons dans la salive, le suc pancréatique, et en général dans la plupart des liquides et tissus organiques.

Cette transformation qui s'accomplit dans le foie extrait du corps se produisait-elle pendant la vie ? Oui, répondent la plupart des physiologistes : le foie contient du glycogène, il contient un ferment soluble capable de le transformer en sucre : le sucre produit par le foie pendant la vie est produit aux dépens du glycogène et par fermentation diastasique. Pourquoi vouloir rejeter une hypothèse expliquant simplement les choses et imaginer des théories compliquées ? — Que le sucre formé par le foie provienne du glycogène, c'est fort possible, car le glycogène est abondant dans le foie et il est assez facilement transformé en sucre : il est donc possible qu'il soit l'une au moins des sources du sucre formé par le foie. Mais que le sucre soit produit uniquement par l'action du ferment amylolytique du foie, c'est moins certain.

Il est possible, et c'est là la conclusion à laquelle se sont rattachés plusieurs physiologistes, que chez l'animal vivant la transformation du glycogène en sucre de glucose soit un phénomène vital, un phénomène de fermentation vitale, un résultat de l'activité de la cellule hépatique vivante ; la transformation diastasique étant un phénomène accessoire.

Enfin, il est vraisemblable qu'une partie du sucre produit par le foie provient, ou peut provenir au moins dans certaines circonstances, de substances protéiques, etc.

La bile. — La bile sécrétée ou excrétée par le foie est un liquide brun jaunâtre dans les canaux biliaires et la vésicule biliaire, vert sombre, lorsqu'il a été maintenu quelque temps au contact de l'air, amer au goût, gras au toucher, filant et visqueux.

Elle contient 2 groupes de substances caractéristiques :

> Les *sels biliaires*.
> Les *pigments biliaires*.

Elle contient en outre une *pseudomucine*, de la
cholestérine, des sels, chlorures et phosphates, sels
de potasse, de soude, de chaux et de fer.

La quantité de bile produite chez l'homme est de
500 à 800 centimètres cubes en 24 heures. La quantité de bile produite chez des chiens de 15 à
20 kilogrammes est de 150 à 200 centimètres cubes
en 24 heures.

Sels biliaires. — A côté de sels à acides minéraux,
chlorures et phosphates, la bile renferme toujours
des sels à acides organiques dits sels biliaires. Ce
sont les sels sodiques de deux acides organiques
azotés : l'un est l'acide *glycocholique*, l'autre est
l'acide *taurocholique*. Ces acides sont dits *acides
biliaires* : ils sont caractéristiques de la bile, car ils
ne se trouvent que dans la bile, et se trouvent
toujours dans la bile. La bile de tous les animaux
ne contient pas toujours les 2 sortes de sels biliaires :
ainsi, dans la bile de chien, on ne trouve que du
taurocholate de soude ; — dans la bile de bœuf au
contraire et aussi dans la bile humaine, on trouve
à la fois le glycocholate et le taurocholate de
soude.

Les *sels biliaires* sont solubles dans l'eau, solubles
dans l'alcool, insolubles dans l'éther : l'éther les
précipite de leur solution alcoolique. Voici comment
on peut préparer ces sels biliaires :

La bile est évaporée et le résidu est traité par l'alcool absolu qui dissout les sels biliaires, la cholestérine, la lécithine, les matières grasses, etc., de la bile. Cette solution alcoolique étant très fortement colorée, on la met en contact prolongé avec du noir animal qui fixe la matière colorante. — Parmi les substances dissoutes dans l'alcool, les sels biliaires seuls sont insolubles dans l'éther et dans l'alcool éthéré ; toutes les autres substances sont solubles dans l'éther comme elles sont solubles dans l'alcool. Par conséquent, en ajoutant à la solution alcoolique décolorée de l'éther, on détermine la formation d'un précipité uniquement constitué de sels biliaires.

Le précipité de sels biliaires se produit sous forme d'une ·fine poussière blanche qui tombe au fond de la liqueur alcoolo-éthérée et s'y agglomère en une masse d'aspect résineux. Si on laisse cette masse amorphe en contact pendant quelques jours avec l'alcool fortement éthéré dans lequel elle s'est précipitée, elle se transforme en une masse cristalline formée de longues aiguilles soyeuses, groupées en faisceaux. C'est ce qu'on appelle la *bile cristallisée de Plattner.*

Les sels biliaires présentent une réaction remarquable appelée *réaction des sels ou des acides biliaires,* ou *réaction de Pettenkofer.*

Si à une solution d'acide ou de sel biliaires on ajoute par petites portions, en évitant que la température ne s'élève au-dessus de 70°, les 2/3 de son volume d'acide sulfurique concentré, puis quelques

gouttes d'une solution de sucre de canne à 10 p. 100,
on voit le liquide prendre une superbe coloration
rouge pourpre foncé. Cette réaction se produit très
nettement avec des solutions ne contenant pas plus
de 4 p. 1000 de sels biliaires.

La coloration rouge pourpre foncé qui se produit
par l'action de l'acide sulfurique et du sucre sur les
sels biliaires est-elle caractéristique de ces sels ?
Non : d'autres substances donnent la même réaction.
Pour être caractéristique des sels ou acides biliaires,
la réaction de Pettenkofer doit être contrôlée et
complétée par l'examen spectroscopique de la
liqueur rouge pourpre foncé obtenue.

Lorsque la liqueur rouge pourpre obtenue dans
l'essai de Pettenkofer est très diluée, elle absorbe
les parties les plus réfrangibles du violet, l'extrême
violet ; — moins diluée, elle absorbe une plus
grande partie du violet ; — moins diluée encore, elle
absorbe la totalité du violet. Lorsque la liqueur a
été diluée de façon qu'elle absorbe la totalité du
violet, son spectre d'absorption présente 2 bandes
d'absorption : l'une située au niveau de la raie F du
spectre solaire, l'autre située entre les raies D et E
du spectre, au voisinage de la raie E. Lorsque, enfin,
la liqueur est très concentrée, le spectre d'absorption se compose de la bande située au voisinage de
la raie E du spectre solaire et d'une vaste zone d'absorption s'étendant sur toutes les parties bleue,
indigo et violette du spectre.

Les sels biliaires sont des glycocholate et taurocholate d'alcalis (sels de soude chez les mammifères

et la plupart des vertébrés, sels de potasse chez certains poissons marins).

On peut obtenir séparés et purs le glycocholate de soude ou l'acide glycocholique, et le taurocholate de soude ou l'acide taurocholique.

La préparation du *taurocholate de soude* est facile : la bile de chien contient, nous l'avons dit, du taurocholate de soude, mais ne contient pas de glycocholate. Si donc on prépare la bile cristallisée de Plattner, en se servant comme matière première de la bile de chien, on aura du taurocholate de soude. Ayant le sel de soude, on obtiendra facilement l'acide libre : il suffit de dissoudre le taurocholate de soude dans l'eau, de le précipiter de sa solution par l'acétate basique de plomb, à l'état de taurocholate de plomb, de mettre ce sel de plomb en suspension dans l'eau, de le décomposer par un courant d'hydrogène sulfuré, de séparer par filtration le sulfure de plomb, et de précipiter par l'éther l'acide taurocholique dissous. L'acide se précipite sous forme de masse résineuse, se transformant peu à peu en masse cristalline.

Mais on ne connaît pas de bile ne contenant que du *glycocholate;* — pour préparer ce sel, on doit se servir de bile de bœuf, laquelle contient à la fois du glycocholate et du taurocholate de soude : il faut séparer les deux sels ou leurs deux acides : la séparation est facile à réaliser, parce que l'acide glycocholique est peu soluble dans l'eau (1 partie dans 300 parties d'eau à la température ordinaire), tandis que l'acide taurocholique est très soluble dans l'eau. Supposons qu'on ait préparé avec la bile de bœuf la bile cristallisée de Plattner; les sels biliaires ainsi obtenus sont dissous dans l'eau, et leur solution est traitée par l'acide sulfurique étendu jusqu'à ce qu'il se produise un trouble persistant. Le fin précipité ainsi produit, uniquement constitué d'acide glycocholique, se transforme en quelques heures en masses d'aiguilles cristallines.

Il existe d'autres méthodes de préparation et de purification des acides biliaires : il n'est pas utile de les décrire.

Ainsi préparés purs, les *acides biliaires* sont ou peuvent être cristallisés en longues et fines aiguilles, solubles dans l'alcool fort, insolubles dans l'éther, précipités de leurs solutions alcooliques par l'éther : le précipité ainsi produit, d'abord amorphe, ne tarde pas à cristalliser, lorsqu'il est maintenu en contact avec la liqueur alcoolo-éthérée dans laquelle il a pris naissance. — L'acide glycocholique est très peu soluble dans l'eau; l'acide taurocholique est au contraire très soluble dans l'eau.

Quelle est la constitution chimique de ces acides?

L'analyse élémentaire nous apprend que l'*acide glycocholique* est une substance *quaternaire* composée de carbone, hydrogène, oxygène et azote, répondant à la formule $C^{26}H^{43}AzO^6$; — que l'*acide taurocholique* est composé de 5 éléments : carbone, hydrogène, oxygène, azote et *soufre*, répondant à la formule $C^{26}H^{45}AzSO^7$.

Faisons bouillir l'*acide glycocholique* avec une

lessive alcaline, solution saturée à chaud d'eau de baryte par exemple, ou avec un acide minéral dilué, acide chlorhydrique par exemple; l'acide biliaire est dédoublé avec fixation d'une molécule d'eau en un acide amidé, le *glycocolle* (acide amido-acétique) et un acide organique non azoté, l'acide *cholalique*.

$$C^{26}H^{43}AzO^6 + H^2O = C^2H^5AzO^2 + C^{24}H^{40}O^5.$$
Ac. glycocholique.   Glycocolle.   Ac. cholalique.

Faisons bouillir *l'acide taurocholique* avec une solution saturée à chaud d'eau de baryte, ou avec de l'acide chlorhydrique dilué, l'acide biliaire est décomposé avec fixation d'une molécule d'eau en un acide amidé, la *taurine* (qui est *sulfurée*) et un acide organique non azoté, l'acide *cholalique*.

$$C^{26}H^{45}AzSO^7 + H^2O = C^2H^7AzSO^3 + C^{24}H^{40}O^5.$$
Ac. taurocholique.   Taurine. Ac. cholalique.

Ces faits établissent avec une grande netteté la parenté chimique et la parenté d'origine des deux groupes de sels biliaires, puisque *les acides biliaires résultent de la combinaison d'un même acide, l'acide cholalique, avec des acides amidés, le glycocolle dans un cas, la taurine dans l'autre.*

L'*acide cholalique* qu'on peut ainsi préparer, soit avec l'acide glycholique, soit avec l'acide taurocholique, donne la *réaction de Pettenkofer;* c'est au noyau cholalique que les acides biliaires et leurs sels doivent leur propriété de donner cette réaction colorée.

Nous avons constamment dit l'acide glycocholique

et l'acide taurocholique ; nous aurions dû dire les acides glycocholiques et les acides taurocholiques : il semble en effet que *les sels biliaires des différents animaux et les acides correspondants ne sont pas identiques :* il y aurait des acides biliaires très voisins les uns des autres, ayant les mêmes propriétés chimiques, la même constitution générale, mais *différant par l'acide cholalique* qui entre dans la constitution de leurs molécules, et présentant quelques propriétés différentes ; — de même qu'il y a différentes oxyhémoglobines et hémoglobines chez les différents animaux. On a notamment décrit des acides *hyoglycocholique, hyotaurocholique* et *hyocholalique* chez le *porc;* — des acides *anthropoglycocholique,* etc., chez l'*homme;*— un acide *chénotaurocholique* chez l'*oie.*

Nous ne décrirons pas les méthodes longues et délicates qui permettent de doser les acides biliaires de la bile; nous donnerons seulement quelques résultats.

La bile de l'homme a été trouvée renfermer de 4 à 12 p. 100 de sels biliaires, ces sels étant pour les 3/4 du glycocholate de soude, pour 1/4 du taurocholate de soude.

La bile de chien contient de 3,5 à 12 p. 100 de taurocholate de soude.

Pigments biliaires. — Il existe deux pigments biliaires, la *bilirubine* et la *biliverdine :* la bilirubine transformable en biliverdine par l'oxygène atmosphérique ; — de même qu'il y a 2 pigments du sang, l'hémoglobine et l'oxyhémoglobine ; l'hémoglobine transformable en oxyhémoglobine par l'oxygène atmosphérique.

La *bilirubine* ($C^{32}H^{36}Az^4O^6$) a pu être isolée et préparée pure, amorphe ou cristallisée. Amorphe, c'est une poudre jaune rougeâtre rappelant le sulfure d'antimoine amorphe ; — cristallisée, elle se présente sous forme de tablettes rhombiques dont les angles obtus sont souvent arrondis.

La bilirubine est absolument insoluble dans l'eau, très peu soluble dans l'éther, un peu, mais peu soluble dans l'alcool ; mais elle très soluble dans le chloroforme. Les solutions chloroformiques de bilirubine ne présentent pas de spectre d'absorption, caractérisé par des bandes d'absorption ; elles absorbent toutes les radiations, du rouge au violet, l'absorption allant en augmentant régulièrement du rouge vers le violet.

La bilirubine se comporte comme un acide : elle se combine avec les alcalis, donnant des *bilirubinates d'alcalis* solubles dans l'eau, et insolubles dans le chloroforme ; — elle se combine avec les terres alcalines, donnant des bilirubinates alcalino-terreux, insolubles dans l'eau et dans le chloroforme. Par conséquent, la bilirubine se dissout, à l'état de bilirubinate alcalin, dans une solution aqueuse d'alcalis ou de carbonates alcalins ; inversement, la bilirubine est précipitée de sa solution chloroformique, à l'état de bilirubinate alcalin, par agitation de celle-ci avec une petite quantité d'une solution alcaline.

Les solutions aqueuses de bilirubinates alcalins sont précipitées par les acides minéraux, l'acide décomposant le bilirubinate et mettant en liberté la bilirubine insoluble dans l'eau. — Ces mêmes solutions aqueuses de bilirubinates alcalins sont précipitées par les solutions de sels alcalino-terreux, à l'état de bilirubinates alcalino-terreux insolubles dans l'eau.

Ces différentes propositions sont résumées dans le tableau suivant :

	EAU.	CHLOROFORME.
Bilirubine...................	Insoluble.	Soluble.
Bilirubinates alcalins.........	Solubles.	Insolubles.
Bilirubinates alcalino-terreux .	Insolubles.	Insolubles.

La bilirubine, au contact de l'air, se transforme en biliverdine (second pigment biliaire).

Si on traite par un agent réducteur, par l'amalgame de sodium, par exemple, une solution aqueuse de bilirubinates alcalins, on transforme cette substance en *hydrobilirubine* :

$$C^{32}H^{36}Az^4O^6 + H^2O + H^2 = C^{32}H^{40}Az^4O^7.$$
Bilirubine.   Hydrobilirubine.

substance qu'on considère comme identique à l'urobiline, l'une des matières colorantes de l'urine.

On peut retirer la bilirubine de la bile ; en agitant la bile fraîche aussitôt après sa sortie de la vésicule biliaire (aussitôt, afin qu'elle n'ait pas été transformée en biliverdine au contact de l'air) avec du chloroforme ; on obtient une solution chloroformique de bilirubine. Mais en opérant ainsi on n'obtient que de très petites quantités de bilirubine, de trop petites quantités pour pouvoir faire une étude de cette matière colorante.

Pour obtenir en grande quantité la bilirubine, il faut la retirer de certains calculs biliaires. On trouve assez fréquemment chez le bœuf des calculs de bilirubinate de chaux, dans la vésicule biliaire. Ces calculs contiennent, outre le bilirubinate de chaux, d'autres substances et en particulier de la cholestérine : le bilirubinate de chaux est insoluble dans l'éther ; la cholestérine est soluble dans ce dissolvant ; les calculs réduits en poudre sont donc débarrassés par l'éther de la cholestérine. La poudre de bilirubinate de chaux est décomposée par l'acide chlorhydrique en bilirubine insoluble dans l'eau et chlorure de calcium soluble dans l'eau : par lavages à l'eau, on débarrasse la bilirubine de ses impuretés salines. Ainsi obtenue la bilirubine est amorphe ; pour l'obtenir cristallisée, on la dissout dans le chloroforme bouillant : elle cristallise par refroidissement.

La *biliverdine*, $C^{32}H^{36}Az^4O^8$, est un produit d'oxydation de la bilirubine dont elle diffère par O^2 en plus.

Elle est connue à l'état amorphe ; — on a également obtenu des cristaux peu nets, plaquettes rhombiques à angles émoussés, en faisant évaporer une solution de biliverdine dans l'acide acétique glacial.

Elle est insoluble dans l'eau, dans l'éther, et dans le chloroforme. Elle se dissout dans l'alcool, dans l'acide acétique glacial, dans le chloroforme additionné d'acide acétique glacial.

Remarquons que la bilirubine et la biliverdine

peuvent être facilement séparées l'une de l'autre grâce à leur différence de solubilité : la bilirubine étant très soluble dans le chloroforme et très peu soluble dans l'alcool, la biliverdine étant insoluble dans le chloroforme et très soluble dans l'alcool.

Les solutions alcooliques de biliverdine ne donnent pas de spectre d'absorption à bandes : elles absorbent toutes les radiations lumineuses, l'absorption étant d'autant plus marquée et d'autant plus énergique que la radiation est plus voisine de l'extrême violet.

La biliverdine, comme la billirubine, donne avec les alcalis et les terres alcalines des composés appelés *biliverdinates*. Les biliverdinates sont décomposés par les acides minéraux en biliverdine et sels minéraux. Les biliverdinates d'alcalis sont solubles dans l'eau, les biliverdinates alcalino-terreux sont insolubles dans l'eau. Par conséquent, la biliverdine se dissout dans les solutions d'alcalis ou de carbonates alcalins; ces solutions sont précipitées soit par les acides minéraux à l'état de biliverdine, insoluble dans l'eau, soit par les sels alcalino-terreux insolubles dans l'eau.

Les agents réducteurs transforment la biliverdine en *hydrobilirubine*, comme ils transforment la bilirubine :

$$C^{32}H^{36}Az^4O^8 + H^6 = C^{32}H^{40}Az^4O^7 + H^2O.$$

Biliverdine.   Hydrobilirubine.

Il suffit par exemple de traiter une solution de biliverdine dans l'esprit-de-vin par l'amalgame de sodium pour obtenir de l'hydrobilirubine.

Pour préparer la biliverdine, on agite au contact de l'air une solution de bilirubinate d'alcali : le bilirubinate d'alcali absorbe de l'oxygène et se transforme en biliverdinate : la solution verdit. Cette solution aqueuse de biliverdinate alcalin est traitée par l'acide chlorhydrique dilué qui décompose cette substance en biliverdine insoluble dans l'eau et chlorure alcalin soluble. La biliverdine précipitée est purifiée par dissolution dans l'alcool et précipitation de sa solution alcoolique par un grand excès d'eau.

Les matières colorantes de la bile présentent une réaction remarquable, appelée *réaction des pigments biliaires*, ou *réaction de Gmelin*.

Cette réaction repose sur la propriété que possèdent les matières colorantes biliaires de donner, sous l'influence des oxydants, tels que l'acide nitrique, une série de produits d'oxydation présentant des colorations vives et variées.

Supposons que dans un verre à réactions, on verse quelques centimètres cubes d'acide nitrique fort (contenant des vapeurs nitreuses dissoutes), et qu'au-dessus de cette couche dense d'acide, on verse, en évitant autant que possible le mélange des deux liquides, la solution moins dense de bilirubinate alcalin ou la bile diluée. Au bout de quelques instants, on observe dans les couches inférieures de la solution biliaire une série de zones superposées présentant les colorations suivantes : en bas, au contact de l'acide, il y a une zone jaune rouge, puis au-dessus et dans l'ordre suivant des zones rouge, violette, bleue et verte. L'existence de cette succession de zones colorées, disposées dans l'ordre précédent, est caractéristique des pigments biliaires.

D'où proviennent les pigments biliaires ? Des *matières colorantes du sang*, de l'hémoglobine et de l'oxyhémoglobine, ainsi que le démontrent les faits suivants :

1. Les *pigments biliaires existent chez tous les vertébrés, excepté chez l'amphioxus :* or, tous les vertébrés, excepté l'amphioxus, ont des globules rouges, par conséquent des globules à *hémoglobine.* Les invertébrés qui n'ont pas d'hémoglobine n'ont pas de pigments biliaires.

2. Dans les *extravasa sanguins,* la matière colorante du sang disparaît peu à peu ; après un certain temps, on ne trouve plus d'hémoglobine et d'oxyhémoglobine ; mais on trouve des cristaux d'une substance qu'on avait appelée hématoïdine ; cette hématoïdine présente toutes les propriétés de la bilirubine.

3. Enfin, nous avons vu, en étudiant les matières colorantes du sang, que l'*hémoglobine* et l'*oxyhémoglobine* peuvent être dédoublées en une substance albuminoïde, et une matière ferrugineuse, l'*hématine* ; que cette hématine peut elle-même être détruite par les acides énergiques qui lui enlèvent son fer et la transforment en une substance quaternaire non ferrugineuse, l'*hématoporphyrine.* Cette hématoporphyrine n'est pas identique à la bilirubine, mais elle est *isomérique de la bilirubine.*

Hématine......................	$C^{32}H^{32}Az^4O^4Fe.$
Hématoporphyrine..............	$C^{32}H^{36}Az^4O^6.$
Bilirubine.....................	$C^{32}H^{36}Az^4O^6.$
Biliverdine....................	$C^{32}H^{36}Az^4O^8.$

De ces faits nous pouvons conclure que les pigments biliaires dérivent des matières colorantes du
sang.

Pseudomucine biliaire. — La bile est filante et
visqueuse. Elle doit cette propriété à la présence
d'une substance qu'on a longtemps considérée
comme une *mucine*.

Rappelons les propriétés des mucines :
Les mucines communiquent à leurs solutions une
remarquable viscosité : elles sont précipitées de leurs
solutions par l'acide acétique, et le précipité formé est
insoluble dans un excès d'acide ; elles sont précipitées de
leurs solutions par l'alcool ; — elles se dissolvent dans
les alcalis caustiques. Ce sont des substances formées de
carbone, hydrogène, oxygène, azote et soufre ; mais elles
ne sont pas phosphorées. Par ébullition avec un acide minéral étendu elles sont dédoublées en une substance albuminoïde et un hydrate de carbone généralement réducteur.

La substance appelée d'ordinaire mucine biliaire
est-elle une mucine ? Non.

Sans doute, elle communique à la bile une forte
viscosité ; — sans doute, elle est précipitée de la
bile par l'alcool ; sans doute elle est précipitée de
la bile par l'acide acétique ; sans doute elle se dissout dans les alcalis dilués. Mais le précipité produit
par l'acide acétique est facilement soluble dans un
excès d'acide ; — mais elle n'est pas seulement formée de carbone, hydrogène, oxygène, azote et soufre : elle contient aussi du phosphore ; — mais,
bouillie avec un acide minéral étendu, elle ne donne
pas d'hydrate de carbone réducteur.

Ce n'est donc pas une mucine. On en fait en général une *nucléoalbumine*. Ne lui conservons pas son nom de mucine, puisque ce n'est pas une mucine ; mais donnons-lui un nom qui rappelle qu'elle présente certaines propriétés des mucines, qui rappelle aussi qu'on l'a presque toujours décrite sous le nom de mucine. Appelons-la *pseudomucine biliaire*.

En discutant sa nature, nous avons indiqué ses propriétés principales, les seules qu'il faut connaître.

Sa quantité, dans la bile, oscille autour de 1 p. 1000.

Cholestérine $C^{26}H^{44}O$. — La bile contient de la *cholestérine*, mais cette substance n'est pas, comme celles que nous avons jusqu'ici étudiées dans ce chapitre, caractéristique de la bile : elle se rencontre dans les centres nerveux, dans le jaune d'œuf, etc.

C'est une substance dont la constitution chimique est mal connue ; on sait seulement qu'elle est alcool.

Elle est absolument insoluble dans l'eau, dans les acides étendus et dans les alcalis. Elle se dissout facilement dans l'alcool fort, bouillant, et cristallise par refroidissement de ses solutions alcooliques, sous forme de larges et minces tablettes rhombiques, contenant une molécule d'eau de cristallisation $C^{26}H^{44}O + H^2O$. Elle se dissout également bien dans l'éther et le chloroforme, et cristallise par évaporation de ses solutions éthérées ou chloroformiques, sous forme de longues aiguilles soyeuses ne contenant pas d'eau de cristallisation.

La bile contient également une petite quantité de *lécithines*, de *graisses neutres*, de *savons*.

Enfin, la bile contient des matières salines qui sont des chlorures, des phosphates, des sels de soude, de potasse, de chaux, de magnésie, de *fer*.

Les cendres de la bile contiennent toujours du fer, mais une très petite quantité de fer : 100 centimètres cubes de bile en renfermeraient de 1 à 6 milligrammes.

Calculs biliaires. — Les concrétions qu'on observe dans les canaux et surtout dans la vésicule biliaire sont de deux sortes : *les calculs de cholestérine*, les plus fréquents de beaucoup, chez l'homme ; — *les calculs pigmentaires*, rares chez l'homme, fréquents chez le bœuf.

Les calculs de cholestérine sont très légers : ils flottent sur l'eau ; ils sont peu colorés. La cholestérine s'y présente en couches concentriques à structure cristalline : les cristaux affectent une direction radiaire.

Les calculs pigmentaires sont essentiellement formés de bilirubinate de chaux : ils sont lourds, sombres, sans structure cristalline.

Ces caractères extérieurs permettent en général de reconnaître la nature d'un calcul biliaire. Mais, veut-on vérifier la conclusion tirée de l'inspection du calcul, par une analyse chimique sommaire, on peut procéder de la façon suivante :

Le calcul est-il dissous par l'alcool chaud, ou par l'éther ; — la solution alcoolique donne-t-elle par refroidissement de larges plaquettes cristallines ; — la solution éthérée donne-t-elle par évaporation de longues aiguilles soyeuses, le calcul était un calcul de cholestérine.

Le calcul réduit en poudre est-il insoluble dans l'alcool et dans l'éther; — après traitement par l'acide chlorhydrique est-il soluble dans le chloroforme en donnant une solution rouge brun; — après traitement par l'acide chlorhydrique, est-il soluble dans les solutions alcalines en donnant des liqueurs précipitables par les acides ou par les sels alcalino-terreux, verdissant à l'air, — le calcul était un calcul de bilirubinate de calcium.

CHAPITRE XI

LE TISSU CONJONCTIF

Sommaire. — Constitution générale du tissu conjonctif. *a*. Tissu conjonctif proprement dit. Collagène et gélatine. *b*. Tissu cartilagineux. Chondrine. *c*. Tissu osseux. Matières minérales.

Les tissus qu'on réunit sous le nom général de tissu conjonctif se présentent sous des aspects parfois bien différents : le tissu cellulaire sous-cutané semble différer profondément du tissu cartilagineux; — le tissu adipeux semble différer profondément du tissu de la dent; — le tissu des tendons et des ligaments semble différer profondément du tissu des os. Cependant ces différents tissus ont une même origine embryologique, un même rôle anatomique, une même constitution histologique, une même composition chimique.

Tous les tissus conjonctifs sont essentiellement constitués par les éléments suivants :

1. Des *cellules* — cellules du tissu conjonctif, cellules de cartilage, etc.

2. Des *fibres conjonctives* blanches, onduleuses, extrèmement fines, non ramifiées et non anastomosées.

3. Des *fibres élastiques* jaunâtres, ramifiées et anastomosées, moins fines que les fibres conjonctives,

4. Une *substance fondamentale* dans laquelle sont plongées les cellules et les fibres.

Nous diviserons, pour la clarté de la description, les tissus conjonctifs en 3 groupes :

a. Tissu conjonctif proprement dit ;

b. Tissu cartilagineux ;

c. Tissu osseux.

a. *Tissu conjonctif proprement dit.* — L'étude des cellules du tissu conjonctif est une étude presque exclusivement histologique : englobées dans la substance fondamentale du tissu conjonctif, elles n'ont pu être suffisamment isolées pour que leur composition chimique ait été étudiée avec quelque précision.

Dans le tissu graisseux, qui n'est qu'une variété de tissu conjonctif, les cellules se sont gorgées de matières grasses qui sont des mélanges de tristéarine, tripalmitine et trioléine.

Les fibres conjonctives sont essentiellement constituées par une substance appelée *collagène*. Le collagène soumis à l'action des acides dilués à la température d'ébullition ou à l'action de l'eau surchauffée (dans la marmite de Papin) est transformé en *gélatine* (voir chapitre IV, p. 85).

Les fibres élastiques sont essentiellement constituées par une substance appelée *élastine*, appartenant au groupe albumoïde.

La substance fondamentale du tissu conjonctif est une *mucine*.

b. *Tissu cartilagineux.* — Le *cartilage hyalin* est constitué par des cellules plongées dans une masse fondamentale homogène ; on n'y voit pas de fibres.

La substance fondamentale est appelée *chondrogène*. Cette substance qui n'est pas une individualité chimique, sous l'influence de l'eau surchauffée en vase clos à 120°, donne naissance à une substance appelée *chondrine*.

La chondrine n'est plus considérée comme une substance définie, mais comme un *mélange de gélatine et de mucine*, dont elle possède les propriétés, ainsi que le montre le tableau suivant :

CHONDRINE.	GÉLATINE.	MUCINE.
1. Insoluble dans l'*eau*, l'*alcool* et l'*éther*.	Insoluble........	Insoluble.
2. Soluble dans *eau chaude*, se *gélifiant* par refroidissement.	Soluble	Insoluble.
3. Précipité par *acide acétique*, — insoluble dans excès de réactif.	Pas de précipité.	Précipité soluble dans excès.
4. Précipité par *acide chlorhydrique*, soluble dans excès de réactif.	Pas de précipité.	Précipité soluble dans excès.
5. Bouillie avec *acide minéral*, donne un sucre réducteur.	Pas de sucre réducteur.	Donne un sucre réducteur.
6. Précipité par *tannin* ou par *sublimé*.	Précipité.........	Pas de précipité.
7. Précipité par *alun* ou par *acétate de plomb*.	Pas de précipité.	Précipité.

Les travaux les plus récents ont appris que la chondrine est en réalité un mélange de quatre corps au moins : de la gélatine, provenant d'une substance collagène identique à l'osséine et contenue dans le chondrogène ; — une substance voisine des mucines appelée chondromucoïde ; une acide azoté et sulfuré, l'acide sulfo-chondroïtique qui existe dans le cartilage à l'état de sel calcique et à l'état de combinaison albuminoïde; et enfin un acide kératinique.

c. *Tissus osseux.* — L'os semble différer profondément des autres formes du tissu conjonctif. Il n'en diffère cependant que par un abondant dépôt de matières minérales.

Les matières organiques qui entrent dans sa constitution sont l'*élastine* et l'*osséine*; — l'élastine que nous avons déjà trouvée dans les fibres élastiques du tissu conjonctif; — l'osséine qui est identique à la substance collagène des fibres conjontives.

Les substances minérales des os sont : le *phosphate tricalcique*, le *carbonate de chaux* et, en petites quantités, le chlorure de calcium, le fluorure de calcium et le phosphate de magnésie.

Les *dents* sont chimiquement constituées comme le sont les os.

CHAPITRE XII

LE TISSU NERVEUX

Sommaire. — Constitution générale du tissu nerveux. Neurokératine. Protagon.

Nous ne voulons qu'indiquer très sommairement les principales substances qu'on trouve dans le tissu nerveux.

Ce sont des *substances protéiques* : albuminoïdes, protéides et albumoïdes. Parmi les premières signalons des substances appartenant au groupe des albumines, d'autres au groupe des globulines ; — parmi les protéides, des nucléoalbuminoïdes ; — enfin, parmi les albumoïdes, de la neurokératine.

Ce sont des *matières grasses* : graisses neutres (trioléine, tripalmitine, tristéarine) et graisses phosphorées, (lécithine et protagon).

Ce sont des *substances extractives* dont la plus importante est la cholestérine.

Ce sont des matières salines.

Ces différentes substances ont été étudiées pour la plupart dans d'autres chapitres ; bornons-nous à parler de la *neurokératine* et du *protagon*.

La *neurokératine* se rattache intimement à la kératine des productions cutanées par son insolu-

bilité dans l'eau, l'alcool, l'éther, les acides minéraux étendus ; — par sa résistance aux sucs gastrique et pancréatique ; — par sa composition centésimale ; — par ses produits de décomposition.

La *kératine* se rencontre dans les productions
cutanées épithéliales, par conséquent dans des
produits qui tirent leur origine des éléments de
l'épiblaste. On sait que le système nerveux central
dérive d'une invagination de cellules épiblastiques
dans les profondeurs du mésoblaste. La présence de
neurokératine dans le tissu nerveux vient établir
par surcroît un rapprochement chimique entre
deux tissus dérivés d'un même feuillet du blasto-
derme : c'est à ce point de vue que la neurokératine
est importante à signaler dans le tissu nerveux.

Le *protagon* est considéré par quelques auteurs
comme de la lécithine. Il semble cependant qu'on
doive distinguer dans le tissu nerveux à la fois de
la lécithine, et une autre substance voisine, le protagon. Cette substance, d'après les auteurs qui
admettent son individualité, pourrait être considérée comme une combinaison de lécithine et
d'une autre substance à laquelle on a donné le
nom de cérébrine. — Ce protagon, soumis à l'action
de la baryte caustique à l'ébullition, fournit les
produits de décomposition de la lécithine : acides
gras, acide phosphoglycérique et choline; il fournit
en outre une substance azotée, mais non phosphorée,
que nous nous bornons à signaler, la *cérébrine*.

CHAPITRE XIII

PRODUCTIONS CUTANÉES

Sommaire. — La kératine. — La sueur.

La peau, dans ses parties profondes, est essentiellement constituée par du tissu conjonctif normal, dont nous avons étudié la composition (voir chap. X).

Les parties superficielles de la peau peuvent subir dans certaines régions des modifications dans leur structure histologique, et se transformer en *productions cornées* : telles sont les *cheveux*, les *poils*, la *laine*, les *ongles*, les *sabots*, les *cornes*, les *plumes*, le *bec*, etc.

La substance fondamentale de ces productions est la *kératine*.

La *kératine* est une substance protéique : en effet, comme les substances protéiques, elle est essentiellement composée de carbone, hydrogène, oxygène, azote et soufre; — comme les substances protéiques elle donne, sous l'influence des acides minéraux, à haute température, des produits de décomposition parmi lesquels il faut citer le gaz carbonique, l'ammoniaque, des acides amidés : leucine et surtout tyrosine.

Cette substance est remarquable par sa résistance

aux agents chimiques : elle n'est ni dissoute ni modifiée par l'eau, par l'alcool, par l'éther, par les acides étendus, par le suc gastrique, ou par le suc pancréatique.

Pour agir sur la kératine, il faut la traiter soit par les alcalis caustiques, soit par les acides forts à la température d'ébullition, et mieux encore à température plus élevée en vase clos.

La *sueur*, produite par les glandes sudoripares contenues dans l'épaisseur de la peau, a souvent été comparée à l'urine. On admet que la sécrétion sudorale est normalement acide, au moins chez l'homme et les carnivores. Elle contient des matières minérales qui sont surtout des chlorures avec de petites quantités de phosphates et de sulfates ; — et des matières organiques qui sont surtout des graisses neutres, de la chlolestérine, de l'urée, de la créatinine.

CHAPITRE XIV

LES ALIMENTS

La nourriture prise par les animaux doit contenir essentiellement :

1° De *l'eau ;*

2° Des *substances minérales,* qui sont des phosphates et des chlorures, des sels de potassium, de sodium, de calcium, de magnésium et de fer;

3° Des *hydrates de carbone,* qui sont soit des glucoses, soit des saccharoses, soit des amyloses;

4° Des *matières grasses neutres,* tripalmitine, tristéarine, trioléine ;

5° Des *substances protéiques.*

Ces différentes substances sont toutes également indispensables à la vie. Un animal ne peut vivre s'il est systématiquement privé de l'un quelconque de ces groupes de substances. Par conséquent, la nourriture prise par les animaux doit contenir les différents sels que nous avons indiqués, des hydrates de carbone, des matières grasses et des substances protéiques. Mais la nourriture contient souvent d'autres substances qui sans être indispensables à la vie, sont cependant utilisées par les animaux ; telles sont, par exemple, des substances du groupe albumoïde et notamment de la gélatine.

Les aliments sont : 1° d'origine animale, 2° d'origine végétale.

1. Aliments d'*origine animale* :

     a. La *viande.*
     b. Le *lait.*
     c. L'*œuf.*

2. Aliments d'*origine végétale.*

     a. Les *graines* (céréales et légumineuses).
     b. Les *tubercules* et les *racines.*
     c. Les *légumes.*
     d. Les *fruits.*

La viande. — La viande est essentiellement constituée de tissu musculaire et de tissu conjonctif. Nous avons décrit avec quelques détails la constitution chimique de la fibre musculaire et du tissu conjonctif ; nous nous bornerons par conséquent à rappeler que la viande est un aliment complet : elle contient :

1. De l'eau : 75 p. 100 de son poids environ ;

2. Des sels, surtout des phosphates (sel de potasse, mais aussi, quoiqu'en moindre quantité, sels de soude, de chaux, de magnésie), et des chlorures. Par sa matière colorante propre, hémoglobine, elle contient également du fer ;

3. Des hydrates de carbone qui sont du glycogène et de l'inosite ;

4. Des matières grasses en petite quantité, surtout contenues dans le tissu conjontif, mais existant également, quoique très peu abondamment, dans la fibre musculaire elle-même ;

5. Des substances albuminoïdes, dont la plus importante est la myosine.

La viande contient, outre ces substances, de la matière collagène et de l'élastine en petite quantité, et des substances extractives azotées, telles que la créatine, etc.

Voici une analyse de viande de bœuf :

Eau	75,90 p. 100
Résidu fixe	24,10 —
Substances albuminoïdes	18,36 p. 100
Substance collagène	1,64 —
Matières grasses	0,90 —
Hydrates de carbone	0,60 —
Matières extractives	1,30 —
Matières minérales	1,30 —

A côté de la viande, il conviendrait de ranger les autres tissus et liquides d'origine animale, tels que le sang, les viscères, etc. Tous ces tissus et liquides contiennent les différents groupes de substances nécessaires à l'alimentation : les proportions des différentes substances varient seules.

Le lait. — Nous étudierons le lait dans un chapitre spécial. Disons seulement qu'il contient :

Des sels.
Des graisses neutres.
Un sucre.
Des substances protéiques.

Voici une analyse de lait de vache :

Eau............................	86	p. 100
Résidu fixe....................	14	—

Substances protéiques........	4,1	p. 100
Matières grasses.............	3,9	—
Sucre........................	5,2	—
Matières minérales...........	0,8	—

L'œuf des oiseaux. — L'œuf de poule, qui peut servir de type, est constitué par :

$$\left\{ \begin{array}{l} \text{La coquille.} \\ \text{Le blanc d'œuf.} \\ \text{Le jaune de l'œuf.} \end{array} \right.$$

La *coquille* de l'œuf est essentiellement composée de matières minérales dont la plus importante est le carbonate de chaux, et de matières organiques qui appartiennent au groupe de la kératine.

Le *blanc de l'œuf* est surtout riche en substances albuminoïdes : la plus importante et la plus abondante est l'*ovalbumine*. Cette ovalbumine est accompagnée de globulines peu abondantes ; — le blanc d'œuf frais ne contient pas de protéoses.

Voici une analyse de blanc d'œuf :

Eau..........................	86,7	p. 100
Résidu solide................	13,3	—

Substances albuminoïdes......	12,2	p. 100
Hydrates de carbone..........	0,5	—
Matières minérales...........	0,6	—
Matières grasses.............	Traces.	

L'*ovalbumine* est une albumine typique : c'est à dire qu'elle est soluble dans l'eau distillée, soluble dans les solutions salines neutres diluées ; ses solutions sont coagulées par la chaleur. Elles ne sont précipitées ni par la dialyse, ni par la dilution, ni par l'acide acétique, ni par le chlorure de sodium dissous à saturation à froid, ni par le sulfate de magnésie dissous à saturation à froid. — Elles sont précipitées par le chlorure de sodium ou le sulfate de magnésie dissous à saturation à froid, lorsqu'elles ont été convenablement acidulées. Elles sont précipitées par le sulfate d'ammoniaque dissous à saturation à froid, etc.

L'ovalbumine se distingue de la sérumalbumine par deux propriétés : une propriété physique et une propriété physiologique. — Son pouvoir rotatoire

$$[\alpha]_D = -35°,5.$$

Celui de la sérumalbumine

$$[\alpha]_D = -63°$$

— Si on injecte dans les veines une solution d'ovalbumine, on retrouve l'ovalbumine dans les urines ; si on injecte dans les veines une solution de sérumalbumine, la sérumalbumine ne passe pas dans les urines.

Le *jaune d'œuf* est très riche en matières fixes : il contient environ 50 p. 100 de résidu fixe. Ce résidu fixe est formé de :

Substances protéiques, dont la plus importante est l'ovovitelline, à côté de laquelle il faut signaler en petite quantité l'albumine et des nucléines ;

Matières grasses, qui sont des graisses neutres et de la lécithine ;

Hydrates de carbone, en petite quantité, qui sont surtout du sucre de glucose ;

Sels, dont les plus abondants sont des chlorures (sels de chaux et de potasse).

Voici une analyse de jaune d'œuf :

Eau	47,20	p. 100
Résidu fixe	52,80	—
Substances protéiques	15,63	p. 100
Matières grasses	22,84	—
Lécithine	10,72	—
Sels	0,96	—
Autres substances	2,65	—

L'*ovovitelline* est une substance protéique insoluble dans l'eau, soluble dans les solutions salines diluées, soluble dans les solutions acides et les solutions alcalines étendues. Les solutions salées d'ovovitelline coagulent à 70°-75° ; elles sont précipitées par la dilution. Ce sont là des caractères qui la rapprochent des globulines. Mais elle n'est pas précipitée par le chlorure de sodium dissous à saturation, caractère qui la différencie des globulines. En outre, soumise à l'action du suc gastrique, elle est digérée en laissant un résidu de paranucléine, autre caractère qui la différencie des globulines.

Puisqu'elle laisse un résidu de paranucléine, sous l'action du suc gastrique, c'est une paranucléoalbuminoïde ; — elle diffère de la plupart des nucléoalbuminoïdes actuellement connues par sa facile solubilité dans les solutions salines neutres étendues et par sa coagulabilité par la chaleur.

Les cendres du jaune d'œuf sont riches en acide phosphorique et contiennent de l'oxyde de fer.

Voici une analyse de cendres de jaune d'œuf : 100 parties de cendres contiennent :

Soude	5,12	à	6,57
Potasse	8,05	à	8,93
Chaux	12,21	à	13,28
Magnésie	2,07	à	2,11
Oxyde de fer	1,19	à	1,45
Acide phosphorique	63,81	à	66,70
Silice	0,55	à	1,40

Cependant le jaune d'œuf ne contient ni phosphates, ni sels de fer : il contient des combinaisons phosphorées organiques et des combinaisons organiques ferrugineuses.

Les *combinaisons phosphorées organiques* du jaune d'œuf sont les lécithines [lesquelles sont, comme nous l'avons dit précédemment (chapitre III), des dioléyl-, distéaryl-, dipalmitylphosphoglycérates de neurine], l'ovovitelline et les nucléines.

Le fer est à l'état de combinaison organique ; cette combinaison a reçu le nom d'*hématogène* (il est évident que c'est aux dépens de cette combinaison ferrugineuse, la seule qui existe dans l'œuf, que se forme l'hémoglobine du sang de poulet). L'hématogène doit être considéré comme une *nucléoalbuminoïde ferrugineuse* formée par la combinaison d'une substance albuminoïde et d'une nucléine ferrugineuse, pour les raisons suivantes :

Si l'on épuise le jaune d'œuf par l'alcool et par

l'éther, on n'enlève pas trace de combinaisons ferrugineuses : ces combinaisons restent dans le résidu qui contient les substances albuminoïdes et les nucléines. — Dans ce résidu le fer n'est pas à l'état de combinaison saline ; on sait que tous les sels de fer, que l'acide du sel soit organique ou minéral, sont solubles dans l'alcool acidulé par l'acide chlorhydrique : or, le résidu considéré n'abandonne pas trace de combinaisons ferrugineuses à l'alcool acidulé par l'acide chlorhydrique ; donc le fer est dans ce résidu à l'état de combinaison métallo-organique. — Lorsqu'on soumet ce résidu à l'action du suc gastrique, les substances albuminoïdes sont peptonisées, les nucléoalbuminoïdes sont dédoublées en substances protéosiques et nucléines, ces dernières insolubles. Or dans ces conditions le fer reste en totalité dans le résidu nucléinique. Ce résidu nucléinique n'abandonne pas de combinaisons ferrugineuses à l'alcool acidulé par l'acide chlorhydrique, donc il contient le fer à l'état de combinaisons non salines. — Par conséquent la ou les combinaisons ferrugineuses du jaune d'œuf sont des nucléoalbuminoïdes formées par l'union d'une substance albuminoïde et d'une nucléine ferrugineuse.

Aliments d'origine végétale. — Les aliments d'origine animale sont riches en substances protéiques ; ils sont généralement pauvres en hydrates de carbone. Les aliments d'origine végétale sont, au contraire, riches en hydrates de carbone et généralement pauvres en substances protéiques.

Les *graines des céréales* entrent pour une part importante dans l'alimentation de l'homme : citons le blé, le seigle, le riz, l'orge, etc. Ces graines sont très riches en hydrates de carbone et très pauvres en matières grasses.

Voici des analyses :

	BLÉ.	SEIGLE.	RIZ.	ORGE.
Eau	13,56	15,26	14,41	13,78
Résidu fixe	86,54	84,74	85,59	86,22
Substances protéiques	12,42	11,43	6,94	11,16
Graisses	1,70	1,71	0,51	2,12
Extrait non azoté	67,89	67,83	77,61	65,51
Cendres	1,79	1,77	0,45	2,63
Résidu ligneux	2,66	2,01	0,08	6,80

L'homme utilise pour son alimentation non pas le grain de blé, mais la *farine* de blé débarrassée du son.

Voici des analyses de farine et de son de blé :

	FARINE.	SON.
Eau	14,86	14,07
Résidu fixe	85,14	85,93
Substances protéiques	8,91	13,46
Graisses	1,11	2,46
Extrait non azoté	74,28	31,63
Cendres	0,51	6,52
Résidu ligneux	0,33	30,80

La farine est généralement employée sous forme de *pain*. La farine est additionnée d'eau, de sel et de levain ; le tout est mélangé de façon à constituer une pâte homogène qui ne tarde pas à se gonfler par suite du développement de bulles gazeuses dans son épaisseur (le levain a provoqué, aux dépens des hydrates de carbone de la pâte, une fermentation avec dégagement de bulles gazeuses). La pâte levée est soumise à la cuisson à une température de 200° à 250°. Pendant cette opération, une partie de l'amidon est transformée en empois d'amidon, en dextrines et en maltose.

Voici une analyse de pain blanc :

Eau..................................	28,6
Résidu fixe...........................	71,4
Substances protéiques..................	9,6
Graisses.............................	1,0
Hydrates de carbone..................	60,1

Les *graines* des légumineuses, haricots, pois, lentilles, etc., sont plus riches en substances protéiques et moins riches en hydrates de carbone que les graines de céréales.

Les pommes de terre, les carottes, les raves, en général les *tubercules*, sont très riches en hydrates de carbone et pauvres en substances protéiques, etc.

Voici quelques analyses :

	HARICOTS.	POMMES DE TERRE.
Eau	13,60	75,77
Résidu fixe...............	86,40	24,23
Substances protéiques.....	23,12	1,79
Graisses	2,28	0,16
Substances non azotées....	53,63	20,56
Cendres.................	3,53	0,97
Substances diverses........	3,84	0,75

CHAPITRE XV

LE LAIT

Nous prenons comme type le *lait de vache*.

Le lait est constitué par un liquide que nous appellerons le *plasma du lait* ou *lactoplasma*, dans lequel sont suspendus deux sortes d'éléments : les uns sont de gros globules ayant de 2 à 10 millièmes de millimètre de diamètre, arrondis et très réfringents ; ce sont les *globules du lait* ; — les autres sont de très fines *granulations* ayant moins d'un demi-millième de millimètre de diamètre, formant un pointillé noir entre les globules du lait.

Les *globules du lait*, essentiellement constitués par la matière grasse du lait, sont encore appelé les *globules gras ;* les fines *granulations* si l'on admet qu'elles sont essentiellement constituées par du phosphate tribasique de chaux, pourraient être appelées *granulations phosphatiques.*

Lorsqu'on abandonne le lait au repos, les globules gras, moins denses que le lactoplasma, montent à la surface du lait, et forment une couche distincte, la *crème.* Sous l'action de la centrifuge, la montée de la crème se fait plus rapidement et plus complètement. — Lorsqu'on abandonne le lait au repos pendant plusieurs jours en évitant toute transformation microbienne, capable d'acidifier le lait et par suite de déterminer la dissolution du phosphate de chaux, les granulations fines, plus denses que le lactoplasma, se déposent au fond du liquide en une mince couche blanc nacré.

Quelle est la constitution des globules du lait ? Ont-ils une membrane d'enveloppe ? (1).

Les globules du lait sont *essentiellement constitués par la matière grasse.* Mais ne sont-ils constitués que par la matière grasse ? N'entre-t-il pas d'autres substances dans leur constitution ? Ne sont-ils pas pourvus d'une membrane d'enveloppe qui les empêche d'adhérer les uns aux autres ? S'ils sont pourvus d'une membrane d'enveloppe, quelle est la nature de cette membrane ? Et s'ils n'ont pas de membrane d'enveloppe, ne sont-ils pas englobés

(1) Si nous entrons dans quelques détails sur la constitution des globules du lait, ce n'est pas que cette question soit très importante ; c'est parce qu'elle] nous permet de grouper certaines expériences et de faire connaître certaines propriétés du lait.

dans une atmosphère protectrice de nature protéique par exemple ?

Le lait agité avec de l'*éther* ne lui cède pas sa
matière grasse. Le lait se comporte donc, disent les
partisans d'une membrane globulaire, comme si les
globules gras étaient protégés par une membrane
insoluble dans l'éther et inattaquée par l'éther.

Lorsqu'on agite le lait pendant un certain temps,
lorsqu'on le *baratte*, on obtient du beurre. *Qu'est-ce
que le beurre?* Le beurre résulte de l'agglomération
des gouttelettes grasses des globules du lait. Les
chocs répétés du barattage, disent les partisans
d'une membrane d'enveloppe, ont rompu la membrane et permis aux globules gras devenus libres
de se souder.

Lorsqu'on additionne le lait d'une lessive de
soude caustique et qu'on l'agite avec de l'éther,
l'éther dissout la graisse du lait. -- Ceci démontre,
disent les partisans de la membrane d'enveloppe,
que l'enveloppe des globules est composée d'une
substance insoluble dans l'éther et soluble dans la
soude caustique : cette substance, c'est de la caséine.
D'ailleurs, ajoutent les mêmes physiologistes, toutes
les fois qu'on précipite la caséine du lait soit par
l'acide acétique, soit par le sulfate de magnésie, soit
par le chlorure de sodium, la matière grasse se
trouve englobée dans le précipité ; donc les globules
sont entourés d'une membrane de caséine.

A ces conclusions les adversaires de la membrane
d'enveloppe font les objections suivantes :

Si l'on examine au microscope une goutte de lait

placée sur une lame de verre et recouverte d'une lamelle, et si on exerce une pression sur la lamelle, on ne voit jamais ces globules prendre une forme démontrant la rupture d'une membrane ; les globules s'étalent régulièrement. En serait-il ainsi si les globules avaient une membrane d'enveloppe ?

Sans doute, les globules gras sont entraînés par toutes les précipitations de la caséine dans le lait ; mais cela ne prouve pas que la caséine constitue aux globules une membrane au sens propre du mot. Nous connaissons mal l'état de la substance protéique que nous considérons comme dissoute ; nous avons peut-être tort d'assimiler ces solutions trop complètement aux solutions salines. Il est possible, il est probable même que cette substance se condense autour des globules gras qui constituent des centres d'attraction, formant à ces globules une atmosphère mal définie et surtout mal limitée. De telle sorte que les globules ne seraient pas entourés d'une véritable membrane bien définie et stable, mais plongés dans une liqueur protéique qui leur constitue, grâce à ses propriétés physiques, grâce à ses propriétés d'adhésion, grâce aux forces capillaires qui sont en jeu, une zone protectrice mal définie et variable.

Cette manière de voir se trouve justifiée par cette observation que la quantité de substances protéiques contenues dans la crème n'est pas plus considérable que celle contenue dans le lait écrémé. En serait-il ainsi si les globules entraînaient avec eux dans leur ascension soit une membrane d'enveloppe, soit une atmosphère protéique définie et fixe ?

Nous admettrons donc que les globules gras sont plongés dans un liquide dont les propriétés physiques permettent à l'émulsion qui est le lait ou la crème d'être stable, — même en présence de l'éther. Qu'on vienne à changer ces propriétés physiques par l'addition de soude, par exemple, on détruira la stabilité de l'émulsion ; on rendra possible la dissolution des globules gras dans l'éther.

L'entraînement des globules gras par les précipités de caséine s'explique aisément par cette propriété générale des corps colloïdes d'entraîner en se précipitant les éléments en suspension.

Quant au barattage, avouons que nous n'en connaissons pas l'explication. Faut-il admettre une modification physique du lait permettant à l'émulsion de devenir instable, aux globules gras de se souder sous l'influence du battage ? Nous l'ignorons.

Les *matières grasses du lait* sont les *matières grasses neutres* ordinaires : *trioléine, tripalmitine, tristéarine*, avec de très petites quantités de quelques autres triglycérides. Le lait contient environ 4 p. 100 de matières grasses, mélange de 30 à 40 parties d'oléine pour 70 à 60 parties de palmitine et stéarine.

Le lactoplasma. — Le lactoplasma contient à l'état de solution des sels, des gaz, un sucre et des substances protéiques.

La *réaction du lait* est neutre au tournesol. On dit ordinairement que la réaction du lait est *amphotère*, c'est-à-dire qu'il rougit le papier bleu de tournesol et bleuit le papier de tournesol rougi par un acide dilué. En réalité le lait fait prendre au papier de tournesol une teinte violacée qui paraît rouge à côté du bleu et qui paraît bleue à côté du rouge. *La réaction du lait est donc neutre au tournesol.*

Les sels dissous dans le lait sont des chlorures et des phosphates; il n'y a pas de sulfates. Ce sont des sels de potasse, de soude, de chaux et de magnésie.

Les gaz dissous dans le lait sont de l'oxygène, de l'azote et du gaz carbonique.

Le lait contient un sucre, le *sucre de lait* ou *lactose*. Il existe environ 5 p. 100 de lactose dans le lait de vache.

En étudiant les sucres nous avons dit que la lactose est une saccharose, c'est-à-dire un sucre répondant à la formule $C^{12}(H^2O)^{11}$. La lactose est dextrogyre, réductrice et non fermentescible par la levure de bière. Bouillie avec acide minéral étendu, elle se dédouble en fixant une molécule d'eau en 2 sucres du groupe des glucoses : glucose et galactose.

Si la levure de bière n'a pas d'action sur le sucre de lait, d'autres levures peuvent lui faire subir la fermentation alcoolique. C'est ainsi qu'en soumettant le lait, dans des conditions convenablement choisies, à l'action de certaines levures, on obtient des boissons alcoliques dont les plus connues sont le *képhir*, préparé avec le lait de vache, et le *koumis*, préparé avec le lait de jument.

Un microorganisme appelé *ferment lactique* fait subir à la lactose une fermentation particulière ; il transforme la lactose en *acide lactique* :

$$C^{12}(H^2O)^{11} + H^2O = 4C^3H^6O^3.$$
Lactose.　　　　　Ac. lactique.

Cet acide lactique, dit *acide lactique de fermentation*, se distingue de l'acide sarcolactique que nous avons trouvé dans le muscle rigide. Signalons notamment cette différence : l'acide lactique de fermentation et ses sels n'ont pas de pouvoir-rotatoire ; l'acide sarcolactique et les sarcolactates sont doués d'un pouvoir rotatoire.

Le ferment lactique existe dans toutes les poussières atmosphériques : le lait abandonné au contact de l'air, ou dans un vase qui n'a pas été stérilisé, subit la fermentation acide, le sucre de lait diminue en même temps que la réaction du lait devient acide ; lorsque l'acidité de la liqueur est devenue suffisante, la caséine se précipite : on dit que le lait caille, ou coagule spontanément, ou encore caille par autoacidification. Cette *coagulation spontanée du lait* n'a rien de commun avec la coagulation spontanée du sang : c'est une précipitation de la caséine du lait par l'acide lactique résultant de la transformation du sucre de lait, sous l'influence du ferment lactique.

Les substances protéiques du lait. — Le lait contient 3 substances protéiques :

> 1. Une caséine : la *caséine* (ou mieux le *caséinogène*).
> 2. Une albumine : la *lactalbumine*.
> 3. Une globuline : la *lactoglobuline*.

Les caséines sont des paranucléoalbuminoïdes. — Elles ne sont coagulées ni par la chaleur, ni par l'alcool. Une caséine peut être bouillie dans l'eau, ou maintenue en contact prolongé avec l'alcool, ou traitée par l'alcool absolu bouillant, sans perdre la propriété de se dissoudre dans ses dissolvants primitifs.

Les caséines sont insolubles dans l'eau distillée : elles sont solubles dans les alcalis caustiques très étendus, et dans les solutions aqueuses de terres alcalines : elles se dissolvent également dans les solutions de carbonates alcalins mettant le gaz carbonique en liberté. Enfin elles se dissolvent dans les solutions aqueuses de quelques sels neutres d'alcalis, notamment dans les solutions aqueuses de fluorure de sodium, d'oxalate d'ammoniaque et d'oxalate de potasse (contenant de 1 à 5 p. 100 de sel).

Les propriétés des solutions des caséines diffèrent un peu, selon que les caséines ont été dissoutes dans les solutions alcalines étendues, ou dans les solutions de sels neutres d'alcalis.

Les *solutions des caséines dans les alcalis* peuvent être bouillies sans précipiter leur caséine. Elles ne sont pas précipitées quand, après dilution, on les fait traverser par un courant de gaz carbonique. Elles sont précipitées par l'acide acétique, et, pour une quantité convenable d'acide acétique, peuvent être totalement précipitées. Elles sont précipitées, et totalement précipitées par le chlorure de sodium ou par le sulfate de magnésie dissous à saturation à la température ordinaire.

Les *solutions des caséines dans les solutions de sels neutres* peuvent être bouillies sans précipiter leur caséine. Ces solutions, et pour prendre un exemple, les solutions dans le fluorure de sodium, sont précipitées par un courant de gaz carbonique agissant après dilution de la solution, et, pour une dilution convenable, peuvent être totalement précipitées. Elles sont précipitées par l'acide acétique, et, pour une proportion convenable d'acide, totalement précipitées. Elles sont totalement précipitées par le sulfate de magnésie dissous à saturation ; — mais elles ne sont nullement précipitées par le chlorure de sodium dissous à saturation à la température ordinaire (à la température d'ébullition, elles sont précipitées au contraire par ce sel dissous à saturation).

Les solutions des caséines dans les sels, et les solutions dans les alcalis diffèrent donc par deux propriétés : les premières sont précipitées, les secondes ne sont pas précipitées après dilution par le gaz carbonique ; — les premières ne sont pas précipitées, les secondes sont précipitées totalement par le chlorure de sodium dissous à saturation à la température ordinaire.

Le lait ne précipite pas à l'ébullition.

Lorsqu'on additionne le lait de 1 à 2 p. 1000 d'acide acétique, on détermine la production d'un précipité floconneux, entraînant les globules gras : le liquide débarrassé du précipité est transparent et très peu coloré.

Lorsqu'on sature le lait de sulfate de magnésie à

froid, on détermine la production d'un précipité floconneux englobant les globules gras, se produisant au sein d'une liqueur transparente.

Lorsqu'on fait passer un courant de gaz carbonique dans du lait dilué ou non dilué, il ne se produit pas de précipitation.

Lorsqu'on sature de chlorure de sodium à froid le lait, il se produit un précipité englobant les globules gras; la liqueur débarrassée du précipité est transparente.

Le *lait* se comporte donc comme une *solution de caséine dans les alcalis ou les phosphates alcalins*, et non comme une solution saline.

Le précipité produit dans le lait par l'acide acétique est constitué par une substance appelée *caséine*. Cette substance est insoluble dans les solutions étendues de chlorure de sodium. Le précipité produi dans le lait par le chlorure de sodium dissous à saturation à froid n'est pas de la caséine : il se dissout dans les solutions étendues de chlorure de sodium; on l'appelle *substance caséinogène*. Le lait contient une substance caséinogène, transformée par les acides dilués en caséine et précipitée.

Lorsqu'on précipite le lait par l'acide acétique ou par le sulfate de magnésie dissous à saturation à froid, ou par le chlorure de sodium dissous à saturation à froid, la liqueur transparente séparée du précipité donne un coagulum protéique à la température d'ébullition. Or la caséine est totalement précipitée de ses solutions phospho-alcalines par ces 3 agents : acide acétique, sulfate de magnésie et chlorure de sodium. Donc le lait contient en solution des substances protéiques autres que la caséine. — Ces substances protéiques qui restent en solution dans le lait, après précipitation de la caséine, ne doivent pas être considérées comme un résidu de caséine non précipitée, car ces substances sont coagulables : le coagulum produit à l'ébullition est notamment insoluble dans les solutions aqueuses de fluorure de sodium à 1 p. 100.

Que sont ces substances albuminoïdes coagulables contenues dans le lait ?

Le lait saturé de sulfate de magnésie à froid précipite : le liquide clair séparé de ce précipité coagule à l'ébullition ; ce coagulum, nous l'avons vu, n'est pas un reste de caséine, puisqu'il n'est pas soluble dans le fluorure de sodium ; — ce n'est pas un coagulum de globulines, puisque, par définition, les globulines sont totalement précipitées de leurs solutions par saturation de sulfate de magnésie à froid. Ce ne peut être qu'un coagulum d'albumine. Cette albumine a été appelée *lactalbumine*.

Le lait saturé de chlorure de sodium à froid précipite : le liquide clair séparé de ce précipité donne un nouveau précipité lorsqu'on le sature de sulfate de magnésie à froid ; — ce nouveau précipité n'est pas un reste de caséine, parce que la liqueur ne contenait plus de substances protéiques non coagulables ; — ce n'est pas une albumine, car les albumines ne sont pas précipitées par le sulfate de magnésie, même en présence de chlorure de sodium ; c'est une globuline. On l'a appelée la *lactoglobuline*.

La lactalbumine présente les propriétés générales des albumines, et notamment de la sérumalbumine, dont elle ne diffère que par son pouvoir rotatoire.

La lactoglobuline présente les propriétés générales des globulines, et dans le groupe des globulines, celles de la sérumglobuline, dont elle diffère peu.

La quantité de caséine contenue dans le lait de vache est d'environ 4 p. 100. La quantité des substances albuminoïdes coagulables est beaucoup moins considérable : elle varie beaucoup suivant le lait considéré. La substance protéique la plus importante du lait, la plus abondante, celle qui caractérise le lait et lui communique ses propriétés, est la caséine; les autres substances protéiques contenues dans le lait doivent être mises au second plan.

Lorsque le lait est traité par la *présure*, il coagule. Les présures sont essentiellement des extraits de caillettes de veaux ou de chevreaux, préparés de différentes façons. Cette coagulation du lait par la présure est la première phase de la fabrication industrielle des fromages; — c'est également la première phase de la digestion du lait, la phase de digestion gastrique. A ce double point de vue, elle mérite d'être étudiée.

Supposons donc qu'on additionne le lait de présure à une température de 30° à 40°. Au bout d'un temps plus ou moins long suivant la nature du lait, suivant la nature et la quantité de la présure employée, le lait se prend en une masse homogène solide, un peu tremblotante, à cassure irrégulière. Abandonné à lui-même, ce caillot se rétracte, expulsant un liquide transparent. Le caillot est essentiellement constitué par une matière protéique précipitée appartenant à la classe des caséines (nous verrons que ce n'est plus de la caséine, mais un produit de transformation de la caséine), englobant dans sa masse les globules gras du lait.

On ne peut pas ne pas voir l'analogie, au moins l'analogie extérieure de ce phénomène, avec le phénomène de coagulation spontanée du sang. Dans les deux cas, un liquide organique essentiellement constitué par un liquide ou plasma tenant en suspension des éléments figurés, globules sanguins ou globules du lait, se prend en une masse gélatineuse totale. Dans les deux cas, cette masse se rétracte en expulsant un liquide clair, un sérum. Dans les deux cas, la masse solide rétractée est essentiellement constituée par une substance protéique, fondamentale, englobant et fixant les éléments figurés du liquide, globules sanguins ou globules du lait.

Résumons ces notions dans le tableau suivant :

(I)	Sang.	{ Plasma. { Globules.	Lait.	{ Lactoplasma. { Globules du lait.

(II)	Sang. coagulé.	{ Caillot. { Substance protéique. { { Globules. { Sérum.
	Lait coagulé.	{ Caillot. { Substance protéique. { { Globules. { Lactosérum.

Le *lait de vache bouilli* coagule toujours moins rapidement que le même lait non bouilli : le caillot obtenu en partant du lait bouilli est moins compact et moins rétractile. L'addition d'un peu d'acide ou de sels de chaux favorise la coagulation du lait et rend la rétraction du caillot plus rapide et plus grande. Les alcalis ou les carbonates d'alcalis retardent la coagulation du lait et diminuent la rétraction du caillot. Le lait cru ou bouilli saturé de gaz carbonique coagule très rapidement.

Cette coagulation du lait par la présure doit-elle être rapprochée de la coagulation par autoacidification?

Non, car les présures ne sont pas nécessairement des produits acides. — *Non*, car la réaction du lait, après coagulation par des présures neutres, est neutre, comme elle est neutre avant l'addition de la présure. — *Non*, car nous verrons que les produits de la coagulation par l'acide lactique et ceux de la coagulation par la présure ne sont pas identiques.

Il faut par conséquent distinguer ces phénomènes en leur donnant des noms convenablement choisis. La coagulation du lait par autoacidification ne peut pas être une coagulation véritable, puisque la caséine est incoagulable : c'est, nous l'avons dit, une *précipitation de la caséine*. Le lait précipite sa caséine par *autoacidification*. La coagulation du lait par la présure n'est pas une coagulation; ce n'est pas non plus une simple précipitation, car le produit précipité n'est plus de la caséine. Il faut désigner ce phénomène par un nom spécial : nous l'appellerons *caséification* : le lait est caséifié, la caséine est caséifiée par la présure.

Mais qu'est-ce que ce phénomène de caséification?

Les *présures* sont des produits très complexes : ils contiennent des sels et des matières organiques diverses. Quelle est parmi toutes les substances qui les constituent la substance active? — Soumises à l'ébullition, les présures perdent leur activité; — traitées par l'alcool, les présures donnent des précipités qui, séparés de la liqueur et dissous dans l'eau, communiquent à cette eau le pouvoir caséifiant. Le principe actif de la présure est un *ferment soluble* décrit et étudié sous le nom de *labferment.* La caséification du lait est un phénomène de *fermentation diastasique.*

Quelles transformations s'accomplissent dans le lait pendant et par la caséification?

Le lait, nous l'avons dit, contient 3 substances protéiques : une caséine (le caséinogène), une lactoglobuline et une lactalbumine. — Le lait caséifié présente à étudier un caillot et un sérum; le caillot contient une substance protéique, une caséine; le sérum contient 3 substances albuminoïdes.

La *substance protéique du caillot* est une caséine; mais ce n'est plus de la caséine ou du caséinogène. Elle se distingue de la caséine et du caséinogène par les caractères suivants : la caséine et le caséinogène peuvent être préparés purs : par incinération ils ne laissent pas de résidu salin; la substance protéique du caillot n'a jamais pu être obtenue telle que par incinération elle ne laisse pas de résidu salin. La substance protéique du caillot est soluble dans les alcalis et les acides, mais elle y est beaucoup moins soluble que la caséine et le caséinogène; c'est une substance de nouvelle formation ; nous l'appellerons *caséum*.

Le *lactosérum* contient 3 substances albuminoïdes : la lactalbumine et la lactoglobuline du lait, et une substance albuminoïde de nouvelle formation. Cette substance n'est pas coagulée ou précipitée à l'ébullition; elle n'est pas précipitée par les acides; — elle rappelle donc par ces propriétés les protéoses : c'est la protéose du lactosérum, la *lactosérumprotéose*. C'est la *substance albuminoïde caractéristique du lactosérum*.

Cette étude des substances protéiques du caillot et du sérum du lait caséifié démontre que dans la caséification la caséine du lait est transformée, qu'elle subit un dédoublement donnant naissance à deux substances protéiques, l'une qu'on retrouve dans le caillot dont elle constitue la masse fondamentale, l'autre qu'on retrouve en solution dans le lactosérum.

Faut-il considérer la caséification du lait comme un simple dédoublement de la caséine en caséum et lactosérumprotéose? Non. — Entre la caséine et le caséum, il y a une substance intermédiaire.

L'étude de l'action de la présure sur le *lait décalcifié* nous permet de connaître cette substance intermédiaire, ce terme de passage.

Additionnons le lait de 1 p. 1000 d'oxalate neutre de potasse, et après l'avoir additionné de présure, portons à 40° ce lait oxalaté (et par conséquent décalcifié, l'oxalate d'alcali précipitant les sels solubles de calcium à l'état d'oxalate calcique). Il ne se forme pas de caséum : le lait reste liquide. La caséification du lait, la production de caséum exige donc la présence dans le lait soumis à l'action du labferment, de sels calciques dissous. Mais si la présure ne caséifie pas, au sens propre du mot, le lait oxalaté, elle transforme cependant profondément ce lait, ainsi que le démontrent les faits suivants :

Le lait oxalaté à 1 p. 1000 ne précipite pas par l'ébullition, et ne précipite pas quand on l'additionne de 1 p. 1000 de chlorure de calcium. — Le lait oxalaté à 1 p. 1000, soumis à l'action du labferment à 40° pendant un temps suffisant, donne à l'ébullition un précipité floconneux, englobant les globules gras du lait, et donne par addition de 1 p. 1000 de chlorure de calcium un précipité dont les flocons s'agglomèrent rapidement en une masse assez homogène et rétractile englobant les globules gras.

La substance qui se précipite par addition de chlorure de calcium au lait oxalaté transformé par la présure est du caséum.

La substance qui se précipite à l'ébullition n'est pas de la caséine : la caséine ne se précipite pas dans le lait (même dans le lait oxalaté) à l'ébullition ; ce n'est pas du caséum : le caséum est insoluble dans le lait oxalaté à 1 p. 1000. Ce n'est plus de la caséine ; ce n'est pas encore du caséum : c'est une substance intermédiaire à la caséine et au caséum :

nous l'appellerons *substance caséogène,* car c'est la substance génératrice du caséum.

Lorsqu'on ajoute au lait oxalaté, transformé par la présure, un sel calcique, il se forme une combinaison de la substance caséogène et du sel calcique soluble; cette combinaison calcique, insoluble dans le lait, est le *caséum,* le caséum calcique, le caséum du lait naturel.

On peut substituer au sel de calcium, un autre sel alcalino-terreux; on peut additionner le lait oxalaté, transformé par la présure, de chlorure de baryum, de chlorure de strontium, de chlorure de magnésium : on détermine la formation d'une combinaison de la substance caséogène avec le sel alcalino-terreux, la formation d'un *caséum de baryum, de strontium* ou *de magnésium.*

On peut étudier les phénomènes de caséification au moyen des solutions phosphosodiques de caséine.

Le lait est précipité par 1 p. 1000 d'acide acétique : le précipité de caséine est débarrassé de l'acide qui a servi à la précipitation par lavages à l'eau, et des globules gras qu'il a entraînés par lavages à l'alcool et à l'éther. Ainsi préparée, la caséine est dissoute dans une solution très étendue de soude caustique, et la solution alcaline de caséine est exactement neutralisée par l'acide phosphorique.

Une telle solution présente les deux caractères suivants : la caséine en solution peut être totalement précipitée par addition d'une quantité convenable d'acide acétique; — la caséine en solution peut être précipitée par addition de chlorure de calcium; mais seulement par une assez forte proportion de chlorure de calcium.

Faisons agir sur une telle solution de la présure à 40°. Nous constaterons : 1° que la substance en solution n'est

plus totalement précipitée par l'acide acétique, quelle
que soit la proportion de cet acide ; — 2° qu'elle est précipitée par de très petites quantités de chlorure de
calcium.

La caséine a donc été dédoublée en 2 substances, l'une
qui n'est plus précipitée par l'acide acétique : c'est la
lactosérumprotéose ; l'autre qui est précipitée par de
faibles quantités de chlorure de calcium; c'est la substance caséogène. Par le chlorure de calcium cette
substance caséogène est précipitée à l'état de caséum.

Nous le voyons, la solution phosphosodique de caséine
permet d'analyser les phénomènes de caséification de la
caséine comme le lait oxalaté.

Si l'on prépare une solution phosphocalcique de
caséine, en dissolvant la caséine dans l'eau de chaux et
neutralisant par l'acide phosphorique, on obtient une
solution qui est caséifiable par la présure, comme l'est le
lait naturel. On constate la formation d'un caséum insoluble, et il reste en solution une substance albuminoïde
non coagulée par la chaleur, non précipitée par les acides,
la lactosérumprotéose.

Cette étude que nous venons de faire des phénomènes intimes de la caséification du lait, nous
permet de montrer *l'analogie* profonde qui existe
*entre la coagulation spontanée du sang et la caséification
du lait* (1). Dans les deux cas, on est en présence d'un
phénomène de *fermentation diastasique* : dans les
deux cas, une substance protéique dissoute dans
le plasma est *dédoublée*, et des produits de dédoublement l'un reste en solution dans le sérum ; dans
les deux cas, il n'y a pas seulement dédoublement,

(1) Le parallèle de la coagulation du sang et de la caséification du
lait ici présenté suppose admise la théorie de la coagulation du sang
telle qu'elle a été précédemment exposée.

mais aussi *combinaison de l'un des produits de dédoublement avec les sels calciques* ; dans les deux cas,
par suite, les *sels calciques sont nécessaires* à l'achève-
ment du phénomène. Il faut cependant noter les
dissemblances suivantes : — en l'absence des sels
de chaux le fibrinogène n'est pas transformé par le
fibrinferment ; la caséine au contraire est dédoublée
dans ces conditions ; — dans ce dédoublement du
fibrinogène par le fibrinferment prennent naissance
2 globulines, par conséquent 2 substances appartenant au groupe du générateur ; dans le dédoublement de la caséine par le labferment, prennent
naissance une caséine et une protéose ; — les sels
de strontium seuls peuvent être substitués aux
sels de calcium dans la production de fibrine ;
les sels de magnésium, de baryum et de strontium
peuvent remplacer les sels de calcium dans la
production du caséum.

Colostrum. — On désigne sous le nom de *colostrum*,
le lait jaunâtre, épais et visqueux sécrété pendant
les premières heures ou quelquefois pendant les
premiers jours qui suivent la mise bas. Le colostrum se distingue du lait normal par les caractères
suivants :

1. Le colostrum renferme, outre les globules du
lait, des éléments appelés *globules du colostrum*,
caractérisés par leur grosseur (20 millièmes de
millimètre environ) et par leur aspect granulé.

2. Le colostrum coagule à l'ébullition, tantôt en
une masse compacte, rappelant le blanc d'œuf
cuit, tantôt en gros grumeaux, flottant dans un

liquide jaunâtre et transparent : le coagulum retient les globules gras et les globules de colostrum.

3. Le colostrum additionné de présure à 40° n'est pas caséifié : il reste parfaitement liquide.

La constitution du colostrum est la même que celle du lait, qualitativement, au moins : il contient du sucre de lait, des matières grasses neutres et des substances protéiques qui sont de la caséine, de la lactalbumine et de la lactoglobuline. Mais, tandis que dans le lait la caséine constitue la plus grande partie des substances protéiques et donne au lait ses propriétés ; dans le colostrum, ce sont les substances albuminoïdes coagulables, lactalbumine et lactoglobuline, qui communiquent au colostrum ses propriétés. C'est ainsi que le colostrum coagule à l'ébullition : le coagulum de lactalbumine et lactoglobuline entraîne avec lui la caséine. — Mais comment expliquer que le colostrum, qui contient de la caséine, ne donne pas de caséum par la présure ? Nous n'en savons rien. Mais nous pouvons rendre ce colostrum caséifiable : il suffit de l'additionner d'une faible proportion de chlorure de calcium. Le caséum se forme alors, entraînant avec lui les globules gras et une forte proportion de lactalbumine et de lactoglobuline.

Pour démontrer dans le colostrum la présence des 3 substances protéiques : caséine, lactalbumine et lactoglobuline, on peut procéder de la façon suivante :

Additionnons le colostrum d'acide acétique, jusqu'à ce qu'il se produise un précipité floconneux ; lavons ce précipité à l'eau ; faisons-le bouillir dans l'eau pour coaguler les substances albuminoïdes coagulables qu'il peut contenir ; mettons-le en présence de fluorure de sodium à 1 p. 100 : une substance protéique se dissout, et la solution fluorée présente toutes les propriétés des solutions salines de caséine. Le colostrum contient donc de la caséine.

Saturons le colostrum de sulfate de magnésie à froid ; séparons le précipité par filtration : la liqueur claire coagule par la chaleur : elle contient une substance albuminoïde coagulable, une albumine, la lactalbumine.

Saturons le colostrum de chlorure de sodium à froid ; séparons le précipité par filtration : la liqueur claire précipite par le sulfate de magnésie dissous à saturation , elle contient donc une globuline, la lactoglobuline.

Tels sont les caractères du colostrum vrai, de celui qui est sécrété aussitôt après la mise bas. Mais peu à peu ces caractères se modifient : tout d'abord le colostrum devient caséifiable par la présure, tout en restant coagulable à l'ébullition ; — puis le coagulum produit par l'ébullition devient de moins en moins abondant, la liqueur séparée de ce coagulum devenant de plus en plus trouble et laiteuse. Finalement le colostrum perd sa coagulabilité par l'ébullition : c'est alors du lait véritable. Le colostrum, d'abord très riche en substances albuminoïdes coagulables et relativement pauvre en caséine, est devenu de moins en moins riche en substances albuminoïdes coagulables et de plus en plus riche en caséine, jusqu'à ce que sa constitution soit celle du lait véritable.

Le *lait de chèvre*, blanc nacré éclatant, le *lait de brebis*, jaunâtre, présentent une grande analogie avec le lait de vache.

Les *laits de jument* et d'*ânesse*, moins blancs que le lait de vache, sont beaucoup plus pauvres que ce dernier en substances protéiques : les acides déterminent dans ces laits un léger précipité floconneux, flottant dans un liquide un peu trouble ; — la présure fait cailler ces laits, mais le caillot est toujours peu volumineux, très poreux et très peu rétractile : le lactosérum est trouble.

Le *lait des carnivores*, notamment le *lait de chienne*, se distingue par sa richesse en substances protéiques : la présure caséifie ce lait, mais le caillot est floconneux et ne rappelle plus le caillot du lait de vache ; ce caillot est peu rétractile : le lactosérum est peu abondant.

Le *lait de femme* a la même composition qualitative que les laits que nous venons d'étudier. Quantitativement, il diffère du lait de vache par sa pauvreté en substances protéiques et par sa richesse en sucre de lait. En moyenne le lait de femme contient 3 p. 100 de matières grasses, 3 p. 100 de substances protéiques et 6 p. 100 de sucre de lait.

La caséine du lait de femme est précipitée par les acides : mais il faut ajouter au lait une forte proportion d'acide, et alors elle se précipite sous forme

de flocons légers nageant dans un liquide louche (1).
Par la présure le lait de femme donne un caséum ;
mais ce caséum est peu abondant, très poreux, à
peine rétractile ; le lactosérum est très trouble.

Le lait de femme ne subit pas facilement la
fermentation lactique ; on sait que le lait de vache
au contraire est un milieu très favorable au développement du ferment lactique.

(1) La caséine du lait de femme se distinguerait encore de la caséine du lait de vache en ce que traitée par la pepsine chlorhydrique,
elle se transformerait sans déposer de paranucléine.

CHAPITRE XVI

LA SALIVE

Sommaire. — Constitution chimique de la salive. La mucine, le sulfo-cyanure. Propriété diastasique de la salive : la ptyaline. Saccharification de l'amidon : les dextrines et la maltose. Comparaison de la saccharification par la salive et de la saccharification par les acides.

Différentes glandes, dites *glandes salivaires*, situées au voisinage ou dans les parois de la cavité buccale, déversent leur sécrétion dans cette cavité. La *salive mixte* est formée par le mélange des différentes salives : *parotidienne, sous-maxillaire, sublinguale* et *buccale.*

Comme tous les liquides de l'organisme, la salive mixte contient en solution des sels minéraux. Ces sels sont surtout des chlorures et des phosphates, des sels de potasse, de soude et de chaux. On doit aussi signaler dans la salive la présence d'une petite quantité de carbonates d'alcalis, auxquels il faut rapporter sa réaction légèrement alcaline.

Parmi les éléments organiques de la salive, il en est 3 à signaler : une *mucine*, une *substance albumi-noïde*, un *sulfocyanure.*

La *mucine salivaire* provient surtout de la sécré-tion de la glande sous-maxillaire; la salive sous-maxillaire est manifestement plus visqueuse que les autres salives.

Supposons isolée cette mucine salivaire : c'est une substance blanche, filamenteuse et gluante. Elle se dissout dans les solutions très étendues d'alcalis caustiques (potasse, soude, ammoniaque), donnant des liqueurs à réaction neutre lorsque le dissolvant n'est pas employé en excès. Ces solutions neutres ne sont ni coagulées, ni précipitées à l'ébullition. Elles sont précipitées par l'alcool en présence de sels. Elles sont précipitées et précipitées totalement par addition d'acide acétique : le précipité produit est absolument insoluble dans un excès quelconque d'acide acétique (l'acide acétique ne précipiterait pas ces solutions en présence d'un excès de chlorure de sodium, 5 à 10 p. 100, par exemple). Elles sont également précipitées par une petite quantité d'acide chlorhydrique, mais le précipité se redissout dans un excès de cet acide. Bouillies avec l'acide sulfurique ou l'acide chlorhydrique dilués, les solutions de mucine salivaire sont dédoublées en une substance albuminoïde et un hydrate de carbone, capable de réduire la liqueur cupropotassique de Fehling : cet hydrate de carbone est la *gomme animale* de Landwehr.

En se fondant sur ces quelques propriétés de la mucine salivaire, on peut la mettre en évidence dans la salive, la préparer ou la doser.

En traitant la salive par l'acide acétique, on détermine la production d'un précipité insoluble dans un excès d'acide acétique : ce précipité est un précipité de mucine, car, de toutes les substances contenues normalement dans la salive, aucune, si ce n'est la mucine, ne possède cette double propriété; — les autres éléments de la salive, chlorures, phosphates, sels d'alcalis et de terres alcalines, sulfocyanures, etc., ne sont pas précipités par l'acide acétique; — la petite quantité de substance albuminoïde contenue dans la salive peut être précipitée par l'acide acétique, mais le précipité se redissout dans un excès d'acide.

On peut préparer la mucine salivaire en partant de la salive; mais le plus souvent on se sert pour faire cette préparation de la macération aqueuse des glandes sous-maxillaires de veau. La liqueur contenant en solution la mucine est additionnée de petites quantités d'acide chlorhydrique : un précipité se forme; on continue d'ajouter l'acide chlorhydrique jusqu'à ce que la liqueur en contienne 0,15 p. 100 : le précipité s'est redissous. On précipite la mucine de cette liqueur acide en diluant par 5 volumes d'eau distillée.

Enfin, pour doser la mucine salivaire, on ajoute à la salive de l'acide acétique en excès; on lave le précipité avec de l'eau fortement acétique jusqu'à ce que les eaux de lavage n'entraînent plus ni matières salines, ni substances albuminoïdes.

La salive contient toujours une très petite quantité d'une *substance albuminoïde*, coagulable par la chaleur, appartenant au groupe des *globulines*. Cette substance existe dans la salive en quantité extrêmement petite.

Enfin la salive renferme des *sulfocyanures*.

Les *sulfocyanures* se rattachent au groupe du cyanogène. — On sait que l'acide cyanique a pour formule $CAzOH$, et le cyanate de potasse $CAzOK$. L'acide sulfocyanhydrique répond à la formule $CAzSH$; c'est donc de l'acide cyanique dans lequel l'oxygène divalent a été remplacé par le soufre également divalent; le sulfocyanure de potassium est $CAzSK$.

Les sulfocyanures d'alcalis sont des sels solubles dans l'eau, et dans l'alcool. Lorsqu'on ajoute à leurs solutions une solution de chlorure ferrique, on fait apparaître une coloration rouge sang intense que l'acide chlorhydrique fort ne fait pas disparaître (les acétates d'alcalis donnent également avec le chlorure ferrique une coloration rouge foncé, mais cette coloration disparaît en présence d'un excès d'acide chlorhydrique).

On peut affirmer l'existence dans la salive de sulfocyanure pour les raisons suivantes :

La salive acidulée par l'acide chlorhydrique et additionnée d'une solution étendue de chlorure ferrique prend une coloration rouge sang intense.

L'extrait alcoolique de salive donne la même réaction colorée.

L'extrait alcoolique contient une substance sulfurée, car, après action d'un mélange de chlorate de potasse et d'acide chlorhydrique (mélange oxydant), il présente les réactions des sulfates : cette substance sulfurée, soluble dans l'alcool puisqu'elle existe dans l'extrait alcoolique, ne peut être ni un sulfate neutre, ni une substance albuminoïde, ni une mucine, ces susbtances étant insolubles dans l'alcool.

La salive contient donc une substance sulfurée, transformable en sulfate par les agents oxydants, soluble dans l'eau, soluble dans l'alcool, donnant, en présence d'acide chlorhydrique et de perchlorure de fer, une coloration rouge; — elle *contient des sulfocyanures.*

Le sulfocyanure existe normalement dans la salive mixte, mais en très faible quantité, environ 0,008 p. 100. Quelquefois même la quantité de ce sel est si faible qu'il est difficile de mettre en évidence son existence par la réaction colorée c'est ce qui avait conduit certains auteurs à penser que le sulfocyanure n'est pas un élément normal de la salive.

La salive possède une *propriété diastasique*, ou si l'on veut employer les expressions usuelles, la salive renferme un *ferment soluble*, un ferment appelé *diastase salivaire*, ou *ferment saccharifiant* de la salive, ou mieux *ferment amylolytique* salivaire, *amylase* salivaire ou *ptyaline*.

La salive peut transformer l'amidon cuit; elle peut le *saccharifier*, comme on dit quelquefois.

Les solutions aqueuses d'empois d'amidon ont, on le sait, la propriété de se colorer en bleu par l'eau iodée, de ne pas réduire la liqueur cupropotassique de Fehling et de ne pas fermenter par la levure de bière. — Lorsque ces solutions ont été soumises à l'action de la salive, à une température voisine de la température du corps, pendant un temps convenable, variable suivant la salive employée, on constate qu'elles ont perdu la propriété de se colorer en bleu par l'iode et qu'elles ont acquis la propriété de réduire la liqueur cupropotassique de Fehling et de fermenter par la levure de bière. L'amidon a donc été transformé.

Cette action de la salive sur l'amidon est une action diastasique, une fermentation chimique : cette action est suspendue à basse température, accélérée aux températures voisines de 40°, définitivement détruite par l'ébullition sans que la réaction et la composition chimique du liquide soient modifiées d'une façon appréciable.

Étudions avec quelques détails cette action de la salive sur la solution d'*empois d'amidon*, en écartant par des moyens convenablement choisis l'action des microbes. Pour faire cette étude, examinons la composition de la solution à différents moments.

Nous opérons sur une solution d'empois d'amidon incapable de réduire la liqueur de Fehling et de fermenter par la levure de bière, se colorant en bleu par l'iode. Nous faisons agir la salive (la salive normale ne réduit pas la liqueur cupropotassique, ne fermente pas par la levure de bière, ne se colore pas par l'iode) jusqu'à ce que le mélange ne se colore plus en bleu par l'iode. A ce moment, nous constatons que la solution a les propriétés suivantes : elle donne un précipité par l'alcool ; elle se colore en rouge par l'eau iodée ; elle réduit la liqueur cupropotassique de Fehling; elle fermente par la levure de bière : elle contient des substances appartenant au groupe des *dextrines* et au groupe des *sucres fermentescibles*. Des recherches délicates ont prouvé qu'elle contient en réalité au moins 2 dextrines [une *érythrodextrine*, substance qui se colore en rouge par l'eau iodée, et une *achroodextrine*, substance qui ne se colore pas par l'eau iodée], et un sucre, qui est de la *maltose*, c'est-à-dire un sucre dextrogyre, réducteur, fermentescible, du groupe des saccharoses. Les dextrines, surtout l'érythrodextrine, sont abondantes ; la maltose est en petite quantité.

Laissons la salive agir plus longtemps sur la solution d'empois d'amidon : il arrive un moment où la solution ne se colore plus en rouge par l'iode : elle conserve ses autres propriétés, sa précipitabilité par l'alcool, son pouvoir réducteur, sa fermentescibilité. Elle ne contient plus d'érythrodextrine, mais elle contient encore de l'*achroodextrine* et de la *maltose;* cette dernière est devenue abondante.

Laissons enfin la salive agir pendant très longtemps sur l'empois d'amidon, pendant plusieurs jours, par exemple. Nous constatons que la solution renferme toujours de l'*achroodextrine* et de la *maltose* et ne renferme pas de substances de nouvelle formation. Isolons l'achroodextrine, en la précipitant par l'alcool, redissolvons-la dans l'eau, et faisons agir sur cette solution d'achroodextrine de la salive fraîche, nous n'observons pas de transformation : la liqueur, qui ne fermentait pas par la levure de bière avant l'action de la salive, ne fermente pas davantage après action de la salive. Ceci est vrai lorsque l'achroodextrine a été préparée au moyen de liqueurs soumises pendant très longtemps à l'action de la salive. Si au contraire on avait retiré l'achroodextrine des liqueurs, au moment où disparaît la réaction de l'érythrodextrine (coloration rouge par l'eau iodée), cette achroodextrine aurait été partiellement transformée en maltose par la salive. Ce fait a conduit les auteurs à considérer l'achroodextrine comme un mélange de plusieurs substances : on en distingue généralement 3 : *l'achroodextrine* α, *l'achroodextrine* β et *l'achroodextrine* γ, cette dernière étant la seule qui n'est pas modifiée par la salive : c'est celle qu'on retire des solutions soumises pendant très longtemps à l'action de la salive.

En résumé, lorsqu'on fait agir la salive sur une solution d'empois d'amidon, on constate : 1° l'apparition simultanée de dextrine et de maltose ; 2° la diminution progressive des dextrines et l'augmentation correspondante de la maltose ; 3° la disparition totale de l'érythrodextrine et des achroodextrines α et β, et la conservation indéfinie de l'achroodextrine γ.

Que faut-il conclure de ces faits ?

L'amidon peut être considéré comme un corps ayant pour formule $(C^6H^{10}O^5)^n$, la valeur de n étant au moins égale à 5 ou 6. *Sous l'influence de la salive, il se produit une série de dédoublements : chaque dédoublement* (accompagné d'une hydratation partielle) *donne naissance à une dextrine et à de la maltose* : les dextrines des dédoublements successifs ont pour formule $(C^6H^{10}O^5)^p$, p diminuant à chaque dédoublement nouveau. Pour préciser, l'amidon est dédoublé en maltose et érythrodextrine ; l'érythrodextrine est dédoublée en maltose et achroodextrine α ; l'achroodextrine α est dédoublée en maltose et achroodextrine β ; l'achroodextrine β est dédoublée en maltose et achroodextrine γ, cette dernière n'étant plus modifiable par la salive.

L'*amidon cru* est transformé par la salive comme l'amidon cuit : les produits de transformation sont identiques ; la transformation est seulement moins rapide. Le glycogène donne les mêmes produits de transformation que l'amidon : dextrines et maltose.

La *diastase de l'orge germé* transforme l'empois d'amidon en dextrines et maltose, comme le fait la diastase salivaire : ces deux diastases, agissant dans les mêmes conditions de température et de milieu, et déterminant la formation des mêmes produits de transformation, peuvent être considérées comme identiques.

Par l'action des *acides minéraux étendus*, à la température d'ébullition, sur les solutions d'empois d'amidon, on obtient les mêmes produits de transformation que par l'action des diastases : dextrines et maltose ; mais les produits ultimes de transformation ne sont pas les mêmes. Sous l'influence des acides dilués à l'ébullition, l'achroodextrine γ et la maltose subissent une hydratation et donnent de la glucose. De telle sorte que, lorsque l'action des diastases est épuisée, on a de l'achroodextrine et de la maltose, — lorsque l'action des acides est suffisamment prolongée, on a de la *glucose* et rien que de la glucose.

La *salive mixte humaine* possède un *pouvoir amylolytique* très énergique; les salives parotidienne et sous-maxillaire humaines recueillies pures de tout mélange avec quelque autre salive, possèdent également, au moins parfois, sinon toujours, le pouvoir amylolytique faible. En général, toutes les sécrétions salivaires de l'homme, à tout âge, peuvent produire plus ou moins énergiquement la transformation de l'amidon.

CHAPITRE XVII

LE SUC GASTRIQUE

Le suc gastrique, recueilli soit par une fistule gastrique, soit par sondage de l'estomac, est caractérisé par sa *réaction acide* et par 2 propriétés : il *peptonise les substances albuminoïdes* et il *caséifie le lait*. Il nous offre à étudier :

1. Des *combinaisons acides;*
2. Un *ferment peptonisant,* la *pepsine;*
3. Un *ferment caséifiant,* le *labferment.*

Le suc gastrique de l'homme ou du chien, recueilli pur de tout mélange, soit avec la salive soit avec des aliments, est un liquide clair, légèrement filant, à réaction acide, pouvant être bouilli sans se troubler, donnant par évaporation un résidu brun jaunâtre fortement acide, et par calcination des cendres blanches faiblement alcalines.

Le suc gastrique a une réaction acide : il rougit fortement le papier bleu de tournesol. Son acidité évaluée en acide chlorhydrique est, chez le chien, de 2,5 à 3,0 p. 1000. Cela veut dire que si l'on prend, par exemple, 100 centimètres cubes de suc gastrique de chien, il faut pour le neutraliser, ajouter une quantité de soude capable de neutraliser 100 centimètres cubes d'une solution d'acide chlorhydrique renfermant de 2,5 à 3,0 p. 1000 d'acide. — L'acidité du suc gastrique de l'homme est moindre : évaluée en acide chlorhydrique, elle est comprise entre 1,0 et 1,5 p. 1000.

Les cendres du suc gastrique contiennent essentiellement des chlorures et des phosphates de soude, de potasse, de chaux, de magnésie, elles ne renferment pas de sulfates ou de carbonates, au moins en quantités appréciables.

I. *Combinaisons acides.* — Le suc gastrique est *acide. Quelle est la substance, ou quelles sont les substances qui lui communiquent cette réaction?*

La plupart des auteurs ont attribué l'acidité du suc gastrique soit à la présence d'*acide chlorhydrique,* soit à la présence d'*acide lactique.*

Lorsqu'on soumet le suc gastrique à la distilla-

tion, disent les partisans de l'acide chlorhydrique,
il se dégage des vapeurs acides qui précipitent les
solutions d'azotate d'argent, à l'état de chlorure
d'argent : ces vapeurs sont des vapeurs chlorhydriques. Le suc gastrique doit donc son acidité à
la présence *d'acide chlorhydrique.*

Sans doute, répondent les partisans de *l'acide lactique,* il se produit par la distillation du suc gastrique un dégagement chlorhydrique, mais ce dégagement ne commence à se produire que lorsque le
suc gastrique a été évaporé à l'ébullition à consistance sirupeuse ; pendant tout le temps que se fait
l'évaporation, les vapeurs ne sont pas acides ; il
n'en serait pas de même si l'on avait véritablement
affaire à de l'acide chlorhydrique. Ce dégagement
d'acide chlorhydrique peut d'ailleurs parfaitement
s'expliquer par l'action d'un acide organique fort
sur le chlorure de sodium du suc gastrique. Or
le suc gastrique renferme des acides organiques,
notamment de l'acide lactique : on peut facilement
démontrer dans le suc gastrique la présence de cet
acide ; on peut l'en retirer, on peut préparer ses
sels, on peut déterminer sa composition et sa constitution chimiques. — C'est cet acide qui est le véritable acide du suc gastrique ; c'est lui qui en agissant à haute température sur le chlorure de sodium
dans le suc gastrique condensé, provoque le dégagement d'acide chlorhydrique.

Assurément, répliquent les partisans de l'acide
chlorhydrique, le suc gastrique renferme souvent
de l'acide lactique ; mais en renferme-t-il nécessai-

rement, en renferme-t-il toujours? Oui; chez les herbivores dont l'estomac n'est jamais vide et chez lesquels l'acide lactique provient de fermentations microbiennes, s'accomplissant dans la cavité gastrique. Non, chez les carnivores, pourvu qu'on recueille le suc gastrique vingt-quatre heures après le dernier repas. Or ce suc gastrique des carnivores à jeun, qui ne contient pas d'acide lactique, dégage des vapeurs chlorhydriques à la fin de la distillation. Ces vapeurs ne proviennent pas de la décomposition du chlorure de sodium par l'acide lactique, puisqu'il n'y a pas d'acide lactique.

L'acide du suc gastrique est de l'*acide chlorhydrique*, et, ajoutent-ils, en voici la démonstration : si dans un suc gastrique, on détermine la quantité totale de chlore d'une part, la quantité des bases métalliques, soude, potasse, chaux, magnésie, d'autre part, on trouve que la quantité de chlore est toujours supérieure à celle qui est nécessaire pour saturer la totalité des bases. Donc il y aurait dans le suc gastrique un excès de chlore non combiné aux métaux, alors même qu'on supposerait ces métaux uniquement à l'état de chlorures ; comme une partie de ces métaux est à l'état de phosphates, il en résulte *a fortiori* qu'une partie du chlore du suc gastrique n'est pas combinée aux métaux.

D'autre part, supposons faite l'analyse de la quantité totale de chlore, de phosphore et de bases d'un suc gastrique. Supposons qu'on emploie la totalité du phosphore à faire des phosphates tribasiques avec une partie des bases ; et qu'on sature ce qui reste de bases par une quantité convenable de chlore, il reste un excès de chlore. Calculons la quantité d'acide chlorhydrique que peut donner cet excès de chlore. Déterminons enfin directement l'acidité du suc gastrique évaluée en acide chlorhydrique. Nous trouvons pour ces deux valeurs d'acide clorhydrique des nombres sensiblement égaux. Le suc gastrique se comporte donc comme si l'excès de chlore était à l'état d'acide chlorhydrique.

D'où cette conclusion : *Le suc gastrique doit son acidité soit à de l'acide chlorhydrique, soit à des combinaisons chlorées organiques acides*, ces combinaisons ayant une acidité égale à celle de l'acide chlorhydrique qui entre dans leur composition.

La question que nous nous sommes posée se ramène ainsi à la suivante : *Les combinaisons acides du suc gastrique sont-elles de l'acide chlorhydrique libre, ou des combinaisons chlorées organiques acides?* — Les expériences que nous allons relater nous renseigneront à cet égard.

Nous appelons *acide chlorhydrique libre* l'acide chlorhydrique en solution dans l'eau. Lorsqu'une liqueur présente les propriétés et toutes les propriétés, de l'acide chlorhydrique en solution dans l'eau, elle contient de l'acide chlorhydrique libre. Lorsqu'une liqueur présente quelques-unes des propriétés, la plupart même des propriétés, mais pas toutes les propriétés, de l'acide chlorhydrique en solution dans l'eau, elle ne contient pas d'acide chlorhydrique libre.

Lorsqu'on traite par une solution aqueuse d'acide chlorhydrique une solution d'acétate de soude, de telle façon que le mélange contienne 1 équivalent d'acide chlorhydrique pour 1 équivalent d'acétate de soude, les 33/34 de l'acétate de soude sont transformés en chlorure de sodium. — Losqu'on traite une solution d'*acétate de soude* par du *suc gastrique*, de façon que le mélange contienne pour 1 équivalent d'acétate de soude une quantité de suc gastrique d'acidité égale à 1 équivalent d'acide chlorhydrique, la moitié seulement de l'acétate de soude est transformée en chlorure de sodium.

Lorsqu'on soumet à la *dialyse* une solution aqueuse d'*acide chlorhydrique* et de *chlorure de sodium*, le rapport de la quantité d'acide à la quantité de chlorure de sodium est plus grand dans le liquide extérieur que dans le liquide soumis à la dialyse : l'acide chlorhydrique dialyse donc plus vite que le chlorure de sodium. — Lorsqu'on soumet à la *dialyse* du *suc gastrique*, on constate que le rapport du chlore aux bases est plus petit dans le liquide extérieur que dans le liquide soumis à la dialyse : les chlorures du suc gastrique dialysent donc plus vite que les combinaisons acides.

Lorsqu'on fait *bouillir* une solution de *sucre de canne* pendant un temps donné avec une *solution chlorhydrique diluée* pure, d'une part, et avec un *suc gastrique* de même acidité, d'autre part, la quantité de sucre interverti par la solution acide est toujours plus considérable que la quantité intervertie par le suc gastrique.

Ces expériences prouvent que les *combinaisons acides du suc gastrique ne peuvent pas être exclusivement de l'acide chlorhydrique libre;* elles ne permettent pas de savoir si ce sont exclusivement des combinaisons chlorées organiques ou un mélange de ces combinaisons avec de l'acide chlorhydrique libre. Les expériences suivantes, la seconde surtout, permettent au contraire de résoudre la question :

Lorsqu'on fait *bouillir* une solution d'*empois d'amidon* avec une solution étendue d'*acide chlorhydrique,* on transforme l'amidon en dextrines et sucre réducteur. — Lorsqu'on fait *bouillir* une solution d'*empois d'amidon* avec le *suc gastrique* ayant la même acidité que la solution acide précédente, on ne transforme pas l'amidon.

Lorsqu'on fait *bouillir une solution aqueuse d'acide chlorhydrique,* ou lorsqu'on introduit cette solution dans le vide, on provoque un dégagement de vapeurs chlorhydriques. — Lorsqu'on fait *bouillir un suc gastrique* sans le ramener à consistance sirupeuse, ou lorsqu'on le distille dans le vide, on ne provoque aucun dégagement chlorhydrique.

Donc *le suc gastrique ne contient pas d'acide chlorhydrique libre,* puisque deux au moins des propriétés de cet acide manquent au suc gastrique. Le *suc gastrique* ne *contient* que des *combinaisons chlorées organiques acides.*

Quelles sont ces combinaisons? Il nous est impossible de le dire actuellement : leur constitution chimique nous est inconnue; mais nous connaissons quelques-unes de leurs propriétés.

Ces combinaisons présentent une réaction acide au tournesol, à la phénylphtaléine, à l'acide rosolique. Comme l'acide chlorhydrique, elles font passer au bleu sombre le rouge congo ; elles décolorent la fuchsine ; elles font perdre aux solutions d'éosine leur dichroïsme ; elles font passer au bleu le violet de méthyle, et au vert émeraude le vert malachite (toutes ces réactions et quelques autres, dites réactions colorées, ont été considérées comme pouvant démontrer dans le suc gastrique l'existence d'acide chlorhydrique libre : elles démontrent simplement l'existence de combinaisons qui se comportent vis-à-vis de ces matières colorantes comme se comporte l'acide chlorhydrique libre, ce qui est bien différent).

Nous avons vu précédemment que les solutions de ces substances chlorées organiques acides agissent moins énergiquement que les solutions d'acide chlorhydrique de même acidité sur le sucre de canne et sur les acétates ; — qu'elles dialysent moins rapidement que les chlorures. — Nous avons vu en outre qu'elles sont incapables de transformer l'amidon en dextrines et sucre, et qu'elles ne sont volatiles ou décomposables ni dans le vide, ni à la température d'ébullition : ce n'est qu'à une température supérieure à 100° et lorsqu'elles sont concentrées, que ces combinaisons subissent une décomposition mettant en liberté l'acide chlorhydrique.

En résumé, *le suc gastrique doit essentiellement son acidité à des composés chlorés organiques acides qui présentent certaines propriétés des acides minéraux libres et en particulier de l'acide chlorhydrique libre, mais qui ne présentent pas toutes les propriétés de l'acide chlorhydrique libre*. Le suc gastrique ne contient pas d'acide chlorhydrique libre.

Cependant la plupart des auteurs considèrent dans le suc gastrique *l'acide chlorhydrique libre* et *l'acide chlorhydrique faiblement combiné*. — Nous ne pouvons admettre ces distinctions, nous avons dit pourquoi ; d'ailleurs ce qu'un auteur appelle acide chlorhydrique libre, tel autre ne le considère pas comme acide libre.

Tel auteur admet que le suc gastrique contient de l'acide chlorhydrique libre, quand il fait passer au bleu le violet de méthyle ; tel autre, quand il fait passer au vert le vert brillant ; tel autre, quand il bleuit le rouge congo ; tel autre, quand il décolore la fuchsine ; tel autre enfin quand, évaporé à consistance sirupeuse, il dégage des vapeurs chlorhydriques.

L'acide chlorhydrique ainsi considéré comme libre ne l'est pas réellement. D'ailleurs il arrive souvent qu'un suc gastrique examiné avec l'un des réactifs que nous venons d'indiquer, le rouge congo, par exemple, contient de l'acide chlorhydrique dit libre, et examiné avec un autre réactif, le violet de méthyle, par exemple, n'en contient pas.

Accessoirement le suc gastrique contient des *phosphates acides :* lorsqu'une liqueur contient des phosphates et présente une réaction acide, une partie au moins de l'acide phosphorique est à l'état de phosphates non saturés.

Accidentellement le suc gastrique contient de *l'acide lactique,* qui provient d'une transformation des hydrates de carbone de l'alimentation par le microorganisme connu sous le nom de ferment lactique.

Cet acide lactique peut être mis en évidence par la *réaction d'Uffelmann*. L'acide lactique possède la propriété de décolorer la liqueur violette obtenue en mélangeant une solution étendue de perchlorure de fer et une solution étendue de phénol.

Lorsque le suc gastrique contient de l'acide lactique, ou, en général, des acides organiques, il est possible d'extraire ces acides par l'éther. Lorsqu'on agite avec de l'éther une solution aqueuse d'un acide minéral, tel que l'acide chlorhydrique, la presque totalité de l'acide reste en solution dans l'eau. Lorsqu'on agite avec de l'éther une solution aqueuse d'un acide organique, tel que l'acide lactique, la presque totalité de l'acide passe en solution dans l'éther. — Les composés chlorés organiques acides du suc gastrique se comportent vis-à-vis de l'éther comme les acides minéraux : ils restent en solution dans l'eau.

Étant donné un suc gastrique, on peut se proposer de déterminer l'acidité totale, l'acidité due aux acides organiques, l'acidité due aux composés minéraux (sels acides et composés organiques chlorés), la quantité des composés organiques chlorés.

Pour doser l'*acidité totale*, il faut faire une détermination acidimétrique du suc gastrique en présence du tournesol, c'est-à-dire déterminer la quantité d'une solution alcaline titrée, capable de neutraliser la liqueur.

Pour doser l'*acidité due aux acides organiques*, le suc

gastrique est agité avec de l'éther qui dissout les acides organiques. La liqueur éthérée est évaporée, le résidu dissous dans l'eau et la solution aqueuse dosée acidimétriquement.

Pour doser *l'acidité due aux composés minéraux* (sels acides et composés organiques chlorés) il faut, en agitant le suc gastrique avec de l'éther, le débarrasser des acides organiques qu'il peut contenir, et en déterminer l'acidité en présence du tournesol.

Pour déterminer la *quantité des composés organiques chlorés*, ce que plusieurs auteurs appellent *l'acide chlorhydrique libre*, un grand nombre de méthodes ont été proposées ; on peut les ranger en trois groupes principaux.

Les *méthodes du premier groupe* consistent essentiellement à neutraliser le suc gastrique par une solution alcaline titrée, en présence de réactifs indicateurs convenablement choisis, tels que la fuchsine, le rouge congo, l'éosine etc. On admet que la solution alcaline ajoutée neutralise tout d'abord les composes chlorés organiques acides, à l'exclusion des sels acides du suc gastrique : les réactifs indicateurs permettent de saisir le moment où cette saturation est terminée. — *Ces méthodes sont mauvaises*, parce que rien ne prouve que les combinaisons chlorées organiques acides sont exclusivement saturées par la soude avant les autres substances à réaction acide du suc gastrique, notamment les phosphates acides ; — parce qu'aussi les réactifs indicateurs employés peuvent indiquer que la saturation des composés organiques chlorés acides est terminée alors qu'elle ne l'est, en réalité, pas encore.

Les *méthodes du second groupe* consistent essentiellement à doser le chlore total du suc gastrique d'une part, et le chlore des composés qui ne sont pas détruits à la température d'incinération d'autre part. La différence des deux nombres obtenus représente le chlore des composés organique chlorés. — Le dosage du chlore total se fait après incinération en présence du carbonate de soude qui retient l'acide chlorhydrique mis en liberté; — le dosage du chlore dit minéral se fait après incinération du suc gastrique. Les cendres, dans l'un et l'autre cas, sont dissoutes dans l'eau acidulée par l'acide nitrique ; les chlorures dissous sont précipités par l'azotate d'argent ; le précipité de chlorure d'argent est lavé, desséché et pesé. — On en déduit le poids de chlore correspondant.

— *Ces méthodes sont mauvaises*, parce que, pendant la dessiccation et surtout pendant l'incinération, une partie de l'acide chlorhydrique provenant de la dissociation des composés chlorés organiques acides peut être retenue par les phosphates monométalliques d'alcalis contenus dans le suc gastrique ; — inversement, par suite d'une action des phosphates dimétalliques alcalino-terreux du suc gastrique, une partie des chlorures métalliques est décomposée et de l'acide chlorhydrique est mis en liberté. Il y a ainsi deux causes d'erreur en sens inverse, ne se compensant pas nécessairement l'une l'autre. Il y a donc une erreur, soit en plus, soit en moins, dont il est impossible de déterminer une valeur approximative et même le sens.

Les méthodes du troisième groupe consistent à transformer les composés organiques chlorés acides en chlorure de baryum, par addition au suc gastrique de carbonate de baryum, dessiccation et incinération du mélange. Le résidu est formé de carbonate de baryum non transformé, — de phosphate de baryum résultant de l'action des phosphates acides du suc gastrique sur le carbonate de baryum, — de chlorure de baryum et des sels du suc gastrique. Parmi ces différentes substances, un seul sel de baryum est soluble dans l'eau : c'est le chlorure de baryum, provenant de l'action des composés organiques chlorés acides sur le carbonate de baryum. Dans l'extrait aqueux de ces cendres, il suffit donc de doser le baryum pour en déduire la quantité de chlore des composés chlorés organiques acides du suc gastrique. Ce dosage du baryum se fait en précipitant par le sulfate de soude en présence d'acide chlorhydrique : le précipité de sulfate de baryum insoluble est lavé, desséché, calciné et pesé.

Ces méthodes ne présentent pas les causes d'erreur

que nous avons signalées à propos des méthodes du second groupe, l'incinération se faisant en milieu neutre, et, par conséquent, en l'absence de phosphates monométalliques d'alcalis et de phosphates dimétalliques alcalino-terreux. Mais *elles ne sont pas à l'abri de toute cause d'erreur*, car, à la température de calcination, le carbonate de baryum peut réagir sur les chlorures alcalins du suc gastrique et former à leurs dépens un peu de chlorure de baryum : le chlore attribué aux composés organiques acides se trouve par suite plus considérable qu'il n'est en réalité.

Il existe d'autres méthodes de dosage des composés chlorés organiques acides du suc gastrique. Nous ne croyons pas devoir les exposer, aucune d'elles n'étant tout à fait bonne.

Si l'on détermine par plusieurs des méthodes proposées la quantité des composés chlorés organiques acides du suc gastrique, on trouve des résultats absolument différents : c'est là un fait qui vient confirmer l'importance des objections que nous avons présentées au sujet des méthodes de dosage et prouver que ces méthodes sont entachées de causes d'erreur.

Pepsine. — Le suc gastrique transforme les substances albuminoïdes : en particulier, il dissout la fibrine, le blanc d'œuf cuit, en les transformant. Le phénomène grossier de dissolution des substances albuminoïdes par le suc gastrique avait tout d'abord attiré seul l'attention des premiers observateurs ; ils avaient dit : le suc gastrique a la propriété de dissoudre les substances albuminoïdes (protéiques); il possède un *pouvoir protéolytique.*

Le suc gastrique doit-il son pouvoir protéolytique à ses combinaisons acides ?

Le suc gastrique, *exactement neutralisé*, en présence de tournesol, soit par un alcali caustique, soit par un carbonate d'alcali, ne possède plus aucun pouvoir protéolytique ; — acidulé de nouveau, le suc gastrique recouvre ce pouvoir protéolytique. Cette expérience démontre que *la présence de composés acides* dans le suc gastrique est une *condition nécessaire* de son activité protéolytique.

Le suc gastrique *bouilli* ne possède plus aucun pouvoir protéolytique. Or l'ébullition ne modifie l'acidité du suc gastrique ni quantitativement ni qualitativement : il faut, pour le neutraliser, la même quantité de soude avant et après ébullition ; il donne avant et après ébullition, les mêmes réactions colorées (fuchsine, éosine, rouge congo, etc.). — Cela prouve que si la *présence de composés acides* dans le suc gastrique est une *condition nécessaire*, ce *n'est pas une condition suffisante* de son activité protéolytique. Pour agir sur les substances albuminoïdes, le suc gastrique doit contenir encore un agent qui est détruit à la température d'ébullition. Cet agent est un *ferment soluble, la pepsine.*

En résumé, le suc gastrique doit son pouvoir protéolytique à un ferment soluble, la pepsine, agissant sur les substances albuminoïdes en milieu acide. Privé de pepsine par l'ébullition, le suc gastrique devient inactif ; privé d'acide par neutralisation, le suc gastrique devient également inactif.

Le suc gastrique acide dissout les substances albuminoïdes, ou pour parler exactement, transforme les substances albuminoïdes en substances solubles dans les liqueurs aqueuses acides, en protéoses. Les protéoses ont été autrefois désignées sous le nom de *peptones*, qu'on applique aujourd'hui à l'une des protéoses : le *pouvoir protéolytique* du suc gastrique est un *pouvoir peptonisant;* le suc gastrique peptonise les substances albuminoïdes.

On peut préparer au moyen de la muqueuse gastrique des liqueurs de macération ou des extraits possédant le même pouvoir peptonisant que le suc gastrique naturel. On peut obtenir des solutions de pepsine, c'est-à-dire des liqueurs qui, sans contenir les différents éléments chimiques du suc gastrique, possèdent comme lui le pouvoir peptonisant.

On prépare les liqueurs de macération, les *sucs gastriques artificiels*, en faisant digérer pendant 24 heures, à la température ordinaire, ou mieux à 40°, dans plusieurs litres d'une solution aqueuse d'acide chlorhydrique à 1 ou 2 p. 1000, une muqueuse gastrique de porc, hachée.

On peut préparer des *extraits de muqueuse gastrique* en faisant macérer dans la glycérine une muqueuse hachée. Cet extrait glycérique acidulé à 2 p. 1000 par l'acide chlorhydrique possède un pouvoir protéolytique très énergique.

La préparation de *solutions de pepsine*, c'est-à-dire de liqueurs très pauvres en éléments fixes tout en étant très actives, repose sur les deux observations suivantes :

1° La pepsine est entraînée dans certains précipités produits dans les liquides gastriques;

2° La pepsine ne dialyse pas.

On peut, par exemple, préparer un suc gastrique

artificiel en faisant macérer une muqueuse gastrique dans une solution d'acide phosphorique étendu, neutraliser cette macération par l'eau de chaux, séparer le précipité de phosphate tricalcique produit et le dissoudre dans l'acide chlorhydrique dilué : ainsi sera obtenue une liqueur possédant un pouvoir peptonisant énergique et ne contenant qu'une faible proportion des éléments fixes du suc gastrique, mais contenant encore du phosphate acide de chaux. En dialysant cette liqueur on élimine ce phosphate acide de chaux et on obtient une solution très active sur les substances albuminoïdes et très pauvre en éléments fixes.

Les liqueurs obtenues par l'un quelconque des procédés que nous avons indiqués possèdent le même pouvoir peptonisant que le suc gastrique. L'étude des transformations des substances albuminoïdes par le suc gastrique peut donc être faite indifféremment avec le suc gastrique naturel, ou avec les sucs gastriques artificiels, avec les extraits de muqueuses gastriques ou les solutions de pepsine.

Les liqueurs peptiques n'agissent sur les substances albuminoïdes, nous l'avons dit, qu'autant qu'elles sont acides : cette acidité peut être due à de l'acide chlorhydrique combiné à des matières organiques comme dans le suc gastrique naturel, ou libre comme dans les solutions artificielles de pepsine; — ou à un autre acide, phosphorique, sulfurique, etc.

Les liqueurs peptiques acides n'agissent pas à

une température voisine de 0°; leur pouvoir protéolytique augmente d'intensité avec la température jusqu'à 35°-40° environ. Vers cette température, il est maximum, il diminue ensuite pour disparaître définitivement vers la température de 60°. La pepsine, ferment soluble, est, comme tous les ferments solubles, détruite par la chaleur.

Faisons agir à une température de 30°-40° le suc gastrique ou une solution acide de pepsine sur une substance albuminoïde, la fibrine, par exemple, jusqu'à dissolution aussi complète que possible. Il reste toujours une fine poussière non dissoute : c'est la *dyspeptone* (de Meissner). Neutralisée par le carbonate de soude, la liqueur précipite des flocons albuminoïdes, la *parapeptone* (de Meissner). Dans la liqueur débarrassée par filtration de la parapeptone, il reste encore, en solution, des substances albuminoïdes, les *peptones* (de Meissner).

La *dyspeptone* est une substance riche en phosphore, inattaquée par les sucs digestifs : c'est une *nucléine;* c'est ou bien une impureté, comme dans le cas de la fibrine (résidu de globules sanguins), ou bien un produit de dédoublement de la substance protéique employée, comme dans le cas de la caséine ou des nucléoalbuminoïdes.

La *parapeptone* est une substance soluble dans les liqueurs acides, précipitée par neutralisation; c'est une *acidalbuminoïde*. Elle résulte de l'action de l'acide de la liqueur peptique sur la substance albuminoïde et non de l'action de la pepsine, car elle se produit également par l'action de l'acide seul. Ce n'est pas encore un produit de transformation peptique.

Les *peptones* (de Meissner) sont les véritables produits de digestion peptique. Meissner considérait 3 *peptones*, α, β *et* γ, qu'il distinguait d'après leur précipitabilité par le ferrocyanure de potassium acétique et l'acide nitrique. La peptone α était précipitable par les deux réactifs; la peptone β était précipitable par le ferrocyanure acétique, mais non par l'acide nitrique; la peptone γ n'était précipitable ni par l'un, ni par l'autre de ces deux réactifs.

Schmidt-Mülheim considère les peptones de Meissner comme un mélange de deux substances seulement : l'une qu'il appelait *propeptone*, l'autre qu'il appelait *peptone*.

La *propeptone de Schmidt-Mülheim* présente les 3 réactions propeptoniques : précipitation à froid par l'acide nitrique, par le ferrocyanure de potassium acétique, par le chlorure de sodium acétique; redissolution à chaud du précipité formé, et réapparition de ce précipité par refroidissement.

La *peptone de Schmidt-Mülheim* ne présente pas les 3 réactions propeptoniques.

La propeptone étant abondante, et la peptone peu abondante dans les liqueurs, lorsque l'action de la pepsine acide a été courte; la propeptone étant peu abondante et la peptone très abondante dans les liqueurs, lorsque l'action de la pepsine acide a été prolongée, Schmidt-Mülheim en concluait que la pepsine transforme les substances albuminoïdes en propeptone, et la propeptone en peptone.

La propeptone et la peptone de Schmidt-Mülheim ne sont pas des individus chimiques; *la propeptone est un mélange, la peptone est un mélange.* La propeptone est essentiellement formée des substances que nous avons étudiées sous le nom de *protéoses primaires* (proto et hétéroprotéoses) avec un peu de protéose secondaire. La peptone est un mélange de *protéose secondaire* (deutéroprotéose) et de *peptone vraie* (peptone de Kühne). Nous avons décrit les propriétés de ces corps au chapitre IV, p. 77.

Lorsque l'action de la pepsine a été peu prolongée, la liqueur contient des protéoses primaires, très peu de protéose secondaire et de peptone de Kühne. — Lorsque l'action est prolongée, les protéoses primaires sont moins abondantes, la protéose secondaire et la peptone augmentent. — Lorsque l'action est très prolongée, les protéoses primaires ont considérablement diminué, la protéose secondaire a aussi diminué; la peptone a augmenté. Donc la substance albuminoïde a été d'abord transformée en protéoses primaires (hétéro et protoprotéoses simultanément), celles-ci en protéose secondaire, et cette dernière en peptone.

En résumé, lorsqu'on fait agir la pepsine acide sur une substance albuminoïde quelconque jusqu'à dissolution aussi complète que possible de cette substance, on constate les faits suivants : il reste un résidu non dissous, essentiellement constitué de nucléines. La liqueur portée à l'ébullition peut fournir un léger coagulum correspondant à une, partie non transformée de la substance albuminoïde simplement dissoute dans la liqueur. Débarrassée de ce coagulum, la liqueur dépose par neutralisation des flocons de parapeptone ou acidalbuminoïde. Débarrassée de ce précipité, la liqueur renferme des protéoses qu'on peut reconnaître, séparer et doser par les procédés précédemment indiqués.

Nous donnons sous forme de tableau la correspondance des substances décrites par différents auteurs :

Dyspeptone.		Nucléines.
Parapeptone.	Précipité de neutralisation.	Acidalbuminoïde ou syntonine.
Peptones de Meissner.	Propeptone de Schmidt-Mülheim.	Protéoses primaires. { Protoprotéose. / Hétéroprotéose. } Protéose secondaire ou deutéroprotéose.
	Peptone de Schmidt-Mülheim.	Protéose secondaire ou deutéroprotéose. / Peptone de Kühne.

Le suc gastrique transforme non seulement les substances albuminoïdes, mais encore la *gélatine* et *l'élastine*. Soumise à l'action de la pepsine acide, la gélatine est liquéfiée : elle est transformée en substances nouvelles. Lorsqu'on sature par le sulfate d'ammoniaque les solutions de gélatine transformée par le suc gastrique, on détermine une précipitation des substances appelées *gélatoses;* la liqueur débarrassée de ce précipité contient encore en solution une substance qu'on appelle *gélatinepeptone.*

De même l'élastine qui constitue la substance fondamentale du tissu élastique est transformée par le suc gastrique en substances appelées *élastoses.*

Labferment ou *caséase*. — Le suc gastrique a la propriété de coaguler le lait. Qu'est-ce que cette coagulation? A la présence de quelle substance, dans le suc gastrique, faut-il rapporter cette propriété?

On sait que lorsqu'on ajoute au lait une quantité convenable d'acide, par exemple environ 1 p. 1000 d'acide chlorhydrique ou d'acide acétique, on précipite en flocons la caséine. Le suc gastrique est acide ; son acidité, chez certains animaux au moins, atteint 2 à 3 p. 1000, évaluée en acide chlorhydrique. *N'est-ce pas à cette acidité que le suc gastrique doit la propriété de coaguler le lait?*

Non, pour les raisons suivantes :

1. Lorsqu'on acidifie le lait, par addition d'une quantité suffisante d'acide, la précipitation de la caséine est presque instantanée : les flocons se forment en quelques secondes. Lorsqu'on mélange du suc gastrique avec du lait, la coagulation ne se produit qu'après plusieurs minutes, souvent même plus tardivement encore. — Sans doute si le suc gastrique est très acide, et si l'on ajoute à peu de lait beaucoup de suc gastrique, il se peut que l'acidité du mélange soit suffisante pour provoquer la précipitation de la caséine ; — mais c'est là un fait exceptionnel : en général la coagulation du lait par le suc gastrique demande quelque temps pour s'accomplir.

2. Lorsque le lait est coagulé par un acide, la caséine se précipite en flocons, se déposant rapidement sans se souder en une masse unique. —

Lorsque le lait est coagulé par le suc gastrique, il se transforme en une gelée cohérente, en un caillot affectant la forme du vase, se rétractant peu à peu en expulsant un liquide clair.

3. Enfin, et ce sont là les meilleures démonstrations, — lorsqu'on neutralise exactement le suc gastrique, il conserve la propriété de coaguler le lait; — lorsqu'on fait bouillir le suc gastrique, son acidité étant conservée, il perd la propriété de coaguler le lait.

Ces remarques nous montrent que le suc gastrique n'est pas redevable à ses combinaisons acides de sa propriété de coaguler le lait : il en est redevable à quelque chose qui est détruit par l'ébullition. Ce quelque chose est un ferment soluble : c'est le *labferment* ou *caséase*. C'est le même ferment que nous avons précédemment rencontré dans les présures et dont nous avons étudié le mode d'action sur la caséine du lait.

La coagulation du lait par le suc gastrique n'est pas une précipitation ou une coagulation, c'est une caséification.

Nous avons dit précédemment ce qu'est la caséification : c'est une transformation de la caséine du lait, un dédoublement de cette caséine en deux substances : l'une, la substance caséogène donnant avec les sels solubles de chaux un précipité de caséum insoluble dans le lait : — l'autre, la substance albuminoïde du lactosérum, soluble dans le lactosérum. Ces deux substances, nous les retrouvons dans le lait transformé par le suc gastrique. Et cela était à prévoir, car les présures sont des produits préparés avec les muqueuses gastriques de jeunes animaux.

La présence de labferment dans le suc gastrique des mammifères jeunes est universellement admise ; la présence de ce ferment dans le suc gastrique des adultes est généralement niée. Cette négation est une erreur absolue. *Le suc gastrique des mammifères adultes renferme du labferment, toujours, sans exception;* mais il en renferme généralement beaucoup moins que le suc gastrique des jeunes mammifères. Il en renferme souvent si peu, que les procédés généralement mis en usage pour le manifester sont incapables de démontrer sa présence. Généralement, pour reconnaître dans une liqueur la présence de labferment, on neutralise cette liqueur et on la fait agir à 40° sur un égal volume de lait. En opérant ainsi avec le suc gastrique, très souvent à 40° il ne se produit pas de coagulation, ou il ne se forme de caillot qu'après 1 heure, 1 heure 1/2, 2 heures, et plus. — Pour démontrer la présence de labferment dans ces sucs gastriques pauvres, il faut employer un artifice : il faut sensibiliser le lait sur lequel on opère. On obtient ce résultat soit en additionnant le lait de quelques dix-millièmes d'acide (quantité incapable de précipiter la caséine du lait), soit en l'additionnant de petites quantités de chlorure de calcium. Le labferment en effet agit beaucoup plus énergiquement dans les liqueurs un peu acides ou un peu calciques. Si l'on procède ainsi, on constate que le suc gastrique

des animaux adultes contient toujours du labferment.

Comme nous l'avons vu en étudiant la pepsine,
on peut substituer pour l'étude des ferments de
l'estomac au suc gastrique naturel, soit des macérations de muqueuse gastrique, soit des solutions de
ferments purifiés.

On obtient des sucs gastriques artificiels contenant du labferment, en faisant macérer pendant
24 heures une caillette de veau ou de chevreau
hachée, dans l'eau, ou mieux dans une solution
d'acide chlorhydrique à 1 p. 1000. On peut employer
aussi une muqueuse gastrique de mammifère adulte,
mais, dans ce cas, il est nécessaire de faire macérer dans une liqueur acide, parce que la muqueuse
gastrique des adultes ne contient pas de labferment,
mais possède la propriété de fournir du labferment,
sous l'influence des acides. Ces liqueurs de macération acide sont neutralisées par la soude ou le
carbonate de soude.

On obtient des extraits de muqueuses gastriques
riches en labferment en faisant macérer dans
la glycérine une caillette de veau ou de chevreau, hachée et débarrassée de ses couches muscu-
leuses.

Il existe enfin des procédés permettant d'obtenir
des *solutions de labferment* dites solutions pures,
c'est-à-dire des solutions possédant un pouvoir
caséifiant très énergique, tout en étant extrêmement pauvres en éléments fixes. En particulier, on
peut faire macérer la caillette de veau dans une

solution d'acide salicylique, traiter cette macération par l'alcool, séparer le précipité ainsi formé et le redissoudre dans l'eau, etc.

Quant aux produits industriels appelés *présures*, ils sont également obtenus au moyen des caillettes de veau ou de chevreau. Ce sont des extraits de muqueuse gastrique d'animaux jeunes, extraits généralement très impurs, mais doués d'un pouvoir caséifiant énergique.

Nous avons admis que le ferment caséifiant du suc gastrique est un ferment distinct de la pepsine. Or nous voyons que les procédés de préparation des liqueurs caséifiantes ne diffèrent pas essentiellement des procédés de préparation des liqueurs protéolytiques : macération dans l'acide chlorhydrique dilué; — extrait glycérique, etc. Ne pourrait-on pas penser que la pepsine et le labferment sont un même ferment, capable en milieu acide de peptoniser les substances albuminoïdes, capable en milieu acide, neutre, ou très légèrement alcalin, de caséifier le lait?

Non, parce qu'il est possible d'obtenir des liqueurs possédant un pouvoir protéolytique sans pouvoir caséifiant; et inversement des liqueurs possédant un pouvoir caséifiant sans pouvoir protéolytique.

La liqueur de macération de caillette de veau, acidulée à 3 p. 1000 d'acide chlorhydrique, perd toute action caséifiante (après neutralisation) lorsqu'elle a été maintenue 48 heures à 40°, mais conserve un pouvoir protéolytique énergique. —

Inversement une macération de caillette de veau, agitée avec du carbonate de magnésie fraîchement précipité, perd toute action protéolytique et conserve un pouvoir caséifiant énergique.

La *pepsine* et le *labferment* sont donc 2 ferments essentiellement distincts.

Quand nous aurons dit que le labferment possède la propriété de caséifier le lait en milieu neutre, acide, ou légèrement alcalin ; — qu'il n'agit pas aux températures inférieures à 20°, possède un maximum d'action vers 40°, est détruit à 60°-70° ; — que son action est favorisée par les sels alcalino-terreux solubles ou par les acides dilués ajoutés en petite quantité, et retardée ou annihilée suivant la dose par les alcalis, nous connaîtrons les principales propriétés de ce ferment.

Dans le chapitre sur le lait, nous avons étudié les produits résultant de l'action du labferment sur la caséine ; nous avons montré que ce ferment n'est pas véritablement un ferment coagulant, mais bien un ferment dédoublant ; s'il se forme un précipité, un caséum, *c'est un accident* tenant à ce que l'un des produits du dédoublement de la caséine par le labferment est précipité par les sels de chaux ; mais cette précipitation est absolument indépendante du ferment.

La pepsine aussi se comporte, au moins à l'origine, comme un ferment dédoublant : dans les liqueurs de digestion peptique, on voit apparaître simultanément l'hétéroprotéose et la protoprotéose. Le mode d'action des deux ferments gastriques présente une certaine analogie. Il faut, par conséquent, considérer le *labferment* comme un *véritable ferment digestif*.

Contenu gastrique. — Les aliments introduits dans l'estomac, la salive déglutie pendant ou après le repas, le suc gastrique sécrété, se mélangent pour former une masse semi-liquide sous l'influence des mouvements de la paroi gastrique. Pendant les premiers instants du séjour des aliments dans l'estomac, la salive continue à agir, la réaction étant peu acide : la **saccharification** de l'amidon continue. Mais, peu à peu, l'acidité gastrique augmentant, le rôle de la salive est terminé, le rôle de la pepsine commence : les substances albuminoïdes sont peptonisées et dissoutes.

La masse alimentaire partiellement transformée par le suc gastrique s'appelle *chyme*.

Dans ce chyme, on peut reconnaître la présence de sucre réducteur, de dextrines, d'amidon non transformé ; — on trouve des substances albuminoïdes non transformées, mélangées avec les protéoses résultant de leur transformation peptique ; — on trouve des masses de matières grasses, mises en liberté par suite de la dissolution du tissu conjonctif qui les englobait. Les fragments de viande crue non digérée sont gonflés ; les tendons et les cartilages sont aussi un peu gonflés ; les os sont ramollis.

Parfois, surtout lorsque l'acidité du suc gastrique n'est pas considérable, des fermentations micro-

biennes se développent dans la cavité gastrique :
on voit apparaître l'acide lactique, l'acide butyrique,
l'acide acétique et des gaz, qui sont essentiellement de l'azote, de l'oxygène et du gaz carbonique.

CHAPITRE XVIII

LE SUC PANCRÉATIQUE

Le suc pancréatique peut être obtenu par fistule
du canal de Wirsung ; lorsque l'opération est faite
sur le chien, on n'obtient que quelques gouttes,
tout au plus quelques centimètres cubes de suc ; —
lorsque l'opération est faite sur les grands herbivores, sur le bœuf, par exemple, on obtient de très
grandes quantités de suc pur.

Le suc pancréatique est un liquide clair, légèrement citrin, visqueux et filant, moussant par l'agitation. Sa réaction est légèrement alcaline. Il est
éminemment putrescible.

Lorsqu'on veut étudier les propriétés diastasiques
du suc pancréatique, on a recours en général aux
macérations du tissu du pancréas. C'est là un fait

général : les macérations de glandes possèdent les propriétés diastasiques des sucs sécrétés par les glandes : nous avons vu qu'on obtient des macérations de muqueuse gastrique douées des propriétés protéolytique et caséifiante du suc gastrique ; de même, on obtient des macérations de pancréas douées des propriétés diastasiques du suc pancréatique.

Ces *sucs pancréatiques artificiels* se peuvent préparer par macération du tissu pancréatique haché dans l'eau distillée à froid. Le tissu pancréatique étant éminemment putrescible, comme le suc pancréatique lui-même, ces macérations doivent être faites à basse température, afin d'éviter la pullulation des microorganismes ; ou bien elles doivent être faites en présence d'un agent antiseptique qui, tel que le fluorure de sodium à 1 p. 100, ne détruit pas les diastases.

On se procurera donc des sucs pancréatiques artificiels, soit en faisant macérer le tissu pancréatique haché dans l'eau fortement refroidie, ou dans une solution neutre de fluorure de sodium à 1 p. 100 (ce dernier moyen étant de beaucoup le meilleur, puisqu'il permet d'obtenir des sucs pancréatiques fluorés, absolument imputrescibles).

Le suc pancréatique naturel renferme une proportion de matières minérales égale à 8 ou 10 p. 1000. Les cendres du suc pancréatique contiennent essentiellement des sels d'alcalis et de terres alcalines, des chlorures, des phosphates et des carbonates.

Le suc pancréatique naturel renferme des substances albuminoïdes : porté à l'ébullition il coagule en gros flocons, comme le blanc d'œuf ; traité par l'alcool il donne un abondant précipité floconneux ; traité pas les acides minéraux, il donne un précipité soluble dans un excès d'acide. Il présente avec une très grande netteté les réactions du biuret, xanthoprotéique, de Millon, c'est-à-dire les réactions colorées des substances albuminoïdes.

La composition chimique du suc pancréatique, qualitative ou quantitative, ne permettrait pas de le caractériser nettement. Mais il possède *3 propriétés diastasiques caractéristiques :*

Le suc pancréatique naturel possède la propriété de *saccharifier l'amidon et le glycogène,* de *saponifier les graisses neutres,* de *peptoniser les substances albuminoïdes.*

Les macérations aqueuses de pancréas frais possèdent les mêmes propriétés diastasiques que le suc pancréatique naturel.

En traitant par la glycérine le tissu pancréatique frais, on obtient un extrait glycériné actif. Cet extrait glycériné traité par l'alcool donne un précipité : ce précipité séparé par filtration, desséché et dissous dans l'eau, communique à cette eau la triple propriété pancréatique.

Le suc pancréatique naturel, les macérations aqueuses, les extraits glycériques et les solutions dérivées perdent leurs propriétés par l'ébullition. Par conséquent la *triple propriété pancréatique* est une *triple propriété diastasique,* puisque les agents actifs sont solubles dans l'eau, solubles dans la glycérine, insolubles dans l'alcool, et perdent toute activité à la température d'ébullition.

Le suc pancréatique renferme donc 3 ferments: un ferment amylolytique ou *amylopsine*; un ferment saponifiant ou *stéapsine*; un ferment protéolytique ou *trypsine*. Il renferme *3 ferments distincts, et non pas un seul ferment* capable d'agir à la fois sur les hydrates de carbone, sur les graisses et sur les substances albuminoïdes, parce qu'il est possible d'obtenir, en partant du pancréas ou du suc pancréatique, des liquides possédant une action sur l'un seulement de ces 3 groupes de substances.

Ainsi une macération de pancréas dans l'iodure de potassium possède un pouvoir protéolytique énergique, mais ne possède qu'à un très faible degré les pouvoirs saponifiant et amylolytique; — une macération de pancréas dans une solution de carbonate et de bicarbonate de soude possède presque exclusivement le pouvoir saponifiant; — une macération de pancréas dans l'arséniate de potasse possède surtout le pouvoir amylolytique.

Lorsqu'on fait une macération aqueuse de pancréas, l'eau acquiert très rapidement le pouvoir amylolytique, très lentement le pouvoir protéolytique : par conséquent une macération de pancréas de quelques heures à température basse possède le pouvoir amylolytique, mais ne possède pas de pouvoir protéolytique; — si, au contraire, on fait macérer le pancréas pendant longtemps, en renouvelant plusieurs fois l'eau de macération, on obtient finalement des liqueurs douées d'un pouvoir protéolytique très net, mais absolument dépourvues de pouvoir amylolytique.

Amylopsine ou *ferment amylolytique*. — Lorsqu'on ajoute à quelques centimètres cubes d'une solution d'empois d'amidon, à une température de 40°, une goutte de suc pancréatique naturel, obtenu par fistule du canal de Wirsung, on obtient une transformation presque instantanée de l'empois d'amidon : en quelques secondes, la liqueur qui était opalescente, devient claire ; elle ne se colore plus en bleu par l'iode ; elle réduit la liqueur de Fehling : elle ne contient plus d'amidon, elle contient des dextrines et un sucre réducteur et fermentescible.

Les macérations pancréatiques possèdent la même propriété amylolytique que le suc pancréatique naturel : la transformation de l'empois d'amidon est toutefois infiniment moins rapide.

Les transformations que subit l'empois d'amidon sous l'influence du ferment amylolytique du pancréas sont exactement celles qu'il subit sous l'influence du ferment amylolytique de la salive, ou du ferment amylolytique de l'orge germé. L'amidon est transformé en dextrines et en maltose. — Nous renvoyons à l'étude que nous avons faite du ferment amylolytique de la salive (p. 254) pour la description des produits de transformation de l'amidon par ce ferment, et pour la détermination de l'ordre d'apparition et de succession de ces produits. Nous rappelons simplement ici la conclusion à laquelle nous sommes arrivés.

Sous l'influence du ferment amylolytique, l'empois d'amidon est dédoublé en érythrodextrine et en maltose ; l'érythrodextrine est dédoublée en achroodextrine α et en maltose ; l'achroodextrine α est dédoublée en achroodextrine β et en maltose ; l'achroodextrine β est dédoublée en achroodextrine γ et en maltose. L'achroodextrine γ et la maltose sont les produits ultimes de la transformation de l'amidon par le ferment amylolytique.

Le glycogène est transformé par le ferment amylolytique du pancréas comme l'amidon : les produits de transformation sont les mêmes : dextrines et maltose.

Stéapsine ou *ferment saponifiant*. — Le suc pancréatique exerce sur les matières grasses neutres, une double action : 1° une action *chimique* : il les *saponifie* ; — 2° une action *physique* : il les *émulsionne*.

Nous avons, en étudiant les graisses neutres, indiqué la constitution de ces substances ; nous avons dit que sous l'influence de certains agents, elles peuvent se dédoubler en acides gras et en glycérine ; nous avons dit que, lorsque ce dédoublement se fait sous l'influence d'un alcali, l'acide gras mis en liberté se combine avec l'alcali pour former un sel d'acide gras, un savon. Nous avons appelé cette décomposition des graisses neutres par les alcalis caustiques, avec production de savons, une saponification, et nous avons appliqué ce mot saponification par extension au dédoublement des graisses neutres en acides gras et glycérine.

Le suc pancréatique naturel, certaines macérations de pancréas (notamment celles obtenues en faisant macérer le pancréas dans une solution de carbonate et de bicarbonate de potasse) et les extraits glycériques de pancréas possèdent la propriété de saponifier les matières grasses neutres. Ces matières sont dédoublées en glycérine et en acides gras, et ces derniers, en présence des carbonates alcalins contenus dans le suc pancréatique (et aussi des carbonates alcalins contenus dans le suc intestinal), donnent des savons alcalins.

Mais nous devons faire remarquer que la saponification des matières grasses par le suc pancréatique est, dans l'organisme, comme hors de l'organisme, une saponification partielle : une petite quantité seulement de la matière grasse est décomposée. La formation de savons est également peu considérable. De sorte que, si l'on fait agir du suc pancréatique sur une matière grasse neutre, on obtient une masse qui contient encore beaucoup de graisses neutres non transformées et une petite quantité de savons d'alcalis, d'acides gras libres et de glycérine.

Nous avons étudié précédemment des graisses phosphorées, les *lécithines*, dans la constitution desquelles entrent la glycérine, des acides gras, l'acide phosphorique et une base azotée, la choline. Sous l'influence du suc pancréatique, ces lécithines sont saponifiées : elles sont décomposées en acide phosphoglycérique, choline et acides gras libres.

Enfin, le suc pancréatique possède la propriété

de *dédoubler* par son ferment stéapsine *un certain nombre d'éthers* : il dédouble la tribenzoïcine ou éther tribenzoïque de la glycérine en acide benzoïque et glycérine ; — il dédouble le succinate de phényle en phénol et acide succinique ; — il dédouble le salol en acide salicylique et phénol. Ces dédoublements d'éthers n'ont pas d'intérêt physiologique : nous les signalons cependant pour montrer que le pouvoir saponifiant du suc pancréatique n'est qu'un cas particulier d'une propriété plus générale : propriété de dédoubler les éthers en leurs constituants, acide et alcool.

En étudiant les matières grasses, nous avons dit ce qu'est une *émulsion* ; nous avons indiqué quelques-unes des conditions qui favorisent la *stabilité* des *émulsions* : nous avons dit notamment qu'une émulsion obtenue par agitation d'une huile avec un liquide visqueux, par agitation d'une huile avec un liquide alcalin est une émulsion stable, ou tout au moins plus stable que l'émulsion obtenue par agitation de la même huile avec de l'eau. Nous avons dit qu'une huile tenant en solution des acides gras libres donne des émulsions très stables ; nous avons dit enfin que les savons favorisent l'émulsion des graisses.

Or le suc pancréatique est visqueux, il est alcalin ; il transforme une partie des matières grasses avec lesquelles il est en contact en acides gras libres, en savons d'alcalis et en glycérine. Il possède donc des propriétés qui le rendent éminemment propre à rendre stables les émulsions de matières grasses.

Le suc pancréatique, par sa *viscosité* naturelle, par sa *réaction* et par son *action sur les graisses neutres*, est un *suc émulsif.*

Trypsine ou *ferment protéolytique.* — Le suc pancréatique dissout les substances albuminoïdes en les transformant. Il doit cette propriété à un ferment soluble, la *trypsine.* Nous avons indiqué précédemment quelques-uns des procédés employés pour préparer des liqueurs tryptiques. En voici un qui fournit des liqueurs extrêmement actives :

Le tissu pancréatique haché, épuisé par l'alcool pendant plusieurs semaines, puis par l'éther, desséché dans le vide et broyé, est mis à macérer pendant quelques heures à 40° dans une solution à 1 p. 1000 d'acide salicylique thymolisé (pour éviter le développement des microorganismes). Le tissu, séparé de l'extrait salicylique, est mis à macérer quelques heures à 40° dans une solution à 5 p. 1000 de carbonate de soude thymolysée. Les deux solutions, salicylique et carbonatée, sont réunies, et leur mélange constitue un suc pancréatique artificiel, doué d'un pouvoir protéolytique extrêmement énergique.

Le suc pancréatique naturel, nous l'avons dit, contient des substances albuminoïdes; les extraits pancréatiques contiennent les produits de digestion pancréatique du tissu pancréatique lui-même. Si l'on veut étudier les transformations d'une substance albuminoïde par la trypsine, il faut préparer ce ferment aussi pur que possible, c'est-à-dire il faut préparer des liqueurs débarrassées de substances albuminoïdes ou de produits de transformation pancréatique de ces substances albuminoïdes. On a pu réaliser cette préparation par des procédés variés qu'il est inutile de décrire ici.

L'action protéolytique du suc pancréatique naturel ou artificiel ou des solutions de trypsine s'accomplit surtout bien au voisinage de 40°. Elle s'accomplit en milieu neutre, très légèrement acide, ou alcalin : la réaction alcaline (notamment 1/2 p. 100 de carbonate de soude) est surtout favorable : la réaction acide est au contraire peu favorable ; l'action de la trypsine ne s'exerce plus en présence de 2 p. 1000 d'acide chlorhydrique.

Soumises à l'action du suc pancréatique ou des liqueurs tryptiques, les substances albuminoïdes sont transformées en *protéoses :* supposons qu'on fasse agir sur la fibrine à une température de 40° une solution de trypsine : la fibrine est dissoute. La liqueur contient des protéoses. Comme dans le cas de la digestion peptique, la liqueur contient d'abord surtout des protéoses primaires (protoprotéose et hétéroprotéose) et très peu de deutéroprotéose et de peptone. Comme dans le cas de la digestion peptique par action prolongée du ferment, les protéoses primaires se transforment en protéose secondaire et celle-ci en peptone.

Mais l'action de la trypsine sur les substances albuminoïdes est plus énergique que l'action de la pepsine : le terme ultime des transformations produites par la pepsine est la peptone ; la peptone n'est pas le terme ultime des transformations produites par la trypsine. Si l'on fait agir la trypsine pendant un temps suffisant, on voit apparaître dans la liqueur des masses blanchâtres qui, examinées au microscope, se montrent constituées de très nombreuses et très fines aiguilles cristallines groupées en faisceaux : ces aiguilles cristallines sont de la *tyrosine;* — lorsqu'on évapore la liqueur de digestion tryptique dans laquelle commencent à se déposer les cristaux de tyrosine, on voit se former de nouveaux dépôts de tyrosine, et aussi des dépôts constitués par des masses noduleuses de *leucine.*

La leucine et la tyrosine ne sont plus des substances albuminoïdes : elles ne présentent plus les réactions colorées des substances albuminoïdes, ou plus exactement, elles ne présentent plus toutes les réactions colorées des substances albuminoïdes : elles ne présentent plus les réactions de précipitation des substances albuminoïdes; elles ne sont plus des substances colloïdes comme les substances albuminoïdes. Ce sont des *acides amidés* dont la composition et la constitution chimiques ont été établies, dont la synthèse chimique a été réalisée. La leucine est un acide amidocapronique : $C^5H^{10}AzH^2COOH$; la tyrosine est un acide oxyphénylamidopropionique : $HOC^6H^4C^2H^3AzH^2COOH$.

Supposons qu'on ait épuisé l'action de la trypsine sur une substance albuminoïde, c'est-à-dire que l'on ait fait agir le ferment jusqu'à ce qu'il ne se produise plus de transformation dans la liqueur. Examinons alors la constitution de cette liqueur. Nous y trouvons de la peptone et des acides amidés.

Séparons cette peptone de la liqueur, redissolvons-la dans l'eau et traitons-la de nouveau par la trypsine, nous ne constatons pas de modifications. D'où cette conclusion :

Sous l'influence de la trypsine, les substances albuminoïdes sont transformées en protéoses primaires, celles-ci en protéose secondaire, la protéose secondaire en peptone, et enfin la peptone est transformée, mais seulement partiellement transformée, en acides amidés (leucine et tyrosine). La peptone pancréatique, formée aux dépens de la deutéroprotéose, n'est donc pas une substance unique, puisqu'une partie seulement est transformée en acides amidés : c'est une *amphopeptone*. Cette amphopeptone se comporte vis-à-vis du suc pancréatique, comme si elle était formée d'un mélange de deux peptones, l'une transformable par le suc pancréatique en leucine et tyrosine, l'autre inattaquable par ce suc. La peptone inattaquée par le suc pancréatique, celle qu'on peut retirer des liquides de digestion tryptique prolongée, a reçu le nom d'*antipeptone*. La peptone transformable par le suc pancréatique a reçu le nom d'*hémipeptone*.

L'amphopeptone est-elle une substance chimiquement définie? Ou bien est-elle un mélange d'hémipeptone et d'antipeptone? Nous n'en savons rien. Le suc pancréatique agissant sur l'amphopeptone la dédouble-t-il en hémipeptone et antipeptone, ou bien en antipeptone, leucine et tyrosine? Nous n'en savons rien.

La peptone obtenue par l'action de la pepsine sur

les subtances albuminoïdes est une amphopeptone, parce que, si l'on fait agir sur cette substance la trypsine on obtient des acides amidés et de l'antipeptone.

Nous dirons donc que le *terme ultime des transformations peptiques* des subtances albuminoïdes est *l'amphopeptone* et que les *termes ultimes des transformations tryptiques* de ces mêmes substances sont *l'antipeptone* et des *acides amidés*. — La pepsine ne parvient pas à transformer les substances albuminoïdes en quelque substance n'appartenant plus au groupe albuminoïde ; la trypsine transforme partiellement les substances albuminoïdes en substances qui ne sont plus albuminoïdes.

La trypsine peut agir sur la gélatine, la transformer en *gélatoses*, en *gélatinepeptone* et en *acides amidés* (*leucine et glycocolle*). Cette production de glycocolle (acide amidoacétique CH^2AzH^2COOH) aux dépens de la gélatine est à noter, car nous retrouvons dans les sucs organiques le glycocolle sous deux formes : l'acide glycocholique dans la bile (résultant de la combinaison de l'acide cholalique et du glycocolle) et l'acide hippurique dans l'urine (résultant de la combinaison de l'acide benzoïque et du glycocolle).

CHAPITRE XIX

LE SUC INTESTINAL

Sommaire. — Le ferment inversif du suc intestinal.

Le suc intestinal, sécrété par les innombrables glandes contenues dans la paroi de l'intestin, ne peut être obtenu pur qu'avec une extréme difficulté. Dans la cavité intestinale en effet viennent constamment se déverser, outre le suc intestinal, la bile, le suc pancréatique et les aliments partiellement digérés par le suc gastrique. Pour obtenir le suc intestinal pur, il faut réséquer une anse d'intestin, en respectant le mésentère qui lui amène ses vaisseaux et ses nerfs, aboucher ses extrémités à la peau et rétablir par une suture la continuité intestinale pour assurer la vie de l'animal. L'anse réséquée fournit un liquide clair que certains auteurs refusent de considérer comme identique au suc intestinal normal. C'est ce liquide qui a été étudié comme suc intestinal.

La composition chimique du suc intestinal n'offre aucune particularité intéressante : c'est un liquide légèrement alcalin, contenant en solution des matières salines, notamment des carbonates alcalins, des chlorures, des phosphates et quelques substances organiques.

Ce suc ou les macérations de muqueuse intestinale contiennent un ferment soluble, *le ferment inversif.*

Le ferment inversif a la propriété de transformer la saccharose, avec fixation d'eau en sucre interverti, constitué, nous l'avons dit en étudiant les sucres, d'un mélange à équivalents égaux de glucose et de lévulose : c'est un ferment identique à celui qu'on trouve dans les liquides où se développe la levure de bière : la première phase de la fermentation alcoolique de la saccharose consiste, on le sait, en une interversion de ce sucre. Ce ferment inversif est sans action sur la lactose, qu'il provienne de la muqueuse intestinale, ou de la levure de bière.

Quelques auteurs décrivent un ferment amylolytique du suc intestinal, capable de saccharifier l'amidon comme le ferment amylolytique de la salive. — Tous les tissus et liquides organiques, le muscle, le sang, la lymphe, les transsudats, etc., possèdent un pouvoir amylolytique faible, mais facile à mettre en évidence. Il en est de même du suc intestinal. Nous ne croyons donc pas qu'il convienne de décrire un ferment amylolytique intestinal. Deux liquides organiques seulement possèdent un pouvoir amylolytique énergique, la salive et surtout le suc pancréatique.

CHAPITRE XX

LE CONTENU INTESTINAL

Le contenu intestinal est constitué par les produits de digestion des matières alimentaires ; par les résidus alimentaires non attaqués ; par les sécrétions des glandes digestives (salive, suc gastrique, bile, suc pancréatique, suc intestinal) ; par les produits des fermentations microbiennes intra-intestinales.

Les matières digérées, solubles et assimilables sont peu à peu résorbées dans l'intestin grêle ; les matières non absorbées subissent peu à peu pendant leur trajet dans l'intestin des fermentations microbiennes ; par conséquent la constitution du contenu intestinal varie non seulement suivant la nature des aliments ingérés, mais encore suivant la région intestinale considérée.

Nous nous bornerons à indiquer sommairement les substances qu'on peut trouver dans l'intestin :

1° De la glucose, de la maltose, des dextrimes ; — des matières grasses neutres, des acides gras, de la glycérine, des savons ; — des protéoses, des gélatoses, des élastoses ; — ces différentes substances provenant des transformations digestives des hydrates de carbone, des graisses neutres et des substances protéiques.

2° De la cellulose, des gommes, des résines, des fragments de tissus cartilagineux, cornés, tendineux, des nucléines, etc.; — ces différentes substances étant contenues dans les aliments et non attaquées par les sucs digestifs.

3° Des *produits des fermentations microbiennes* parmi lesquels nous citerons les *gaz intestinaux,* provenant de la fermentation de la cellulose et des substances albuminoïdes : ces gaz sont du gaz carbonique, de l'hydrogène, du protocarbure d'hydrogène, de l'hydrogène sulfuré et de l'azote.

CHAPITRE XXI

L'URINE

Première partie. — Urines normales. — Nous prenons comme type d'urine, l'urine de l'homme.

Un homme adulte sain, de poids moyen, prenant une alimentation moyenne, excrète environ 1500 centimètres cubes d'urine en vingt-quatre heures.

Lorsque l'alimentation est mixte, c'est-à-dire composée d'aliments d'origine animale et d'aliments d'origine végétale, la *réaction* de l'urine est acide. Cette réaction acide n'est pas due à la présence d'un acide libre, mais à la présence de *phosphates minéraux acides*. En voici la preuve : les acides minéraux décomposent l'hyposulfite de soude et déterminent la production d'un précipité pulvérulent de soufre ; l'urine reste claire lorsqu'on l'additionne d'hyposulfite de soude. — Les acides organiques tels que l'acide hippurique et l'acide urique possèdent la propriété de faire passer au bleu le rouge congo ; le gaz carbonique libre le fait passer au violet ; l'urine ne modifie pas sa coloration ; donc l'urine ne contient pas d'acide hippurique libre, pas d'acide urique libre, pas d'acide carbonique libre. L'urine doit sa réaction acide à ses phosphates acides.

Lorsque l'alimentation est surtout végétale, la réaction de l'urine peut devenir neutre et même alcaline, par suite de l'augmentation considérable des carbonates alcalins éliminés. L'urine des herbivores, l'urine du lapin, abondamment nourri de matières végétales, est normalement alcaline ; elle ne devient acide chez le lapin que lorsque cet animal est privé depuis quelques heures de nourriture, et vit aux dépens de ses réserves.

Les éléments contenus dans l'urine sont les uns minéraux, les autres organiques, et parmi ces derniers les plus importants sont azotés.

Les *sels de l'urine* sont :

> Des chlorures,
> Des phosphates, :
> Des sulfates,
> Des carbonates et bicarbonates.

d'alcalis et de terres alcalines.

Nous avons décrit precédemment (chapitre I) les principales propriétés de ces sels et indiqué les principales méthodes de dosage en poids de ces différents composés.

Ici nous nous bornerons à indiquer les procédés volumétriques généralement employés pour doser dans les urines les chlorures et les phosphates.

Le *dosage volumétrique des chlorures* de l'urine peut se faire de deux façons différentes :

Première méthode. — Le principe de la méthode est le suivant : Si dans une solution contenant des chlorures et du chromate de potasse et présentant une réaction neutre, on fait tomber goutte à goutte une solution de nitrate d'argent, on précipite d'abord les chlorures et nullement le chromate. Ce n'est que lorsque la précipitation des chlorures est totale que le chromate est à son tour précipité. Or le chromate d'argent a une très forte coloration rouge brique, très facile à reconnaître. On sera donc averti que la précipitation des chlorures est terminée lorsque le fin précipité blanc produit dans la liqueur soumise à l'analyse se teinte de rouge. Connaissant le titre de la solution d'argent, on en déduit la quantité de chlorures dissous dans la liqueur analysée.

On ne peut employer directement cette méthode lorsqu'il s'agit de l'urine. La solution d'argent en effet peut précipiter certaines substances organiques contenues dans les urines avant de précipiter le chromate alcalin. Il faut donc détruire ces matières organiques avant d'effectuer la titration. Il faut par conséquent incinérer l'urine.

On procède de la manière suivante :

10 centimètres cubes d'urine sont additionnés de 1 gramme de carbonate de soude pur (destiné à empêcher toute perte d'acide chlorhydrique pouvant résulter de l'action des phosphates sur les chlorures à haute température) et de 1 à 2 grammes d'azotate de potasse pur (destiné à favoriser la combustion des matières organiques de l'urine). Ce mélange est évaporé, puis incinéré à la plus basse température possible, rouge naissant, pour ne pas volatiliser les chlorures. La masse fondue est, après refroidissement, dissoute dans l'eau. Pour que la réaction de cette solution soit rigoureusement neutre, condition nécessaire à une bonne titration, on commence par l'aciduler très lègèrement par l'acide nitrique pur, et on sature l'excès d'acide en ajoutant un excès de carbonate de chaux pur pulvérisé : il reste en suspension un excès de carbonate de chaux insoluble, qui ne nuit pas à l'analyse. On ajoute quelques gouttes d'une solution de chromate neutre de potasse et on fait tomber goutte à goutte la solution d'azotate d'argent jusqu'à production d'une teinte rouge persistante.

La solution d'azotate d'argent généralement employée est telle que 1 centimètre cube soit capable de précipiter exactement 1 centigramme de chlorure de sodium. Une telle solution contient 29^{gr},075 d'azotate d'argent par litre.

Supposons qu'on ait opéré sur 10 centimètres cubes d'urine, et que la quantité de la solution d'argent nécessaire pour précipiter la totalité des chlorures soit 5^{cc},3 ; les 10 centimètres cubes d'urine contiennent une quantité de chlorures qui, exprimée en chlorure de sodium, est égale à 5^{cgr},3 et par suite, l'urine contient 5^{gr},30 de chlorures, exprimés en chlorure de sodium, par litre.

Deuxième méthode. — Cette méthode peut s'appliquer immédiatement à l'urine.

Le principe de cette méthode est le suivant : si, dans une solution de chlorures, acidulée par l'acide nitrique, on ajoute une solution d'azotate d'argent en excès, et si on sépare par filtration le précipité de la liqueur dans laquelle il s'est formé, on a une liqueur contenant l'excès du sel d'argent . — Si on connaît cet excès, on peut en déduire la quantité du sel d'argent précipité à l'état de chlorure. On a ainsi ramené la question du dosage de chlorures à une question de dosage de sels d'argent ; or ce dosage peut se faire facilement volumétriquement.

Si à une solution d'azotate d'argent, acidulée par l'acide nitrique, on ajoute une solution d'un sel de fer, et si on ajoute goutte à goutte une solution de sulfocyanure de potassium, l'argent est précipité à l'état de sulfocyanure d'argent insoluble, et ce n'est que lorsque la précipitation de l'argent est totale que le sulfocyanure agit sur le sel de fer en solution, pour former du sulfocyanure de fer facile à reconnaître à sa coloration rouge.

Pour faire la titration, il faut préparer :

a. Une solution d'azotate d'argent contenant 29^{gr},075 de ce sel par litre , 1 centimètre cube de cette solution précipite exactement 1 centigramme de chlorure de sodium (c'est-à-dire correspond à 0^{gr},607 de chlore).

b. Une solution saturée à la température ordinaire d'alun de fer ou de sulfate de fer purs.

c. Une solution d'acide nitrique pur, de densité 1,20.

d. Une solution de sulfocyanure de potassium, contenant 8^{gr},30 de sel par litre. — 2 centimètres cubes de cette solution précipitent exactement l'argent contenu dans 1 centimètre cube de la solution *a.*

Dans un ballon jaugé de 100 centimètres cubes, on introduit 10 centimètres cubes de l'urine, 5 centimètres cubes de la solution d'acide nitrique *c*, 50 centimètres cubes d'eau et 20 centimètres cubes de la solution d'azotate d'argent. — On agite et on remplit avec de l'eau jusqu'au trait 100 centimètres cubes. On jette sur un filtre pour séparer le précipité de chlorure d'argent. On prend la moitié, soit 50 centimètres cubes du liquide filtré ; on ajoute 3 centimètres cubes de la solution ferrique *b*, et on fait tomber la solution *d* de sulfocyanure ; il se forme un précipité : on laisse tomber cette solution *d* jusqu'à ce que la liqueur au fond de laquelle se dépose le précipité prenne une coloration rouge persistante.

Supposons, par exemple, qu'il faille ajouter $5^{cc},2$ de la solution de sulfocyanure de potassium. Pour la totalité de la liqueur, 100 centimètres cubes, et non plus 50 centimètres cubes, il faudrait $10^{cc},4$ de la solution de sulfocyanure. Ces $10^{cc},4$ de la solution de sulfocyanure sont capables de précipiter $5^{cc},2$ de la solution d'azotate d'argent *a*, nous l'avons dit. Donc, après précipitation des chlorures de 10 centimètres cubes d'urine par 20 centimètres cubes de la solution d'azotate d'argent, il reste un excès de $5^{cc},2$ de cette solution. Il a donc été employé $14^{cc},8$ d'azotate d'argent pour précipiter les chlorures de 10 centimètres cubes d'urine. C'est dire que ces 10 centimétres cubes contiennent $14^{gr},8$ de chlorures exprimés en chlorure de sodium. L'urine analysée contient par conséquent $14^{gr},80$ de chlorures par litre..

Nous avons indiqué (chapitre I) une méthode de dosage des *phosphates* en poids; on peut les doser volumétriquement. En général *le dosage des phosphates dans l'urine se fait volumétriquement.*

Le principe de la méthode est le suivant : Une solution chaude de phosphates contenant de l'acide acétique libre donne, par addition d'une solution d'un sel d'urane, un précipité blanc jaunâtre de phosphate d'urane insoluble dans l'acide acétique, mais soluble dans les acides minéraux. — Une solution de ferrocyanure de potassium additionnée d'une solution d'un sel d'urane donne soit un précipité brun rougeâtre, soit une liqueur brun rougeâtre, selon les circonstances. Si une solution contient à la fois de l'acide acétique, des phosphates et du ferrocya-

nure de potassium, le sel d'urane précipite d'abord
uniquement les phosphates, sans agir sur le ferrocyanure de potassium, et ce n'est que lorsque la précipitation des phosphates est totale qu'il donne une
coloration ou une précipitation brune de ferrocyanure d'urane.

Ces notions étant rappelées, on voit que pour
faire un dosage volumétrique de phosphates par le
sel d'urane, il faut :

1° Opérer à chaud ;

2° Opérer en présence d'acide acétique libre ;

3° Opérer en l'absence d'acides minéraux libres,
pour éviter la redissolution par ces acides du précipité de phosphate d'urane, condition nécessaire,
qu'on réalise en additionnant la liqueur d'acétate de
soude en grand excès. — On sait en effet que l'acétate de soude, en présence d'acides minéraux, est
décomposé en acide acétique libre et en sel à acide
minéral ; en d'autres termes, que les acides minéraux
chassent l'acide acétique de ses combinaisons
salines.

4° Ajouter à la liqueur à analyser une solution de
ferrocyanure de potassium.

5° Faire tomber goutte à goutte une solution
titrée d'acétate d'urane jusqu'à ce que la liqueur
prenne une teinte brun rougeâtre.

A cet effet, on prépare :

a. Une solution d'acétate d'urane : on dissout
environ 35 grammes d'acétate d'urane dans l'eau
acidulée par un peu d'acide acétique, et on ajoute
de l'eau de façon à faire un litre.

b. Une solution d'acétate de soude acétique : on dissout 100 grammes d'acétate de soude cristallisé dans un peu d'eau ; on ajoute 100 centimètres cubes d'acide acétique glacial, et, par addition d'eau, on amène le volume à un litre.

c. Une solution de ferrocyanure de potassium.

Pour pratiquer le dosage des phosphates, il faut connaître le titre de la solution d'acétate d'urane. Pour connaitre ce titre, on procède au dosage volumétrique d'une solution de phosphate de soude contenant une quantité connue de phosphate de soude calciné, en procédant comme nous l'indiquerons ultérieurement. On détermine la quantité de la solution d'acétate d'urane nécessaire pour précipiter totalement le phosphate contenu dans un volume donné de la solution de phosphate de soude calciné, et on en déduit par un calcul simple le titre de la solution d'urane.

La solution *a*, préparée comme nous l'avons dit, est telle que 20 centimètres cubes correspondent à $0^{gr},100$ (1 centimètre cube correspond donc à 5 milligrammes) P^2O^5. Supposons que la titration de cette solution ait conduit exactement à ce résultat.

Pour doser les phosphates de l'urine, on mélange dans un verre cylindrique de Bohême 50 centimètres cubes d'urine filtrée et 5 centimètres cubes de la solution acétique d'acétate de soude *b*, et on chauffe au bain-marie bouillant. On fait tomber goutte à goutte la solution d'acétate d'urane : il se forme un précipité augmentant graduellement. Lorsque ce précipité ne semble plus augmenter, on mélange dans une petite capsule de porcelaine bien blanche une goutte de la solution de ferrocyanure de potassium et une goutte du mélange analysé : s'il se produit une teinte rouge brun, on a ajouté à l'urine un excès d'acétate d'urane ; sinon, on ajoute encore à l'urine quelques gouttes de la solution d'urane, et on recommence l'essai jusqu'à ce que cet essai donne lieu à la coloration rouge brun. (Au lieu d'employer une solution de ferrocyanure de potassium, il est avantageux d'employer le sel broyé et de l'humecter avec une goutte de la liqueur analysée.) Au moment où commence à se montrer cette coloration la précipitation des phosphates est totale. — Supposons que pour précipiter totalement les phosphates contenus dans 50 centimètres cubes d'urine, il faille ajouter 24 centimètres cubes de la solution d'acétate d'urane. Nous savons que 1 centimètre cube correspond à 5 milligrammes P^2O^5, donc 24 centimètres cubes correspondent à 120 milligrammes P^2O^5 ; — donc 50 centimètres cubes d'urine contiennent 120 milligrammes P^2O^5 ; 100 centimètres cubes contiennent 240 milligrammes, et 1 litre contient $2^{gr},4$ P^2O^5.

Il n'existe pas de procédé simple volumétrique permettant de doser rapidement les carbonates et les sulfates.

Pour *doser les carbonates,* ou plus exactement l'acide carbonique des carbonates et bicarbonates de l'urine, il faut traiter l'urine par un acide et déterminer la quantité du gaz carbonique mis en liberté. On recueille à la température d'ébullition les gaz de l'urine acidulée.

Les *chlorures de l'urine* sont des chlorures introduits dans l'organisme sous forme de chlorures minéraux : on ne connaît pas dans les aliments de combinaisons organiques chlorées.

Les *phosphates de l'urine* proviennent pour une part des phosphates des aliments, mais pour une part aussi ils se forment aux dépens des combinaisons phosphorées de l'organisme. Nous avons signalé dans l'organisme la présence des combinaisons phosphorées, les lécithines et les nucléoalbuminoïdes. Ces substances sont oxydées dans les tissus, et, parmi les produits de désassimilation résultant de cette oxydation, se trouve l'acide phosphorique, lequel, en présence des carbonates alcalins contenus dans les tissus, fournit des phosphates.

Les *carbonates de l'urine* proviennent pour une partie des carbonates des aliments, mais pour une partie aussi des sels à acides organiques des aliments : certains aliments, notamment les fruits et les légumes, sont riches en lactates, malates, tartrates, etc., de potasse et de soude : ces sels, oxydés dans l'économie, fournissent des carbonates et des bicarbonates.

Les *sulfates de l'urine* peuvent provenir pour une partie de sulfates absorbés avec les aliments, mais seulement pour une faible partie, car les aliments sont ordinairement pauvres en sulfates. Ils proviennent pour la majeure partie de l'oxydation des substances sulfurées de l'économie. Les substances albuminoïdes, les protéides, la substance collagène, sont des substances sulfurées : par oxydation elles fournissent de l'acide sulfurique, qui en présence des carbonates alcalins des tissus, donne des sulfates et du gaz carbonique.

Voici une analyse des sels minéraux d'une urine d'un homme de poids moyen. Les nombres se rapportent à la quantité totale d'urine éliminée en 24 heures :

	gr.
Acide sulfurique	2,00
Acide phosphorique	3,15
Chlore des chlorures	7,00
Ammoniaque	0,75
Potassium	2,50
Sodium	11,10
Calcium	0,25
Magnésium	0,20

A côté des substances que nous venons d'étudier, lesquelles sont les véritables sels minéraux, il convient de placer une série très importante de substances, les sels d'*acides sulfoconjugués*, les *phénylsulfates*.

Qu'est-ce qu'un acide sulfoconjugué? Qu'est-ce qu'un phénylsulfate?

L'*acide sulfurique* SO^4H^2 est un *acide diatomique;* il donne 2 *séries de sels :*

Les sulfates neutres tels que SO^4Na^2 et SO^4Ca.
Les sulfates acides ou bisulfates tels que SO^4HNa.

De même l'acide sulfurique peut donner avec les alcools 2 *séries d'éthers* tels que :

Le sulfate diéthylique SO^4 $\begin{cases} C^2H^5. \\ C^2H^5, \end{cases}$

qui est 2 fois éther, et

$$\text{Le sulfate monoéthylique } SO^4 \left\{ \begin{array}{l} H. \\ C^2H^5, \end{array} \right.$$

ou acide sulfovinique, qui est une fois éther et encore une fois acide ; — ce dernier composé peut donner des sels, les sulfovinates répondant à la formule

$$SO^4 \left\{ \begin{array}{l} Na. \\ C^2H^5. \end{array} \right.$$

Avec les phénols aromatiques, l'acide sulfurique donne 2 *séries d'éthers*, par exemple :

$$\text{Le sulfate de phényle } SO^4 \left\{ \begin{array}{l} C^6H^5, \\ C^6H^5, \end{array} \right.$$

qui est deux fois éther, — et

$$\text{Le sulfate monophénylique } SO^4 \left\{ \begin{array}{l} H. \\ C^6H^5, \end{array} \right.$$

ou acide phénylsulfurique, lequel est une fois éther et une fois acide. Les sels, les phénylsulfates répondent à la formule

$$SO^4 \left\{ \begin{array}{l} Na. \\ C^6H^5. \end{array} \right.$$

Ce sont ces composés qu'on trouve dans l'urine : les *acides sulfoconjugués de l'urine* sont donc des *sulfates acides de phénols*, des monosulfates de phénols. Ils sont dans l'urine à l'état de sels d'alcalis, surtout à l'état de sels de potasse.

Les phénylsulfates d'alcalis sont solubles dans l'eau : le phénysulfate de baryum est soluble dans l'eau.

Ces sels, en solution aqueuse neutre, ne sont pas décomposés à l'ébullition.

Lorsqu'on ajoute à leur solution aqueuse un acide organique, par exemple de l'acide acétique, il se forme un acétate et de l'acide sulfoconjugué libre ; mais cet acide libre n'est pas décomposé à l'ébullition en présence de l'acide acétique. — Lorsqu'on ajoute à leur solution aqueuse un acide minéral, par exemple, de l'acide chlorhydrique, ils sont décomposés : à froid en chlorure et acide sulfoconjugué libre : à la température d'ébullition, l'acide sulfoconjugué libre est décomposé : il se forme alors, par fixation d'une molécule d'eau, de l'acide sulfurique et un phénol :

$$SO^4 \left\{ \begin{matrix} K \\ C^6H^5 \end{matrix} \right. + HCl + H^2O = HCl + SO^4 \left\{ \begin{matrix} H \\ K \end{matrix} \right. + C^6H^5OH.$$

L'urine contient des *sulfates* et des *phénylsulfates*. Le sulfate de baryum est insoluble dans l'eau, les phénylsulfates de baryum sont solubles dans l'eau. Par conséquent, si on acidule l'urine par l'acide acétique, si l'on porte à l'ébullition et si l'on ajoute un excès de chlorure de baryum, on précipite à l'état de sulfate de baryum tout l'acide sulfurique des sulfates et rien que l'acide sulfurique des sulfates.

L'urine contient des sulfates et des phénylsulfates, ces derniers décomposables en phénol et sulfates acides à l'ébullition en présence d'acide chlorhydrique. Si donc on acidule l'urine par l'acide chlorhydrique, si on porte à l'ébullition et si on ajoute un excès de chlorure de baryum, on précipite à l'état de sulfate de baryte la totalité de l'acide sulfurique des sulfates et phénylsulfates.

Si après avoir précipité, à l'état de sulfate de baryte, la totalité de l'acide sulfurique des sulfates dans l'urine acidulée par l'acide acétique, on sépare de ce précipité la liqueur qui contient en solution la totalité des phénylsulfates, on peut précipiter ces derniers à l'état de sulfate de baryte : il suffit d'aciduler par l'acide chlorhydrique et de porter à l'ébullition en présence d'un excès de chlorure de baryum.

On peut donc obtenir ainsi, à l'état de sulfate de baryum, l'acide sulfurique total, l'acide sulfurique des sulfates et l'acide sulfurique des phénylsulfates. Pour le dosage, il suffit de séparer par filtration les précipités de sulfate de baryum, de les dessécher, de les calciner et de les peser.

Les principaux phénylsulfates de l'urine sont le *phénylsulfate*, le *paracrésylsulfate*, l'*indoxylsulfate* et la *scatoxylsulfate de potasse*.

La quantité de l'acide sulfurique à l'état de composés sulfoconjugués dans l'urine humaine des 24 heures est de

0^{gr},09 à 0^{gr},62, en moyenne 0^{gr},25

L'acide *phénylsulfurique* peut être considéré comme résultant de l'union de l'acide sulfurique et du phénol C^6H^5OH. Sa formule est donc $SO^4HC^6H^5$.

L'acide *paracrésylsulfurique* résulte de la combinaison du paracrésol et de l'acide sulfurique :

$$SO^4H^2 + C^6H^4 \left\{ \begin{matrix} OH \\ CH^3 \end{matrix} \right. = H^2O + SO^4 \left\{ \begin{matrix} H \\ C^6H^4\text{-}CH^3 \end{matrix} \right. .$$

Le *phénol* et le *paracrésol* sont volatils à la température d'ébullition : si donc on distille de l'urine acidulée par l'acide chlorhydrique, on retrouve dans le distillat ces phénols qu'on peut caractériser par leur *réaction bromée*. Les phénols possèdent en effet la propriété de donner avec l'eau de brome des composés cristallisables insolubles dans l'eau, des *tribromophénols* dont les formules sont :

Tribromophénol $C^6H^2Br^3OH$.
Tribromoparacrésol $C^8HBr^3OHCH^3$.

C'est au moyen de ces composés qu'on a proposé de doser la quantité des phénols de l'urine : l'urine acidulée d'acide chlorhydrique est soumise à la distillation, le distillat est traité par l'eau de brome, le précipité séparé par filtration est lavé, desséché dans le vide et pesé. — Remarquons que cette méthode ne donne que des nombres approchés.

Les acides *indoxylsulfurique* $SO^4HC^8H^6Az$ et *scatoxylsulfurique* $SO^4HC^9H^8Az$ doivent être considérés comme résultant de la combinaison de l'acide sulfurique avec deux substances phénoliques, l'*indoxyle* C^8H^7AzO et le *scatoxyle* (méthylindoxyle) C^9H^9AzO. Ces deux dernières substances peuvent être considérées elles-mêmes comme résultant de l'oxydation de l'*indol* et du *scatol*, substances qu'on trouve dans le contenu intestinal où elles se produisent sous l'influence des ferments organisés agissant sur les matières intestinales.

A l'acide indoxylsulfurique se rattache le *bleu indigo*. Par l'acide chlorhydrique à l'ébullition l'acide indoxylsulfurique est dédoublé en acide sulfurique et indoxyle ; — sous l'influence des agents oxydants, tels que le chlorure de chaux l'indoxyle est transformé en bleu indigo, $C^{16}H^{10}Az^2O^2$.

Supposons donc qu'on fasse bouillir l'urine avec de l'acide chlorhydrique, il se produit de l'indoxyle ; ajoutons par petites portions du chlorure de chaux, il se produit du bleu indigo. Ce bleu indigo est soluble dans le chloroforme : par conséquent en agitant l'urine, traitée comme nous venons de le dire, avec du chloroforme, on voit le chloroforme prendre une teinte bleue, si l'urine contient un indoxylsulfate.

D'où proviennent les phénylsulfates? — Dans le contenu intestinal nous avons reconnu la présence d'indol et de scatol (ou méthylindol), substances résultant de fermentations microbiennes de substances protéiques. Ces indol et scatol sont résorbés. Ils se comportent alors comme la benzine et autres hydrocarbures : ils sont oxydés : lorsqu'on injecte de la benzine dans l'organisme, on constate une oxydation de cet hydrocarbure et une formation de phénol. De même aux dépens de l'indol et du scatol se forment dans l'organisme l'indoxyle et le scatoxyle.

On n'a pas constaté dans l'organisme la présence de l'indoxyle et du scatoxyle, substances peu stables. Il est probable qu'elles se conjuguent, aussitôt formées, avec l'acide sulfurique résultant de l'oxydation des substances sulfurées, notamment des substances protéiques de l'organisme.

Le *phénol*, le *paracrésol* et d'autres phénols se

produisent dans la cavité intestinale par fermentations microbiennes des substances aromatiques, substances qui sont surtout abondantes dans les aliments végétaux. Ces phénols se conjuguent avec l'acide sulfurique résultant de la désassimilation du soufre des tissus et donnent des acides sulfoconjugués.

La quantité des phénylsulfates dans l'urine augmente en même temps que les fermentations intestinales. Lorsqu'on diminue notablement les fermentations microbiennes au moyen de l'ingestion de substances ayant des propriétés antiseptiques, on voit la proportion des phénylsulfates diminuer considérablement.

Ces phénylsulfates se rencontrent plus abondants dans l'urine des herbivores que dans celle des carnivores : et en effet, nous l'avons dit précédemment, les aliments d'origine végétale donnent en plus grande abondance que les aliments d'origine animale, sous l'influence des microorganismes, des phénols.

On admet que la synthèse des phénols et de l'acide sulfurique se fait dans le foie, ou du moins surtout dans le foie : on a en effet trouvé dans le tissu hépatique une quantité de phénylsulfates plus grande que dans le sang. Les phénols, substances toxiques produites dans l'intestin et absorbées par les branches de la veine porte, seraient transformés en phénylsulfates, substances non toxiques, dans le foie, qui exercerait ainsi à l'égard des phénols toxiques le rôle de protection contre les agents toxiques, qu'on tend actuellement à lui accorder.

Les sulfates et phénylsulfates ne représentent pas la totalité des combinaisons sulfurées de l'urine. On trouve dans l'urine divers autres composés qui contiennent de 10 à 20 p. 100 du soufre total de l'urine.

Combinaisons azotées de l'urine. — L'urine contient des combinaisons organiques azotées. On peut même dire, d'une façon générale, que les produits azotés de la désassimilation des tissus sont éliminés par l'urine.

Le physiologiste peut avoir besoin de connaître les modifications de l'élimination azotée : il y parvient aisément en déterminant l'azote total de l'urine, c'est-à-dire la quantité d'azote contenu dans l'urine sous diverses formes, urée, acide urique, etc.

Le *dosage de l'azote total* se fait par la *méthode de Kjeldahl*. Cette méthode repose sur les notions suivantes :

1° Si l'on fait bouillir une matière organique quelconque avec de l'acide sulfurique concentré, la matière organique est totalement détruite, et tout l'azote qu'elle contenait se trouve à l'état de sulfate d'ammoniaque;

2° Si l'on fait bouillir une solution de sulfate d'ammoniaque avec un excès de soude caustique, l'ammoniaque est totalement chassée de sa combinaison.

Le dosage peut se faire de la façon suivante :

Dans un ballon on introduit 25 centimètres cubes d'un mélange d'acide sulfurique concentré et d'acide

phosphorique anhydre (mélange formé avec 1 litre
d'acide sulfurique et 200 grammes d'anhydride
phosphorique) et $0^{cc},1$ de mercure; puis 5 centimètres cubes d'urine (l'acide phosphorique anhydre
sert à fixer l'eau de l'urine et à empêcher l'hydratation de l'acide sulfurique qui pour cette opération
doit être et rester concentré; — on a constaté que
lorsqu'on ajoute un peu de mercure, la destruction
et l'oxydation de la matière organique se font plus
rapidement.) Ce mélange est porté et maintenu à
l'ébullition jusqu'à ce que la décoloration soit
complète. Cette liqueur contient alors du sulfate
d'ammoniaque, du sulfate de mercure et de l'acide
sulfurique en excès. On laisse refroidir. On ajoute
de la soude caustique (solution de densité 1,25) de
façon à saturer la presque totalité de l'acide sulfurique libre, et on laisse refroidir de nouveau. On
ajoute alors de la soude caustique jusqu'à réaction
nettement alcaline, puis 12 centimètres cubes d'une
solution de sulfure de potassium (obtenu en dissolvant 2 parties de sulfure de potassium dans
3 parties d'eau) pour précipiter le mercure à l'état
de sulfure de mercure. Cette liqueur est alors
soumise à la distillation et l'ammoniaque dégagée
est reçue dans une quantité connue d'une solution
acide titrée. En déterminant le titre acide de cette
solution après que la distillation de l'ammoniaque
est terminée, on peut connaître la quantité d'acide
neutralisé par l'ammoniaque, par conséquent la
quantité d'azote de la matière organique soumise à
l'analyse.

Les principales substances azotées normalement
contenues dans l'urine normale de l'homme sont
les suivantes :

> L'*urée*.
> L'*acide urique* et les *urates*.
> L'*acide hippurique* et les *hippurates*.
> La *créatinine*, etc.

1. L'*urée* peut être considérée comme la *carbamide*.
Qu'est-ce que la carbamide?

Les carbonates neutres répondant à une formule
telle que :

$$CO^3 \begin{cases} Na. \\ Na, \end{cases}$$

l'acide carbonique théorique est :

$$CO^3 \begin{cases} H. \\ H, \end{cases}$$

composé qu'on ne connaît pas, mais qu'on peut
imaginer pour les besoins de la démonstration. Le
gaz carbonique CO^2 est l'anhydride carbonique
obtenu en enlevant H^2O à l'acide carbonique vrai,
de même que l'anhydride sulfurique SO^3 est obtenu
en enlevant H^2O à l'acide sulfurique SO^4H^2.

Les *amides* peuvent être considérées comme résultant de la substitution du groupe atomique AzH^2 au
groupe atomique OH dans les acides ; par conséquent
la carbamide répond à la formule :

$$CO \begin{cases} AzH^2. \\ AzH^2. \end{cases}$$

C'est la formule de l'urée.

On sait d'autre part que les *amides* et les *sels ammoniacaux* présentent des relations intimes : les amides peuvent être considérées comme des sels ammoniacaux déshydratés et les sels ammoniacaux comme des amides hydratées.

Ainsi considérons l'acide oxalique :

$$COOH - COOH.$$

L'oxamide est :

$$COAzH^2 - COAzH^2.$$

et le sel ammoniacal correspondant, l'oxalate d'ammoniaque, est :

$$CO^2AzH^4 - CO^2AzH^4.$$

On voit que :

$$[COAzH^2]^2 + 2H^2O = (CO^2AzH^4)^2$$
Oxamide. Oxalate d'ammoniaque.

De même :

$$CO(AzH^2)^2 + 2H^2O = CO^3(AzH^4)^2$$
Carbamide. Carbonate
Urée. d'ammoniaque.

L'urée est une substance soluble à la température ordinaire dans son poids d'eau, et dans 5 fois son poids d'alcool. Elle est plus soluble à chaud dans l'alcool et dans l'eau, et cristallise par refroidissement de ses solutions aqueuse ou alcoolique en longues aiguilles incolores prismatiques du système rhombique.

L'urée forme avec plusieurs acides des combinaisons cristallines : les plus importantes sont l'*azotate* et l'*oxalate d'urée*. Si on traite une solution aqueuse concentrée d'urée par l'acide nitrique fort, il se produit un précipité cristallin d'azotate d'urée. De même si on traite une solution aqueuse concentrée d'urée par une solution saturée d'acide oxalique, il se produit un précipité cristallin d'oxalate d'urée.

L'urée ou ses solutions sont décomposées par certains *agents oxydants* tels que l'*hypobromite de soude* en gaz carbonique et azote, volumes égaux des deux gaz :

$$CO(AzH^2)^2 + 3NaOBr = 3NaBr + CO^2 + Az^2 + 2H^2O.$$

Sous l'influence de certains microorganismes, l'urée subit une fermentation dite *fermentation ammoniacale :* 2 molécules d'eau sont fixées sur 1 molécule d'urée : l'urée est transformée en *carbonate d'ammoniaque*. On comprend sans peine cette transformation si on se reporte à ce que nous venons de dire sur la parenté de l'urée et du carbonate d'ammoniaque.

L'urée abandonnée à l'air subit toujours la fermentation ammoniacale : le ferment ou plus exactement les ferments figurés capables de produire cette transformation sont abondants dans les poussières de l'atmosphère. Le carbonate d'ammoniaque a une réaction alcaline ; l'urée a une réaction neutre. Lors donc que l'urée subit la transformation ammoniacale, l'urine prend une réaction alcaline de plus en plus marquée.

De nombreux procédés ont été proposés pour doser l'urée de l'urine. Nous ne les passerons pas en revue : leur compréhension nécessiterait une étude beaucoup trop approfondie de l'urine. Nous nous contenterons d'indiquer un procédé simple reposant sur la décomposition de l'urée en azote et gaz carbonique par l'hypobromite de soude.

Supposons qu'on ajoute à une solution d'urée, à de l'urine par exemple, un grand excès d'hypobromite de soude et de lessive de soude caustique : l'urée est décomposée en gaz carbonique et azote ; le gaz carbonique est retenu par la lessive de soude caustique et l'azote est mis en liberté seul. Les autres substances azotées de l'urine ne fournissent pas d'azote dans ces conditions. — Si on mesure le volume d'azote dégagé, on en peut conclure la quantité correspondante d'urée : 100 grammes d'urée contiennent 46^{gr},66 d'azote ; — 100 grammes d'azote correspondent à 214^{gr},28 d'urée.

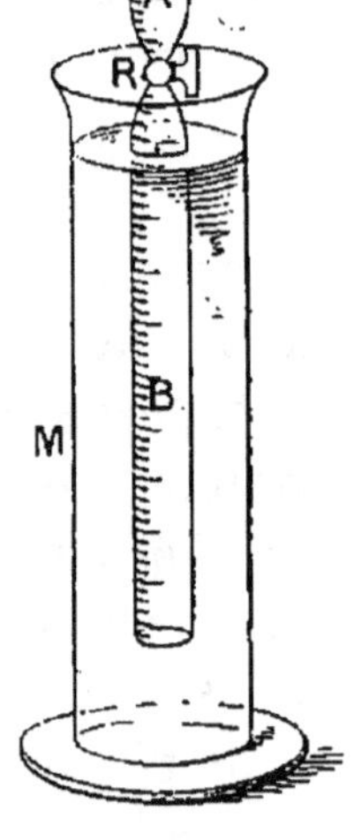

Fig. 11.

Pratiquement on peut opérer de la façon suivante : Un tube AB, formé de 2 parties A et B réunies par un robinet R, graduées en dixièmes de centimètre cube, est placé sur une éprouvette remplie de mercure, M. La partie B du tube est remplie de mercure. Dans la partie A on verse l'urine à analyser. En soulevant le tube de façon que le robinet s'élève au-dessus du mercure de M et ouvrant ce robinet on fait pénétrer dans la partie B de l'appareil une certaine quantité d'urine qu'on peut con-

naître en lisant l'abaissement du niveau de l'urine
dans la partie A de l'appareil. On enlève avec un
papier buvard ce qui reste de liquide dans A ; on y
verse la solution d'hypobromite de soude et on fait
pénétrer dans la partie B, par la même manœuvre
que précédemment, un volume de cette solution égal
à plusieurs fois le volume de l'urine introduite. Le
dégagement gazeux se produit ; on lit dans la
partie B le volume de gaz : soit V ce volume, T la
température, H la pression atmosphérique, F la
tension maxima de la vapeur d'eau à la température T, α le coefficient de dilatation cubique des
gaz ; le poids d'un litre d'azote étant $1^{gr},256$; le
poids d'azote dégagé est :

$$p = V \times \frac{1}{1 + \alpha T} \times \frac{H - F}{760} \times 1,256$$

d'où l'on peut calculer le poids d'urée P :

$$P = p \times \frac{214,28}{100},$$

ou

$$P = 2,1428\ p.$$

On peut, si l'on ne possède pas de cuve à mercure, se servir d'un appareil disposé comme l'indique la figure 12 :

Deux petits ballons A et B sont réunis par un tube
de verre recourbé T ; les orifices a et b sont fermés
l'un par un bouchon plein a, l'autre par un bouchon
percé d'un trou, b, dans lequel s'engage un tube t
(verre et caoutchouc) communiquant avec une petite
cloche c graduée en dixièmes de centimètre cube et

plongeant dans l'eau. — Les bouchons *a* et *b* étant
enlevés, on introduit dans A l'urine, 2 centimètres
cubes par exemple ; dans B la solution d'hypobromite d'alcali alcalin, 10 centimètres cubes par
exemple ; on bouche en *a*, on fixe en *b* et on lit
le niveau de l'eau dans la cloche *c*, les niveaux de
l'eau étant amenés à être dans un même plan à
l'intérieur et à l'extérieur de la cloche. En incli-

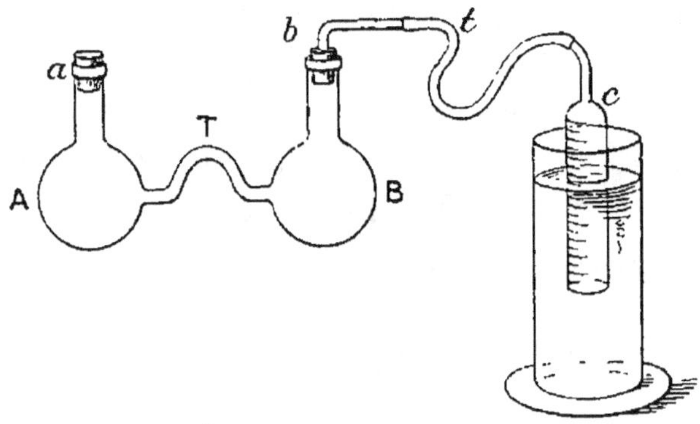

Fig. 12.

nant l'appareil AB on mélange les deux liquides :
un dégagement d'azote se produit : le niveau de
l'eau baisse dans la cloche *c* graduée. En soulevant
la cloche pour que le niveau du liquide soit le
même à l'intérieur et à l'extérieur de la cloche *c*,
on lit le nouveau niveau : on connaît ainsi l'augmentation de volume du gaz contenu dans l'appareil, par conséquent le volume de l'azote dégagé.
On peut calculer son poids d'après la formule précédemment donnée. En général on se reporte à des
tables vendues avec l'appareil, lesquelles donnent
pour chaque température la quantité d'urée corres-

pondant à une augmentation de volume lue sur l'appareil.

La solution d'hypobromite de soude employée se prépare en mélangeant 60 centimètres cubes de lessive de soude caustique commerciale, 140 centimètres cubes d'eau et 7 centimètres cubes de brome.

La quantité d'urée excrétée normalement par les urines d'un homme adulte de poids moyen, recevant une alimentation mixte, partie animale et partie végétale, est d'environ 30 grammes par 24 heures.

L'*urée*, substance azotée, est nécessairement un *produit de désassimilation des substances azotées de l'organisme*, c'est-à-dire des substances protéiques. Comment l'urée dérive-t-elle des substances protéiques ? Se forme-t-elle directement ou n'est-elle que le dernier terme d'une série de transformations successives ?

On n'a jamais pu, par les procédés mis en œuvre jusqu'à ce jour, faire de l'urée en partant des substances protéiques en dehors de l'organisme. Les chimistes ont obtenu par diverses méthodes des produits de décomposition simples des substances protéiques, mais jamais d'urée. Parmi ces produits de décomposition, nous avons signalé les acides amidés (glycocolle, leucine, etc.). Nous pouvons signaler encore le gaz carbonique, l'ammoniaque, etc. Tous ces produits prennent naissance lorsqu'on soumet à une température élevée sous pression les substances albuminoïdes à l'action de la vapeur d'eau ou mieux des acides ou alcalis.

Ne peut-on pas considérer ces produits comme des précurseurs de l'urée ? En dehors de l'organisme on n'a pas pu obtenir d'urée en partant des acides amidés, ou en partant du carbonate d'ammoniaque. Il n'en est pas de même dans l'organisme. — En injectant dans l'organisme vivant des acides amidés, on a vu augmenter la proportion d'urée. Mais rien ne prouve que les acides amidés existent jamais dans l'organisme : on n'a pas trouvé la leucine ou le glycocolle libres dans les tissus. On ne peut donc pas dire que les substances albuminoïdes subissent dans l'organisme une décomposition donnant lieu à la formation d'acides amidés aux dépens desquels se formerait l'urée : les acides amidés n'apparaissent pas comme nettement et nécessairement des précurseurs de l'urée. — En injectant dans les veines du carbonate d'ammoniaque ou un sel d'ammoniaque capable de donner sous l'influence des oxydants du carbonate d'ammoniaque, tel que le formiate d'ammoniaque, on a vu la proportion d'urée augmenter et on a reconnu que cette transformation du sel d'ammoniaque en urée se fait dans le foie. — On a reconnu encore que dans certaines affections hépatiques la quantité d'urée diminue dans les urines en même temps qu'augmente la proportion ordinairement minime des sels ammoniacaux : la proportion d'ammoniaque éliminée par l'homme sain en 24 heures est de 40 à 90 centigrammes ; elle peut atteindre 250 centigrammes dans la cirrhose hépatique. En supposant que cet excès d'ammoniaque éliminé dans la cirrhose hépatique n'est pas un résultat des altérations nutritives morbides et résulte uniquement d'une non-transformation de sels d'ammoniaque en urée, ce qui, nous insistons sur ce point, n'est pas démontré, il n'en résulterait pas que toute l'urée contenue dans l'urine a pour origine les sels ammoniacaux produits par l'organisme.

Enfin, nous avons vu en étudiant le muscle qu'on a pu obtenir de l'urée parmi les produits de décomposition de la créatine : la créatine bouillie avec des alcalis, notamment avec l'eau de baryte, fournit une petite quantité d'urée. La créatine se rencontre normalement dans le muscle : il est donc possible qu'une partie de cette créatine se transforme en urée dans l'organisme, puisque la décomposition chimique que nous venons de rappeler montre les relations de ces deux substances.

Concluons de cet ensemble de faits que peut-être une petite partie de l'urée a pour origine des sels ammoniacaux transformés par le foie ; mais que nous ignorons les modes de formation de la plus grande partie de l'urée.

2. *L'acide urique* $C^5H^4Az^4O^3$ se trouve dans l'urine à l'état d'urates. L'acide urique est extrêmement peu soluble dans l'eau : il se dissout dans environ 2000 parties d'eau bouillante et dans environ 15 000 parties d'eau froide.

L'acide urique, acide diatomique, forme 2 séries de sels, les *urates* et les *biurates* tels que :

$$C^5H^2Az^4O^3Na^2,\ \text{urate de soude.}$$
$$C^5H^3Az^4O^3Na,\ \text{biurate de soude.}$$

Les urates neutres, tout en étant peu solubles dans l'eau, sont néanmoins beaucoup plus solubles que l'acide urique : l'urate neutre de soude se dissout à la température ordinaire dans 75 parties d'eau; l'urate neutre de potasse dans 40 parties d'eau, l'urate neutre de chaux dans 1500 parties d'eau.

Les biurates sont moins solubles que les urates neutres : le biurate de soude se dissout dans 1200 parties d'eau ; le biurate de potasse dans 800 parties d'eau, le biurate d'ammoniaque dans 1600 parties d'eau et le biurate de chaux dans 600 parties d'eau.

L'urine humaine contient surtout de l'urate neutre de soude et un peu d'urate neutre de potasse (l'urine des oiseaux et des reptiles contient surtout du biurate d'ammoniaque).

Les urates sont décomposés par les acides minéraux tels que l'acide chlorhydrique. Il se forme de l'acide urique et un sel à acide minéral, tel qu'un chlorure.

Les urates possèdent la propriété de réduire la liqueur de Fehling, mais ne possèdent pas la propriété de réduire en présence d'alcalis les sels de bismuth.

L'acide urique et les urates présentent une réaction caractéristique, dite *réaction de la murexide*.

Si, dans une petite capsule de porcelaine, on verse sur une petite quantité d'acide urique ou d'urate solides quelques gouttes d'acide nitrique, et si on chauffe, il se produit un abondant dégagement gazeux en même temps que l'acide urique se dissout. Si l'on évapore au bain-marie la liqueur ainsi obtenue, il reste un résidu d'un beau rouge. Si après refroidissement on ajoute à ce résidu quelques gouttes d'ammoniaque, la coloration devient rouge pourpre ; — si au lieu d'ammoniaque, on ajoute de la potasse, la coloration devient bleue ou bleue violette. Cet ensemble de réactions colorées constitue la réaction de la murexide.

La réaction de la murexide permet de caractériser l'acide urique et les urates.

Pour *doser l'acide urique* dans une liqueur contenant des urates, notamment dans l'urine, on se fonde sur la décomposition des urates par un acide minéral et sur l'insolubilité de l'acide urique.

A 200 centimètres cubes d'urine, on ajoute 10 centimètres cubes d'acide chlorhydrique de densité 1,12 et on abandonne le mélange dans un lieu froid pendant quarante-huit heures. Le dépôt d'acide urique ne se fait pas immédiatement ; mais au bout de quarante-huit heures (en général au bout de quelques heures), on voit se former sur les parois et au fond du vase un précipité cristallin fortement coloré d'acide urique. On jette sur le filtre, on lave le précipité avec un peu d'eau, on dessèche dans le vide et on pèse.

La quantité d'acide urique contenu dans l'urine de l'homme adulte ayant une alimentation mixte est, en vingt-quatre heures, un peu moindre que 1 gramme. Cette quantité augmente considérablement dans les cas de leucémie : elle peut atteindre 4 grammes.

Chez les *oiseaux* et les *reptiles*, l'acide urique représente la plus grande partie de l'excrétion urinaire azotée : l'urée y est fort peu abondante. L'abondance d'urates peu solubles dans l'urine des oiseaux et des reptiles rend compte de l'état des urines de ces êtres, lesquelles urines sont en partie solides.

Parmi les *principales réactions de décomposition* de l'acide urique, nous signalerons les suivantes, qui présentent quelque intérêt pour le physiologiste :

Chauffé en tube scellé avec de l'acide chlorhydrique à 170°, l'acide urique se décompose en *glycocolle, ammoniaque* et *gaz carbonique.*

Sous l'influence d'agents oxydants, tels que l'acide nitrique, le peroxyde de plomb, etc., l'acide urique se décompose et donne divers produits parmi lesquels se trouve l'*urée.*

Ces réactions établissent une relation chimique entre l'acide urique, d'une part, l'urée, le glycocolle et le carbonate d'ammoniaque, d'autre part.

Les agents oxydants tels que l'acide nitrique permettant d'obtenir de l'urée en partant de l'acide urique, on en a conclu que dans l'organisme l'urée pourrait avoir comme précurseur l'acide urique ; en d'autres termes, on en a conclu que l'acide urique est un produit incomplètement oxydé de la désassimilation azotée de l'organisme, l'urée étant le produit le plus oxydé. — On a constaté en outre que l'injection d'acide urique ou d'urates détermine une augmentation de l'excrétion d'urée.

Mais ces conclusions sont purement hypothéti-
ques, et on peut leur adresser deux objections
capitales :

1º Chez les oiseaux dans l'organisme desquels les
oxydations sont au moins aussi énergiques que
chez les mammifères, c'est l'acide urique qui domine
dans l'urine, c'est l'urée qui y est peu abondante.
Il y a plus : si, chez l'oiseau, on injecte des acides
amidés, leucine, glycocolle, etc., et même de l'urée,
on constate que l'acide urique augmente dans les
urines et que l'urée n'augmente pas.

2º Dans les maladies où l'on constate des troubles
de la respiration pulmonaire ou de la respiration
intime des tissus; à la suite des hémorragies ; dans
des atmosphères confinées ou pauvres en oxygène,
on ne constate pas d'augmentation d'acide urique
dans l'urine et de diminution d'urée.

Les considérations suivantes, bien que se rapportant aux oiseaux, présentent un intérêt assez considérable pour que nous les exposions ici.

Lorsqu'on étudie les produits excrétés par le rein
d'une oie, on constate que les urates représentent
60 à 70 p. 100 de l'azote urinaire, et les produits
ammoniacaux 9 à 18 p. 100 de cet azote urinaire. —
Chez l'oie privée de foie (l'opération n'entraîne pas
la mort immédiatement) les urates ne représentent
plus que 3 à 6 p. 100 de l'azote urinaire ; les sels
ammoniacaux en représentent 50 à 60 p. 100.

On en a conclu que les sels ammoniacaux étaient
peut-être, chez les oiseaux au moins, les précurseurs de l'acide urique, la transformation en acide

urique se faisant, sinon exclusivement, du moins surtout dans le foie.

Cette conclusion n'est pas absolument certaine, parce que l'ablation du foie est accompagnée d'autres troubles nutritifs : c'est ainsi qu'on voit l'acide lactique apparaître en grande abondance dans l'urine. Il est possible que la présence d'un excès d'acide lactique dans l'organisme détermine des modifications de la nutrition intime, amenant une augmentation de la production d'ammoniaque, et une diminution de la production d'acide urique, sans que l'acide urique dérive de sels ammoniacaux.

Sur les conditions de formation de l'acide urique dans l'organisme, nous ne pouvons donc pas formuler de conclusions, de même que nous n'en avons pas pu formuler sur les conditions de formation de l'urée.

3. L'urine de l'homme et surtout l'urine des animaux herbivores contient de l'*acide hippurique*, ou plus exactement des *hippurates*.

L'acide hippurique est une substance cristallisant en prismes rhombiques allongés, peu soluble dans l'eau (soluble dans 600 parties d'eau froide), soluble dans l'alcool. — L'acide hippurique est un acide monobasique donnant des sels cristallisables.

Les hippurates d'alcalis et de terres alcalines sont solubles dans l'eau et dans l'alcool.

Bouilli avec des acides minéraux ou des alcalis caustiques, l'acide hippurique est dédoublé avec fixation d'eau en acide benzoïque et glycocolle (ce dédoublement de l'acide hippurique se produit également dans l'urine soumise à l'action des microorganismes de la putréfaction : l'urine putréfiée contient des benzoates et du glycocolle).

Inversement un mélange d'acide benzoïque et de glycocolle chauffé dans un tube scellé donne de l'acide hippurique avec perte d'eau.

L'acide hippurique est donc du *benzoate de glyco-colle.*

$$C^6H^5COOH + AzH^2CH^2COOH = H^2O + C^6H^5COAzHCH^2COOH.$$

Acide benzoïque.   Glycocolle.   Acide hippurique.

En étudiant la bile, nous avons vu que l'acide glycocholique qu'on trouve dans la bile de l'homme et dans la bile du bœuf est un cholalate de glyco-colle. Le glycocolle se produit par l'action des alcalis à haute température, ou par l'action du suc pancréatique, ou par l'action des microbes de la putréfaction sur les substances gélatineuses. On peut admettre que dans l'organisme, parmi les produits de désassimilation de ces substances géla-tineuses, se trouve le glycocolle ; mais ce glycocolle ne reste jamais libre : il se conjugue, soit avec l'acide cholalique, soit avec l'acide benzoïque.

Ainsi donc nous admettrons que le glycocolle contenu dans l'acide hippurique provient de la désassimilation de substances gélatineuses. — D'où vient l'acide benzoïque ?

On trouve des hippurates dans l'urine des animaux à jeun ; donc au moins pour une partie l'acide benzoïque est un produit de désassimilation des tissus. — D'autre part, parmi les produits de putréfaction des substances alimentaires, surtout des substances végétales, on a reconnu la présence de produits qui, tels que l'acide phénylpropionique, sont transformables dans l'organisme en acide benzoïque.

On admet donc que l'acide benzoïque, qui passe dans l'urine à l'état d'acide hippurique, a son origine dans les produits de fermentation microbienne qui s'accomplissent dans le tube intestinal. Ces produits sont transformés dans l'économie en acide benzoïque qui se conjugue avec le glycocolle, produit de désassimilation des tissus.

Ces considérations sont appuyées par les faits suivants : — Chez un animal donné, la quantité d'acide hippurique des urines, toutes autres conditions étant égales, diminue lorsqu'on pratique l'antisepsie intestinale. — La quantité d'acide hippurique est surtout grande chez les herbivores, c'est-à-dire chez les animaux qui se nourrissent de substances capables de fournir, sous l'influence des putréfactions, de l'acide benzoïque ou des substances précurseurs de l'acide benzoïque, et chez lesquels les fermentations intestinales sont très importantes. — Enfin, on a signalé ce fait, que tant que le jeune veau se nourrit exclusivement de lait, on trouve dans ses urines de l'acide urique et pas d'acide hippurique ; dès qu'il se nourrit d'herbe, l'acide hippurique apparaît.

La quantité d'acide hippurique excrété en 24 heures par un homme adulte, ayant une alimentation mixte, est un peu moindre que 1 gramme.

4. Signalons parmi les produits azotés de l'urine la *créatinine*. En étudiant le muscle, nous avons indiqué les relations étroites qui unissent la créatinine et la créatine du muscle. Nous avons dit que la créatine bouillie avec l'acide chlorhydrique dilué perd une molécule d'eau et se transforne en créatinine. Il est par conséquent très probable, sinon absolument certain, que la créatinine de l'urine a pour précurseur la créatine, produit de désassimilation de la substance musculaire.

La quantité de créatinine éliminée en 24 heures par un homme adulte est d'environ 1 gramme.

Enfin, notons la présence dans l'urine, en très petite quantité, de substances dites substances xanthiques, dont les plus importantes sont la xanthine, l'hypoxanthine, la guanine, etc.

Pigments urinaires. — Les pigments urinaires n'ont pas été étudiés avec soin : on ne connaît que l'un de ces pigments, l'*urobiline*. Cette substance, nous l'avons dit précédemment, présente des relations intimes avec la bilirubine, substance colorante de la bile. Nous avons dit que sous l'influence des agents réducteurs, la bilirubine et aussi la biliverdine sont transformées en hydrobilirubine, substance qui est généralement considérée comme identique à l'urobiline.

$$C^{32}H^{36}Az^4O^6, \text{ bilirubine.}$$
$$C^{32}H^{40}Az^4O^7, \text{ urobiline.}$$

Les ferments de l'urine. — On a signalé dans les urines normales la présence de ferments solubles en quantités généralement petites, variables d'ailleurs suivant le moment de l'observation. L'urine de l'homme renfermerait de l'amylase capable de saccharifier l'amidon, de la pepsine capable de peptoniser les substances protéiques en présence d'acide chlorhydrique dilué, du labferment capable de caséifier le lait. On n'a pas trouvé de trypsine dans l'urine.

Deuxième partie : Urines pathologiques. — L'urine peut contenir outre les substances que nous avons décrites, d'autres substances, sous l'influence d'états pathologiques divers.

Les principales substances qu'on peut trouver ainsi dans l'urine sont :

1° Des substances albuminoïdes,

2° Du sucre,

3° Du sang ou de l'hémoglobine,

4° Des matières grasses,

5° Des pigments ou acides biliaires, etc.

Une urine qui contient des substances albuminoïdes, est dite albumineuse ; il y a *albuminurie.*

Une urine qui contient du sucre, est dite sucrée ; il y a *glycosurie.*

Si l'urine contient du sang, il y a *hématurie ;* si elle contient non plus le sang total, mais seulement la matière colorante du sang, il y a *hémoglobinurie.*

Si l'urine contient des matières grasses, il y a *chylurie.*

Une urine qui contient des substances biliaires,

notamment des pigments biliaires, est dite *ictérique.*

Nous indiquerons brièvement les procédés employés pour reconnaître dans l'urine la présence d'éléments anormaux.

1. *Urines albumineuses.* — Les urines albumineuses peuvent contenir les substances suivantes :

> *Sérumalbumine.*
> *Sérumglobuline.*
> *Protéoses.*

La présence des deux premières substances peut être révélée par les réactions suivantes :

1° *Épreuve de l'ébullition.* — L'urine soumise à l'analyse peut être alcaline, neutre ou acide. Il convient d'aciduler très légèrement les urines alcalines et neutres au moyen d'acide acétique pour éviter une précipitation, à la température d'ébullition, de phosphate tricalcique dissous dans l'urine, grâce à la présence de gaz carbonique (on acidule à 1 p. 1000 ou même 1/2 p. 1000; — par exemple, on ajoute 2 centimètres cubes, ou 1 centimètre cube d'acide acétique à 1 p. 100 à 10 centimètres cubes d'urine).

L'urine ainsi acidulée est portée à l'ébullition : un précipité se produit. Ce précipité ne peut pas être un précipité de phosphates terreux, puisque l'urine est acide : c'est un coagulum albuminoïde. — Veut-on s'en assurer, on sépare ce coagulum par filtration, on le lave à l'eau, et on vérifie qu'il donne les réactions colorées des substances albuminoïdes : réaction xanthoprotéique, réaction du biuret, réaction de Millon.

L'urine contient alors une substance albuminoïde coagulable, sérumalbumine ou sérumglobuline.

2° *Épreuve par l'acide nitrique.* — Si dans un verre à précipité on verse de l'acide nitrique fort et au-dessus une couche d'urine, de façon que les deux liqueurs ne se mélangent pas, on voit, lorsque l'urine est albumineuse, se former, au contact des deux liquides, un anneau blanc nuageux dû à une précipitation de la substance albuminoïde.

3° *Épreuve par le ferrocyanure de potassium acétique.* — Si l'on additionne l'urine de 2 p. 100 d'acide acétique (20 centimètres cubes d'urine et 5 centimètres cubes d'acide acétique à 10 p. 100), et de quelques gouttes d'une solution de ferrocyanure de potassium (solution à 5 p. 100), on voit se former, lorsque l'urine est albumineuse, un précipité. On sépare par le filtre ce précipité; on le lave bien, et on vérifie qu'il donne les réactions colorées des substances albuminoïdes.

4° *Épreuve par le réactif de Tanret.* — Le réactif de Tanret, solution acétique d'iodure double de mercure et de potassium, précipite les albuminoïdes coagulables par la chaleur, les protéoses et des alcaloïdes. Le précipité dû aux albuminoïdes est insoluble à chaud et à froid dans un excès de réactif, — insoluble dans l'alcool et dans l'éther; ce sont là des caractères qui le distinguent des précipités dus aux protéoses et aux alcaloïdes.

Pour employer le réactif de Tanret, on en verse un excès dans l'urine. S'il se forme un précipité, immédiatement, qui ne disparait ni par addition d'eau qui dissoudrait l'acide urique précipité par l'acide du réactif de Tanret dans les urines riches en urates, ni par addition d'alcool, ni par agitation avec de l'éther, c'est de l'albumine.

Une urine albumineuse présente les réactions colorées des substances albuminoïdes. — Elle donne la réaction du biuret, mais cette réaction peut être rendue moins nette par la coloration de l'urine : aussi convient-il en général de diluer l'urine pour diminuer l'intensité de sa coloration (la réaction du biuret se produit dans les liqueurs albumineuses très diluées : il faut pour que cette réaction ne se produise plus que la liqueur contienne moins d'un dix-millième de substances albuminoïdes). — Elle donne la réaction xanthoprotéique; mais la coloration de l'urine rend difficile à saisir la première partie de la réaction, c'est-à-dire la coloration jaune serin, produite par l'acide nitrique dans les liqueurs albumineuses. — Elle donne la réaction de Millon; mais il convient d'ajouter un grand excès de liqueur de Millon, parce que les chlorures de l'urine précipitant le sel de mercure du réactif, il pourrait ne pas se produire de coloration rouge brique dans une liqueur albumineuse, si la totalité du sel mercurique avait été précipitée.

De ces 3 réactions colorées, la réaction du biuret est la plus caractéristique : les 2 autres réactions sont moins démonstratives, l'urine pouvant contenir des substances autres que les substances protéiques donnant ces réactions.

Pour ces raisons, la recherche des substances albuminoïdes de l'urine ne doit pas être faite, ou tout au moins ne doit pas être faite exclusivement à l'aide des réactions colorées. — Les 4 réactions de précipitation précédemment indiquées, contrôlées dans deux cas (coagulation par la chaleur, précipitation par le ferrocyanure de potassium acétique) par les réactions colorées du précipité, dans une autre (réaction de Tanret) par les propriétés du précipité, sont les véritables méthodes de recherche des substances albuminoïdes dans l'urine.

Pour reconnaître dans l'urine la présence de *protéoses*, il faut débarrasser l'urine des substances albuminoïdes coagulables qu'elle peut contenir, en la portant à l'ébullition, après l'avoir très légèrement acidulée par l'acide acétique. La liqueur filtrée donne-t-elle la réaction du biuret, elle contient des protéoses. — Il n'est pas possible de contrôler cette réaction du biuret au moyen des réactions de précipitation des protéoses : l'alcool, le sublimé, le tannin, l'acide phosphomolybdique et l'acide phosphotungstique en effet précipitent des substances existant normalement dans les urines non albumineuses. — Il est impossible d'employer pour la même raison les précipitants des protéoses primaires tels que l'acide picrique : l'acide picrique précipite en effet la créatinine.

Lorsque l'urine contient des protéoses primaires, on peut contrôler la réaction du biuret par les réactions propeptoniques. Si l'urine précipite à froid par l'acide nitrique ou par le ferrocyanure de potassium acétique, ou par le chlorure de sodium acétique, le précipité formé étant soluble à l'ébullition, pour se reformer par refroidissement, l'urine contient des protéoses.

Ces réactions propeptoniques ne sont nettes qu'avec les protéoses primaires ; les protéoses secondaires ne les donnent pas nettement ; les peptones ne les donnent pas du tout. Dans le cas des protéoses secondaires et des peptones, on n'a que la réaction du biuret.

Les substances albuminoïdes les plus fréquemment contenues dans l'urine sont la *sérumalbumine* et la *sérumglobuline*, surtout la sérumalbumine. Les protéoses ne s'y observent que dans certains cas assez rares.

Le dosage des protéoses est chose délicate ; celui des substances albuminoïdes coagulables est au contraire chose facile. Il suffit d'aciduler très légèrement l'urine par l'acide acétique, de porter à l'ébullition, de jeter sur un filtre, pour séparer le coagulum du liquide dans lequel il s'est formé, de laver ce coagulum à l'eau, de le dessécher à 110° et de le peser.

2. *Urines sucrées.* — L'urine peut contenir en quantité plus ou moins considérable de la *glucose*. Nous avons étudié (chapitre III) les propriétés de la glucose, et indiqué les moyens de la caractériser et de la doser dans une liqueur.

a. *La glucose est une substance dextrogyre.* — L'urine sucrée doit donc posséder la propriété de dévier à droite le plan de polarisation de la lumière. Mais l'urine peut contenir des substances pathologiques possédant un pouvoir rotatoire : tels sont les albuminoïdes, les acides biliaires, etc. ; ces substances sont lévogyres : si donc une urine dévie le plan de polarisation à droite, on peut affirmer d'une façon presque certaine qu'elle contient de la glucose.

b. *La glucose est un sucre réducteur :* elle réduit la liqueur de Fehling en donnant de l'oxyde cuivreux rouge ; — elle réduit aussi en présence d'alcalis les sels de bismuth en donnant un dépôt noir de bismuth métallique.

Pour rechercher la présence de glucose dans une urine, on peut donc porter à l'ébullition un mélange d'urine et de liqueur de Fehling (on doit vérifier que la liqueur de Fehling dont on se sert ne se réduit pas d'elle-même, lorsqu'on la porte à l'ébullition). S'il se produit un précipité rouge d'oxyde cuivreux, l'urine contient du sucre.

Parfois il se produit simplement un changement de teinte : le mélange de liqueur de Fehling et d'urine passe au jaune foncé rougeâtre sans qu'il soit possible de voir un précipité. Parfois il se produit bien un précipité, mais ce précipité n'est pas rouge, il est blanchâtre ou bleuâtre. Dans ces 2 cas, on ne peut pas affirmer la présence de sucre ; mais on n'en peut pas non plus nier la présence. L'urine contient normalement des substances, telles que la créatine, qui possèdent la propriété de maintenir en solution une petite quantité d'oxyde cuivreux, la liqueur passant au jaune rougeâtre. D'autre part l'urine contient normalement des substances, telles que l'acide urique et aussi la créatinine, capables suivant les proportions de substances et les conditions de l'ébullition, de réduire la liqueur de Fehling en donnant des précipités blanchâtres **ou même bruns rougeâtres.**

On comprend par conséquent qu'une urine contenant une forte proportion de créatinine peut faire passer au brun rougeâtre sans précipitation le mélange d'urine et de liqueur de Fehling (une partie de la créatinine réduit le sel cuivrique et l'excès de créatinine maintient l'oxyde cuivreux en solution). On comprend qu'une urine qui contient une faible proportion de sucre peut se comporter de même : le sucre réduit la solution cuivrique et le précipité cuivreux reste dissous grâce à la présence de créatinine.

D'autre part la formation d'un précipité peu abondant blanchâtre ou jaune blanchâtre peut résulter de la réduction de la liqueur cuivrique par l'acide urique. — Mais si la liqueur contient peu de sucre et beaucoup d'acide urique, le précipité peut présenter les mêmes apparences : le sucre donne de l'oxyde cuivreux rouge ; l'acide urique donne un précipité souvent blanchâtre : le mélange des deux constitue un précipité bleu blanchâtre.

En résumé, on ne doit affirmer la présence du sucre dans l'urine que lorsqu'on observe un précipité nettement rougeâtre d'oxyde cuivreux ; — on ne doit nier la présence du sucre dans l'urine que lorsque le mélange d'urine et de liqueur de Fehling ne change pas de coloration à l'ébullition et ne donne pas de précipitation.

Pour rechercher la présence de glucose dans l'urine, on peut, au lieu d'une solution cuivrique, employer une solution bismuthique. On sait qu'en présence d'alcalis caustiques les sels de bismuth sont réduits à l'ébullition par la glucose. La solution bismuthique généralement employée se prépare en dissolvant 4 grammes de sel de Seignette dans 100 centimètres cubes d'une solution de soude caustique à 10 p. 100, et faisant digérer au bain-marie dans cette liqueur 2 grammes de sous-nitrate de bismuth.

Pour reconnaître le sucre au moyen de cette liqueur, on ajoute 1 centimètre cube de cette liqueur à 10 centimètres cubes d'urine, et on porte à l'ébullition. Si l'urine contient du sucre, il se produit une coloration jaune, puis jaune brun, puis la liqueur se trouble et devient noire ; peu à peu se produit un dépôt noir généralement considéré comme constitué par du bismuth métallique pulvérulent.

Cette réaction ne présente pas les causes d'erreur que nous venons de signaler à propos de la réaction avec la liqueur de Fehling : en effet, ni l'acide urique, ni la créatinine ne réduisent la solution de bismuth. Cependant l'urine peut contenir, au moins accidentellement, des substances capables de réduire la solution de bismuth. Aussi convient-il, pour avoir une certitude absolue, de contrôler cette réaction par quelque autre, comme il est nécessaire de contrôler la réaction par la liqueur de Fehling.

c. *La glucose est un sucre fermentescible.* — Une solution sucrée additionnée de levure de bière fermente. Cette fermentation est rendue manifeste par le dégagement de bulles de gaz carbonique. Si donc on ajoute à une urine (qu'on acidule souvent très légèrement par l'acide tartrique qui favorise la fermentation) de la levure de bière, et si on constate un dégagement très net de gaz carbonique, on peut affirmer la présence du sucre dans l'urine.

Quant au *dosage du sucre* de l'urine, il se fait par les procédés dont nous avons indiqué les grandes lignes au chapitre III. Ces procédés se rangent en 3 groupes : — les procédés physiques : détermination du pouvoir rotatoire, — les procédés chimiques : détermination du pouvoir réducteur, — les procédés biologiques : détermination du gaz carbonique dégagé dans la fermentation. — On trouvera dans les ouvrages spéciaux d'analyse urinaire les indications nécessaires pour une analyse rigoureusement exacte.

3. *Urines sanglantes et urines à hémoglobine.* — L'urine contient parfois les éléments du sang : le microscope permet alors de constater dans l'urine la présence des éléments figurés du sang ; l'analyse chimique démontre dans l'urine la présence de substances albuminoïdes coagulables par la chaleur, et d'hémoglobine démontrable par l'examen spectroscopique.

L'urine peut contenir seulement de l'hémoglobine ou des dérivés de l'hémoglobine, notamment de la méthémoglobine. L'examen spectroscopique (voir chapitre VI) permettra de reconnaître dans l'urine la présence de matières colorantes du sang en faisant sur l'extrait sec de l'urine la préparation des cristaux d'hémine reconnaissables à l'examen microscopique.

4. *Urines biliaires*. — Les éléments de la bile, sels biliaires et pigments biliaires, peuvent passer dans l'urine. — Nous avons décrit, en faisant l'étude de la bile, les *réactions de Gmelin et de Pettenkofer* caractéristiques.

La présence des éléments biliaires dans l'urine est démontrée par ces réactions qui peuvent être faites directement sur l'urine.

5. *Calculs urinaires*. — Les calculs urinaires les plus communs, chez l'homme, sont, par ordre de fréquence :

> Les calculs d'acide urique et d'urates.
> Les calculs de phosphates.
> Les calculs d'oxalates, etc.

Les *calculs d'acide urique* calcinés sur une lame de platine brûlent sans laisser de résidu notable; ils donnent la réaction de la murexide (voir p. 333); traités par la lessive de soude caustique à l'ébullition ils ne dégagent pas d'ammoniaque. — Les calculs d'urate d'ammoniaque brûlent sans laisser de résidu notable; ils donnent la réaction de la murexide, et dégagent des vapeurs ammoniacales, lorsqu'ils sont traités par la lessive de soude caustique à l'ébullition.

Les *calculs de phosphates* ne brûlent pas; ils se

dissolvent dans les acides chlorhydrique et acétique sans effervescence, et leur solution donne les réactions connues des phosphates (voir chapitre I, p. 9).

Les *calculs d'oxalates* sont dissous par l'acide chlorhydrique sans effervescence, mais ne sont pas dissous par l'acide acétique ; après calcination, ils sont dissous par l'acide acétique avec effervescence (transformés en carbonates par la calcination).

Les calculs urinaires sont rarement composés d'une seule substance ; ce sont en général des mélanges dans lesquels dominent certaines substances ; aussi obtient-on en général des réactions peu nettes, quand on se propose d'étudier par un essai grossier leur constitution, et faut-il d'ordinaire recourir à une analyse plus délicate et plus précise.

On trouve enfin exceptionnellement des calculs autres que ceux que nous avons signalés : qu'ils nous suffise d'en avoir indiqué l'existence.

FIN

TABLE ANALYTIQUE

7560-97. — CORBEIL. Imprimerie ÉD. CRÉTÉ.

Pr. n° 52.

Extrait du Catalogue Médical

(AVRIL 1897)

Traité des
Maladies de l'Enfance

. PUBLIÉ SOUS LA DIRECTION DE MM.

J. GRANCHER
Professeur à la Faculté de médecine de Paris,
Membre de l'Académie de médecine, médecin de l'hôpital des Enfants-Malades

J. COMBY
Médecin
de l'hôpital des Enfants-Malades

A.-B. MARFAN
Agrégé,
Médecin des hôpitaux

5 volumes grand in-8° avec figures dans le texte.
En souscription (Avril 1897) : **90 fr.**

Cet ouvrage vient fort heureusement combler une lacune. Si les manuels de médecine infantile ne manquaient pas, on souffrait de l'absence d'une œuvre de longue haleine embrassant, dans son ensemble, toute la pédiatrie. Cette œuvre, MM. Grancher, Comby et Marfan ont voulu l'entreprendre, encouragés qu'ils étaient par les collaborations précieuses qui s'offraient à eux, tant de la France que de l'étranger.

Ils ont pensé qu'on leur saurait gré d'avoir réuni, dans le même ouvrage, toutes les branches de la pathologie infantile : médecine, chirurgie, spécialités; d'autant plus qu'ils ont fait appel, pour la réalisation de ce plan nouveau, aux maîtres les plus renommés dans ces diverses branches de la pédiatrie. Le lecteur trouvera donc, dans cet ouvrage, des réponses à toutes les questions qui intéressent la pratique médico-chirurgicale des enfants.

Conçu dans cet esprit, exécuté avec une compétence dont le public médical sera juge, le nouveau *Traité des Maladies de l'Enfance* est appelé à rendre les plus grands services aux praticiens.

Traité de Chirurgie

PUBLIÉ SOUS LA DIRECTION DE MM.

Simon DUPLAY

Professeur de clinique chirurgicale
à la Faculté de médecine de Paris
Chirurgien de l'Hôtel-Dieu
Membre de l'Académie de médecine

Paul RECLUS

Professeur agrégé à la Faculté de médecine
Secrétaire général
de la Société de Chirurgie
Chirurgien des hôpitaux
Membre de l'Académie de médecine

PAR MM.

BERGER, BROCA, DELBET, DELENS, DEMOULIN, FORGUE
GÉRARD-MARCHANT, HARTMANN, HEYDENREICH, JALAGUIER
KIRMISSON, LAGRANGE, LEJARS, MICHAUX
NÉLATON, PEYROT, PONCET, QUÉNU, RICARD, SEGOND
TUFFIER, WALTHER

Deuxième Édition, entièrement refondue

8 vol. grand in-8° avec nombreuses figures dans le texte
En souscription. . . **150** *fr.*

Au 15 Février 1897, les deux premiers volumes sont en vente

On a reproché l'absence d'avant-propos à notre première édition du *Traité de Chirurgie*. A vrai dire il nous semblait inutile, tant notre idée maîtresse était simple et notre plan conforme à cette idée : Confier la tâche à des chirurgiens assez nombreux pour « faire » vite, pas trop pour ne pas nuire à l'homogénéité de l'œuvre ; assez jeunes pour avoir encore le goût et le loisir d'écrire, pas trop pour ne pas manquer d'expérience professionnelle ; enfin, il fallait assigner à chacun la part de travail nettement indiquée par des recherches antérieures et des découvertes personnelles.

Ce plan a réussi : nos huit volumes ont paru en vingt-six mois, tandis que nous en avions demandé trente au public. Les lecteurs n'ont pas failli « attendre », et cette ponctualité est assez rare, en France et hors de France, pour qu'une revue d'outre-Rhin ait pu dire : « Nous commençons aussi des ouvrages de ce genre en Allemagne, mais nous devons avouer que nous ne les finissons pas souvent. » Comme notre idée était bonne, beaucoup s'en sont emparés aussitôt, et nous avons assisté à une riche floraison de *Traités* analogues. Nous osons rappeler ici que nous fûmes les initiateurs.

Notre succès auprès du public médical a été grand, puisque, malgré trois importants tirages, une deuxième édition est devenue nécessaire. Nous avons apporté tous nos soins à cette œuvre nouvelle. Certaines parties que les auteurs, trop pressés par le temps, avaient dû négliger, ont été complètement reprises, et il ne reste plus une ligne du travail primitif. Tous les articles, même les meilleurs, ont été remis au courant de la science. Et, malgré l'étendue de la tâche, ce n'est plus en trente mois, c'est en douze que nous nous engageons à publier nos huit nouveaux volumes.

Nous devons ce résultat au dévouement de nos collaborateurs.

Ils savent que, pour une œuvre de ce genre, il faut oublier les menus intérêts et passer par-dessus ses convenances personnelles pour apporter à l'heure dite le travail. Leurs vingt volontés n'en font plus qu'une seule, en vertu d'une obéissance à la règle d'autant plus méritoire qu'elle est vraiment spontanée : rien ne l'impose, ni hiérarchie, ni autorité, ni sanction quelconque ; chaque auteur est maître chez lui, et notre éditeur n'est que le plus précieux de nos aides, le plus décidé au sacrifice pour le bien de l'œuvre commune.

Plus de sept ans se sont écoulés depuis le jour où fut arrêté le programme du *Traité de Chirurgie*, et des vingt-quatre collaborateurs du début, aucun, par un rare bonheur, ne manque encore à l'entreprise. Les portes de l'Hôpital et de l'Agrégation se sont ouvertes devant les plus jeunes, le Professorat et l'Académie de médecine en ont élu de plus âgés ; tous ont vu s'étendre leur sphère d'activité professionnelle. Aussi pouvons-nous affirmer que ce nouvel ouvrage portera la marque d'une expérience plus mûre et d'une plus grande autorité.

SIMON DUPLAY et PAUL RECLUS.

TOME I

1 vol. grand in-8° de 912 pages, avec 218 figures dans le texte. 18 fr.

RECLUS. — Inflammations, traumatismes, maladies virulentes.

BROCA. — Peau et tissu cellulaire sous-cutané.

QUÉNU. — Des tumeurs.

LEJARS. — Lymphatiques, muscles, synoviales tendineuses et bourses séreuses.

TOME II

1 vol. grand in-8° de 996 pages, avec 361 figures dans le texte. 18 fr.

LEJARS. — Nerfs.

MICHAUX. — Artères.

QUÉNU. — Maladies des veines.

RICARD et DEMOULIN. — Lésions traumatiques des os.

PONCET. — Affections non traumatiques des os.

POUR PARAITRE EN MAI 1897.

TOME III

1 vol. grand in-8° avec nombreuses figures dans le texte.

NÉLATON. — Traumatismes, entorses, luxations, plaies articulaires.

QUÉNU. — Arthropathies, arthrites sèches, corps étrangers articulaires.

LAGRANGE. — Arthrites infectieuses et inflammatoires.

GÉRARD-MARCHANT. — Crâne.

KIRMISSON. — Rachis.

S. DUPLAY. — Oreilles et annexes.

TOME IV

1 vol. grand in-8° avec nombreuses figures dans le texte.

GÉRARD-MARCHANT. — Nez, fosses nasales, pharynx nasal et sinus.

HEYDENREICH. — Mâchoires.

DELENS. — Œil et annexes.

Les tomes V et VI, VII et VIII, paraîtront à intervalles rapprochés, de façon que l'ouvrage soit complet au commencement de l'année 1898.

Traité de Pathologie générale

Publié par CH. BOUCHARD

Membre de l'Institut
Professeur de pathologie générale à la Faculté de Médecine de Paris

SECRÉTAIRE DE LA RÉDACTION : G.-H. ROGER

Professeur agrégé à la Faculté de médecine de Paris, Médecin des hôpitaux

---

CONDITIONS DE LA PUBLICATION :

Le **Traité de Pathologie générale** *est publié en 6 volumes grand in-8°. Chaque volume comprend environ 900 pages, avec nombreuses figures dans le texte. Les tomes I et II sont en vente; les tomes III et IV le seront très prochainement. Les autres volumes seront publiés successivement et à des intervalles rapprochés.*

Prix de la Souscription, au 1er Avril 1897. . . . **102** fr.

Traité de Médecine

PUBLIÉ SOUS LA DIRECTION DE MM.

CHARCOT

Professeur de clinique des maladies nerveuses à la Faculté de médecine de Paris.

BOUCHARD

Professeur de pathologie générale à la Faculté de médecine de Paris. Membre de l'Institut.

BRISSAUD

Professeur agrégé à la Faculté de médecine de Paris. Médecin de l'hôpital Saint-Antoine.

PAR MM.

**Babinski, Ballet, P. Blocq, Boix, Brault
Chantemesse, Charrin, Chauffard, Courtois-Suffit, Dutil
Gilbert, L. Guinon, Georges Guinon, Hallion
Lamy, Le Gendre, Marfan, Marie, Mathieu, Netter
Œttinger, André Petit, Richardière, Roger
Ruault, Souques, Thibierge, Thoinot, Fernand Widal**

6 volumes grand in-8° avec nombreuses figures, **125** *fr.*

Traité de Gynécologie clinique et opératoire

Par le Dr **S. POZZI**

Professeur agrégé à la Faculté de médecine de Paris,
Chirurgien de l'hôpital Broca,
Membre de l'Académie de médecine.

Troisième Édition revue et augmentée

1 vol. in-8° de 1260 pages avec 628 figures. Relié, **30 fr.**

Précis d'Obstétrique

PAR MM.

A. RIBEMONT-DESSAIGNES	**G. LEPAGE**
Agrégé de la Faculté de médecine, Accoucheur de l'hôpital Beaujon.	Chef de clinique obstétricale à la Faculté de Médecine.

Troisième édition

Avec figures dans le texte dessinées par M. RIBEMONT-DESSAIGNES

1 vol. grand in-8° de plus de 1300 pages, relié toile, **30 fr.**

Manuel de Pathologie externe

Par MM. RECLUS, KIRMISSON, PEYROT, BOUILLY

Professeurs agrégés à la Faculté de médecine de Paris, Chirurgiens des hôpitaux.

4 VOLUMES PETIT IN-8°

I. — Maladies des tissus. 4° édition, par le Dr P. Reclus.

II. — Maladies des régions : *Tête et Rachis.* 4° édition, par le Dr Kirmisson.

III. — Maladies des régions : *Cou, Poitrine, Abdomen.* 4° édition, par le Dr Peyrot.

IV. — Maladies des régions : *Organes génito-urinaires et Membres.* 4° édit., par le Dr Bouilly.

Chaque volume est vendu séparément. **10 fr.**

Traité des Maladies des Yeux

Par **Ph. PANAS**

Professeur de clinique ophtalmologique à la Faculté de Médecine.
Chirurgien de l'Hôtel-Dieu.

2 volumes grand in-8° avec 453 figures dans le texte et 7 planches en couleurs. Reliés toile, **40 fr.**

Manuel
de Pathologie interne

Par **G. DIEULAFOY**

Professeur de clinique médicale de la Faculté de Médecine de Paris.
Médecin de l'Hôtel-Dieu. Membre de l'Académie de Médecine.

DIXIÈME ÉDITION REVUE ET AUGMENTÉE

*4 volumes in-16 diamant, avec figures en noir et en couleurs,
cartonnés à l'anglaise, tranches rouges,* **28** *fr.*

Par des additions et des refontes partielles, ce *Manuel* publié
d'abord en deux volumes, puis en trois, forme aujourd'hui quatre
volumes. M. Dieulafoy a développé principalement, dans cette
dixième édition, les chapitres consacrés à l'Appendicite, à la
Diphtérie et à la **Fièvre typhoïde**. Pour la première fois on
trouvera quelques planches et figures en noir et en couleurs se
rapportant aux sujets les plus nouveaux.

Précis
d'Histologie

Par **MATHIAS DUVAL**

Professeur d'histologie à la Faculté de médecine de Paris.
Membre de l'Académie de médecine de Paris

OUVRAGE ACCOMPAGNÉ DE 408 FIGURES DANS LE TEXTE

1 *volume in-8° de* XXXII-956 *pages*. . . . . 18 fr.

On retrouve dans ce volume les qualités qui ont fait le succès
de l'enseignement du savant professeur : clarté et précision dans
l'exposé des faits ; haute portée philosophique dans les vues
générales ; soin extrême de suivre les progrès de la science,
mais en n'acceptant les faits nouveaux qu'à la lumière d'une
sévère critique. Ces nombreuses figures qui illustrent ce volume,
sont pour la plupart des dessins schématiques reproduisant les
dessins que M. Mathias Duval a composés pour son enseignement. L'auteur les a dessinés lui-même, et cela ne sera pas un
des moindres mérites de cette œuvre magistrale.

Précis de
Manuel opératoire

Par **L.-H. FARABEUF**

Professeur à la Faculté de Médecine de Paris.

QUATRIÈME ÉDITION

I. Ligature des Artères. — II. Amputations. — III. Résections. — Appendice

1 *volume petit in-8° avec* 799 *figures* . . . . . 16 fr.

Cette édition a 150 pages et 142 figures de plus que la précédente. Parmi les additions, on trouvera la technique des inter-
ventions sanglantes dans les *luxations irréductibles* des *doigts*
et du *pouce*, du *coude*, de l'*épaule*, etc.

Cours de Chimie

MINÉRALE, ORGANIQUE

Par Armand GAUTIER

*Membre de l'Institut
Professeur de Chimie à la Faculté
de Médecine de Paris
Membre de l'Académie
de Médecine*

DEUXIÈME ÉDITION
Revue et mise au courant des travaux les plus récents.

TOME I. — **Chimie minérale.** 1 volume grand in-8° avec 244 figures. . . . . **16 fr.**

TOME II. — **Chimie organique.** 1 volume grand in-8° avec 72 figures. **16 fr.**

Leçons de Chimie biologique normale et pathologique. *Deuxième édition*, revue et mise au courant des travaux les plus récents, avec 110 figures dans le texte. Ces leçons complètent le *Cours de Chimie* de M. le professeur A. Gautier ; elles sont publiées avec la collaboration de Maurice ARTHUS, professeur de physiologie et de chimie physiologique à l'université de Fribourg. 1 vol. gr. in-8° de 826 p.   **18 fr.**

Éléments de Chimie physiologique, par Maurice ARTHUS, docteur ès sciences naturelles, préparateur de physiologie à la Sorbonne. 2ᵉ édition. 1 volume in-16 diamant, cartonné. . . . . **4 fr.**

Traité de Chimie minérale et organique, comprenant la chimie pure et ses applications, par Ed. WILLM, professeur à la Faculté des sciences de Lille, et HANRIOT, professeur agrégé à la Faculté de médecine de Paris. 4 volumes grand in-8° avec figures dans le texte. . . . . **50 fr.**

Traité de Thérapeutique et de Pharmacologie, par H. SOULIER, professeur à la Faculté de médecine de Lyon. 2ᵉ édit. 2 volumes grand in-8°   **25 fr.**

Traité de Pharmacie théorique et pratique, de E. SOUBEIRAN, 9ᵉ édition publiée par M. REGNAULT, professeur à la Faculté de médecine de Paris. 2 forts volumes in-8° avec figures dans le texte. .   **24 fr.**

Leçons de Thérapeutique

PAR

Le Dr Georges HAYEM

Membre de l'Académie de Médecine
Professeur à la Faculté de Médecine de Paris.

5 VOLUMES PUBLIÉS

LES MÉDICATIONS : 4 volumes grand in-8°
ainsi divisés :

1re Série. — Les médications. — Médication désinfectante. — Sthénique. — Antipyrétique. Antiphlogistique. **8 fr.**
2° Série. — De l'action médicamenteuse. — Médication antihydropique. — Hémostatique. — Reconstituante. — Médication de l'anémie. — Du diabète sucré. — De l'obésité. — De la douleur . . . . **8 fr.**
3° Série. — Médication de la douleur (suite). — Médication hypnotique. — Stupéfiante. — Antispasmodique. — Excitatrice de la sensibilité. — Hypercinétique. — Médication de la kinésitaraxie cardiaque. — De l'asystolie. — De l'ataxie et de la neurasthénie cardiaque. . . . . **8 fr.**
4° Série. — Médication antidyspeptique. — Antidyspnéique. — Médication de la toux. — Médication expectorante. — Médication de l'albuminurie. — De l'urémie. — Médication antisudorale. **12 fr.**

LES AGENTS PHYSIQUES ET NATURELS :

Agents thermiques. — Électricité. — Modification de la pression atmosphérique. — Climats et eaux minérales.

1 vol. grand in-8° avec nombreuses figures et 1 carte des eaux minérales et stations climatériques. **12 fr.**

Traité élémentaire

de Clinique thérapeutique

Par le Dr G. LYON

Ancien interne des hôpitaux de Paris
Ancien chef de clinique à la Faculté de médecine

DEUXIÈME ÉDITION, REVUE ET AUGMENTÉE

1 volume in-8° de 1154 pages . . . . **15 fr.**

Profitant du réel succès obtenu par cet ouvrage dont la première édition avait été épuisée en moins de deux années, l'auteur a refondu complètement certains chapitres de son livre (celui des dyspepsies chimiques par exemple) et l'a en outre augmenté d'un certain nombre de chapitres nouveaux, tels que ceux relatifs à la diphtérie, à l'entéralgie, à la péritonite tuberculeuse, à l'albuminurie, l'actinomycose, aux empoisonnements, etc., etc. Les praticiens seront heureux de trouver dans cette seconde édition un important *appendice contenant la liste des médicaments les plus usuels avec l'indication de leur mode d'emploi et de leur dosage.*

Cliniques médicales de la Charité

LEÇONS & MÉMOIRES

Par le Professeur POTAIN

ET SES COLLABORATEURS

Ch. FRANÇOIS-FRANCK,
H. VAQUEZ,
E. SUCHARD, P.-J. TEISSIER

1 *volume in-8° de 1060 pages avec nombreuses figures dans le texte.*
Relié **30** *fr.*

DIVISIONS : Leçons recueillies par H. VAQUEZ. Sémiologie cardiaque (9 leçons). Palpitations. Endocardite rhumatismale aiguë. Rythme mitral. Le cœur des tuberculeux. Les cardiopathies réflexes. Névropathies d'origine cardiaque. Traumatismes cardiaques. Symphyse cardiaque. Pronostic. Traitement (3 leçons). — Professeur POTAIN. Des souffles cardio-pulmonaires. Du choc de la pointe du cœur. — H. VAQUEZ. Phlébite des membres. — TEISSIER. Rapports du rétrécissement mitral pur avec la tuberculose. — SUCHARD. Technique des autopsies cliniques. FRANÇOIS-FRANCK. Analyse de l'action expérimentale de la digitaline.

Traité pratique des Maladies du Système Nerveux

PAR

J. GRASSET	G. RAUZIER
Correspondant de l'Académie de Médecine, Professeur de clinique médicale à la Faculté de Médecine de Montpellier.	Professeur agrégé chargé du cours de Pathologie interne à la Faculté de Médecine de Montpellier.

Quatrième édition, revue et considérablement augmentée.

2 vol. grand in-8 avec 122 figures et 33 planches dont 15 en chromo et 10 en héliogravure. . . . . **45** fr.

Guide pratique des Maladies mentales

SÉMÉIOLOGIE, DIAGNOSTIC, INDICATIONS

Par le Dr **Paul SOLLIER**
Chef de clinique adjoint des maladies mentales à la Faculté.

1 vol. in-16 diamant, cart. toile anglaise, tranches rouges. **5** fr.

Recherches sur les Centres Nerveux

ALCOOLISME, FOLIE DES HÉRÉDITAIRES DÉGÉNÉRÉS, PARALYSIE GÉNÉRALE, MEDECINE LÉGALE

Par le Dr **MAGNAN**
Membre de l'Académie de Médecine.
Médecin en chef de l'Asile Sainte-Anne.

Deuxième série. 1 vol. in-8 avec 27 fig. et 6 planches. . . **12** fr.

Anatomie du Cerveau de l'Homme

Morphologie des Hémisphères Cérébraux ou Cerveau proprement dit

TEXTE ET FIGURES PAR

E. BRISSAUD

Professeur agrégé à la Faculté de Médecine

Un atlas grand in-4° de 45 planches gravées sur cuivre, représentant 270 préparations grandeur naturelle avec explication en regard de chacune

Et 1 volume in-8° de 500 pages avec plus de 200 figures schématiques dans le texte

2 volumes reliés, toile anglaise. 80 fr.

Atlas d'Embryologie

Par M. MATHIAS DUVAL

Professeur d'Histologie à la Faculté de médecine de Paris
Membre de l'Académie de médecine

1 vol. in-4° avec 40 planches en noir et en couleur comprenant ensemble 652 figures, cartonné toile. 48 fr.

Anatomie pathologique de la Moelle épinière

45 planches en héliogravure avec texte explicatif

PAR MM.

Paul BLOCQ	Albert LONDE
Ancien interne des hôpitaux	Directeur du service photographique
Chef des travaux anatomo-patholo-	de la Salpêtrière
giques à la Salpêtrière	

OUVRAGE PRÉCÉDÉ D'UNE PRÉFACE DE M. LE PROFESSEUR CHARCOT

1 volume in-4°, relié toile.. . . . . . 48 fr.

Atlas de Laryngologie et de Rhinologie

PAR MM.

A. GOUGUENHEIM	J. GLOVER
Médecin de l'hôpital Lariboisière	Ancien interne de la clinique de l'hôpital Lariboisière

Avec 37 planches en noir et en couleurs, comprenant 246 figures

Ouvrage couronné par l'Académie (prix Laborie), par l'Institut (première mention, prix Montyon), par la Faculté de médecine (prix Châteauvillard)

1 volume in-4°, avec 47 figures dans le texte.. . . . . 50 fr.

Dr THOINOT (L.-H.), professeur agrégé à la Faculté de médecine de Paris, médecin des Hôpitaux, et **MASSELIN** (E.-J.), médecin-vétérinaire.

Précis de Microbie. — *Technique et microbes pathogènes.* Ouvrage couronné par la Faculté de médecine (Prix Jeunesse). *Troisième édition* revue et augmentée. 1 volume in-16 diamant avec 93 figures dont 22 en couleurs, cartonné à l'anglaise, tranches rouges . . . . **7 fr.**

SPILLMANN, professeur de clinique médicale à la Faculté de Nancy, et **P. Hausalter**, professeur agrégé.

Manuel de Diagnostic médical et d'exploration clinique. *Troisième édition*, entièrement refondue. 1 volume in-16 diamant, avec 89 figures, cartonné à l'anglaise, tranches rouges. . . . . **6 fr.**

LAUNOIS et **MORAU**, préparateurs adjoints d'histologie à la Faculté de médecine de Paris.

Manuel d'anatomie microscopique et histologique, avec une préface de M. MATHIAS DUVAL. 1 vol. in-16 diamant, cartonné . . . . **6 fr.**

WURTZ (R.), professeur agrégé à la Faculté de médecine de Paris, médecin des hôpitaux.

Précis de Bactériologie clinique. Ouvrage couronné par la Faculté de médecine. *Deuxième édition* avec tableaux synoptiques et figures dans le texte. 1 volume in-16 diamant, cartonné à l'anglaise, tranches rouges. . . . . **6 fr.**

BROUSSES (J.), médecin-major de 1re classe, ex-répétiteur de pathologie chirurgicale à l'Ecole du service de santé militaire.

Manuel technique de massage. *Deuxième édition* revue et augmentée avec 56 figures dans le texte. 1 volume in-16 diamant, cartonné à l'anglaise, tranches rouges. . . . . **4 fr.**

Cours préparatoire au Certificat
d'Études Physiques, Chimiques et Naturelles (P. C. N.)

Précis de Zoologie
Par le Dr G. CARLET
Professeur à la Faculté des sciences et à l'École de médecine de Grenoble.

QUATRIÈME ÉDITION ENTIÈREMENT REFONDUE
Par Rémy PERRIER
Ancien élève à l'École normale supérieure, agrégé, docteur ès sciences naturelles
chargé du cours préparatoire P. C. N. à la Faculté des sciences de Paris.

1 vol. in-8° de 860 pages avec 740 fig. dans le texte.   9 fr.

Depuis la publication de la troisième édition les futurs médecins doivent au préalable passer une année dans les Facultés des sciences, où leur sont enseignés les éléments des *sciences physiques, chimiques et naturelles.* Aussi les changements apportés à cette nouvelle édition sont-ils plus profonds que ceux qui marquent en général les éditions successives d'un même ouvrage. C'est donc un livre presque nouveau que nous offrons aux étudiants, puisqu'il doit répondre à un besoin également nouveau.

Traité de Manipulations de Physique
Par B.-C. DAMIEN
Professeur de Physique à la Faculté des sciences de Lille.

et R. PAILLOT
Agrégé, chef des travaux pratiques de Physique à la Faculté des sciences de Lille.

1 volume in-8° avec 246 figures dans le texte.   7 fr.

Ce Traité s'adresse à la fois aux candidats au certificat d'études physiques, chimiques et naturelles (P. C. N.) et aux candidats à la licence et à l'agrégation. Il se distingue des ouvrages du même genre qui existent déjà en France, en ce qu'il renferme un grand nombre de manipulations qui se font couramment dans les universités étrangères et qu'on néglige trop dans notre enseignement pratique. A ce titre il comble une lacune regrettable.

Éléments de Chimie Organique
et de Chimie Biologique
Par W. ŒCHSNER de CONINCK
Professeur à la Faculté des sciences de Montpellier, Membre de la Société
de Biologie, Lauréat de l'Académie de médecine et de l'Académie des sciences

1 volume in-16 . . . . 2 fr.

FOURNIER (A.), Professeur à la Faculté de Médecine de Paris. Médecin de l'Hôpital Saint-Louis. Membre de l'Académie de Médecine.

La Syphilis héréditaire tardive. 1 volume in-8 avec 31 gravures, dans le texte, par Alfred FORGERON . . . **15** fr.

Syphilis et Mariage. 2ᵉ édition revue et augmentée. 1 volume in-8 . . . . **7** fr.

L'Hérédité syphilitique. Leçons recueillies par le Dʳ PORTALIER. Un volume in-8 . . . . **7** fr.

De l'ataxie locomotrice d'origine syphilitique. (Tabes spécifique).. 1 vol. in-8 . . . . **7** fr.

Leçons sur la périodique préataxique du tabes d'origine syphilitique. Leçons recueillies par W. DUBREUILH. 1 volume in-8.. . . . . **7** fr.

Traitement de la Syphilis

Par Charles MAURIAC
Médecin de l'hôpital Ricord (Hôpital du Midi)

1 volume grand in-8 . . . . **15** fr.

Traité descriptif des
Maladies de la Peau

Symptomatologie et Anatomie Pathologique

Atlas de 54 planches comprenant 212 dessins en couleurs reproduits par la chromolithographie et accompagnés d'un texte explicatif par MM. LELOIR, professeur à la Faculté de Médecine de Lille et VIDAL, médecin de l'hôpital Saint-Louis. 1 vol. grand in-8, relié. . . . . **70** fr.

Pathologie et traitement des
Maladies de la Peau

Leçons à l'usage des Médecins-praticiens et des Étudiants par le professeur MORIZ KAPOSI.

Traduction avec notes et additions par MM. BESNIER, membre de l'Académie de médecine, médecin de l'hôpital Saint-Louis, et Adrien DOYON, correspondant de l'Académie de médecine. Médecin inspecteur des Eaux d'Uriage. *Seconde édition* française avec figures noires et en couleurs. 2 forts vol. gr. in-8.. **30** fr.

BRISSAUD (E.), professeur agrégé à la Faculté de Médecine de Paris, médecin des hôpitaux de Paris.

Leçons sur les maladies nerveuses (Salpêtrière, 1893-1894) recueillies et publiées par le Dʳ HENRY MEIGE. 1 vol. grand in-8° avec 240 figures (schémas et photographies) . . . . **18** fr.

CHARRIN (A.), professeur agrégé, médecin des hôpitaux, directeur adjoint au laboratoire de Pathologie générale, assistant au Collège de France.

Leçons de Pathogénie appliquée. Clinique médicale. Hôtel-Dieu (1895-1896). 1 vol. in-8° . . **6** fr.

DUPLAY (Simon), professeur de clinique chirurgicale à la Faculté de Médecine de Paris, membre de l'Académie de Médecine, chirurgien de l'Hôtel-Dieu.

Cliniques chirurgicales de l'Hôtel-Dieu recueillies et publiées par les Dʳˢ M. CAZIN, chef de clinique chirurgicale, et S. CLADO, chef des travaux gynécologiques à l'Hôtel-Dieu. 1 vol. in-8° avec figures. . . . . **7** fr.

LEJARS (F.), professeur agrégé à la Faculté de Médecine, chirurgien des hôpitaux.

Leçons de Chirurgie (La Pitié, 1893-1894). 1 vol. grand in-8° avec 128 figures. . . . . **16** fr.

RECLUS (Paul), professeur agrégé à la Faculté de Médecine, chirurgien des hôpitaux, membre de l'Académie de Médecine.

Clinique et critique chirurgicales. 1 volume in-8°. **10** fr.

Cliniques chirurgicales de l'Hôtel-Dieu. 1 volume in-8° . . . . **10** fr.

Cliniques chirurgicales de la Pitié. 1 vol. in-8° avec figures dans le texte. . . . . **10** fr.

Bibliothèque d'Hygiène Thérapeutique

DIRIGÉE PAR

Le Professeur PROUST

Membre de l'Académie de médecine, Médecin de l'Hôtel-Dieu
Inspecteur général des Services sanitaires

Chaque ouvrage forme un volume in-16, cartonné toile, tranches rouges et est vendu séparément : **4 fr.**

Chacun des volumes de cette collection n'est consacré qu'à une seule maladie ou à un seul groupe de maladies. Grâce à leur format ils sont d'un maniement commode. D'un autre côté, en accordant un volume spécial à chacun des grands sujets d'hygiène thérapeutique, il a été facile de donner à leur développement toute l'étendue nécessaire.

L'hygiène thérapeutique s'appuie directement sur la pathogénie ; elle doit en être la conclusion logique et naturelle. La genèse des maladies sera donc étudiée tout d'abord. On se préoccupera moins d'être absolument complet que d'être clair. On ne cherchera pas à tracer un historique savant, à faire preuve de brillante érudition, à encombrer le texte de citations bibliographiques. On s'efforcera de n'exposer que les données importantes de pathogénie et d'hygiène thérapeutique et à les mettre en lumière.

L'Hygiène du Goutteux, par A. PROUST et A. MATHIEU, médecins des hôpitaux de Paris.

L'Hygiène de l'Obèse, par A. PROUST et A. MATHIEU, médecins des hôpitaux.

L'Hygiène des Asthmatiques, par E. BRISSAUD, professeur agrégé, médecin de l'hôpital Saint-Antoine.

L'Hygiène du Syphilitique, par H. BOURGES, préparateur au laboratoire d'hygiène de la Faculté de médecine.

Hygiène et thérapeutique thermales, par G. DELFAU, ancien interne des hôpitaux de Paris.

L'Hygiène du Neurasthénique, par A. PROUST, et G. BALLET, médecins des hôpitaux.

L'Hygiène du Diabétique, par A. PROUST et A. MATHIEU, médecins des hôpitaux.

L'Hygiène du Tuberculeux, par le Dʳ DAREMBERG.

L'Hygiène des Dyspeptiques, par le Dʳ LINOSSIER.

L'Hygiène des Albuminuriques, par le Dʳ SPRINGER.

Hygiène thérapeutique des maladies de la peau, par le Dʳ BROCQ.

35098. — Imp. LAHURE, 9, rue de Fleurus, Paris.